精细油藏描述与地质建模技术

贾爱林 著

石油工业出版社

内 容 提 要

本书论述了成熟油气田精细油藏描述和地质建模技术。内容主要包括：精细油藏描述技术与发展现状、储层精细研究的理论基础和研究方法、储层精细划分与对比、储层非均质性描述、随机模拟、建立原型模型、集成多种地质信息建立精细油藏地质模型及剩余油分布描述。

本书适于从事油藏描述及提高油气采收率的专业研究人员、工程技术人员和相关专业师生参考。

图书在版编目(CIP)数据

精细油藏描述与地质建模技术/贾爱林著．
北京：石油工业出版社，2010.1
ISBN 978-7-5021-7566-5

Ⅰ．精⋯
Ⅱ．贾⋯
Ⅲ．①油藏描述
　　②石油天然气地质—建立模型
Ⅳ．P618.130.2

中国版本图书馆 CIP 数据核字(2009)第 230455 号

出版发行：石油工业出版社
　　　　（北京安定门外安华里 2 区 1 号　100011）
　　　　网　　址：www.petropub.com.cn
　　　　发行部：(010)64523620
经　　销：全国新华书店
印　　刷：北京中石油彩色印刷有限责任公司

2010 年 1 月第 1 版　2013 年 8 月第 2 次印刷
787×1092 毫米　开本：1/16　印张：13
字数：330 千字　印数：2001—5000 册

定价：50.00 元
（如出现印装质量问题，我社发行部负责调换）
版权所有，翻印必究

前 言

在20多年的科研生产与教学工作中，笔者一直积极学习和借鉴前人的研究方法与经验，从一个油田开发领域的初学者成长为一名开发工程师。随着油田开发技术和油藏描述方法的发展，面对每一个工作对象，笔者一直不断地寻求和研究利用新的技术与方法，力争对地下地层体的认识尽量客观真实，使所采取的开发对策尽量经济高效，这是笔者从事生产实践与科研工作的一条准则，也是确保最终制定好开发政策的重要前提。为了客观准确地认识地下地层体，制定好合理的开发政策，准确精细的油藏描述成为必须认真做好的一项核心工作，如何刻画与描述储层的各种非均质性是其主要内容之一。

众所周知，我们面对的研究对象千差万别，所处的开发阶段各不相同，从油气田开发早期以概念设计为主要内容的油藏描述到高含水后期以剩余油挖潜为目的的油藏描述，研究内容、目标和技术方法都不尽相同，因此，针对不同的研究对象和不同的开发阶段，必须采取有针对性的技术和研究方法才能取得较好的效果。

最近十年来，笔者在从事生产科研工作的同时，还为油气勘探开发专业的研究生进行"油藏描述与地层建模"的教学工作，所选用的教材零零散散，一直缺少一种以开发对象为目标，以研发技术为手段，以研发理论为指导的教材。鉴于这种情况，作者从2003年开始了本书的编写工作，时光飞逝，转眼6年时间已经过去，其间是几易其稿，不断补充完善，但书中仍有不甚满意的地方。值此付梓之际，希望本书能给各位专家学者作为引玉之砖，能为研究生提供一本较为适用的教材。不足之处，望不吝赐教。

本书介绍了油气田不同开发阶段的油藏描述与地质建模等内容，全书共八章，从回顾油藏描述的发展历程开始，到剩余油分布描述结束。本书在参阅大量文献与前人研究成果的基础上，结合笔者的生产科研和教学经验，着重介绍如何解决具体的现场实际问题。本书引入了部分本人参加的改关过的研究成果和实例，从最早的丘陵油田油藏描述与开发方案，到塔中4、牙哈、克拉2、陆梁、东河、两井等油田的研究项目，一直到近几年的莫索湾和松家河的部分实例及其总结。在此期间，笔者用近10年的时间组织了我国扇三角洲与辫状河两个野外露头的精细研究和描述工作，其部分成果也纳入了本书的内容。在此，衷心感谢所有和本人一起参加上述研究工作的人员。

在本书的编写过程中，多次与裘怿楠、简敬修老师讨论了章节安排；向历家格、吴胜和教授请教了一些地质学的准确定义；向张昌民、张春生教授请教了沉积体系物理模拟问题；向沈平平、孟慕尧、何顺利、张明禄教授请教了油藏描述的适用性问题；向方朝亮、潘学国教授请教了油藏描述的技术流程问题，在此一并表示感谢。同时还要感谢何东博、郭建林、程之华同志，他们参与了本书部分内容的讨论与文字修改工作，并清绘了部分图件。最后再次感谢若干年与笔者一起参加各项研究工作的同事，以及为本书的编写与出版给予帮助的人们。

目 录

第一章 精细油藏描述技术与发展现状 ……………………………………（ 1 ）
 第一节 概述 ………………………………………………………………（ 1 ）
  一、油藏描述的历史任务 ………………………………………………（ 1 ）
  二、开展精细油藏描述的必要性 ………………………………………（ 1 ）
  三、油藏描述阶段的划分及主要任务 …………………………………（ 2 ）
  四、精细油藏描述的含义 ………………………………………………（ 4 ）
  五、精细油藏描述的主要特点 …………………………………………（ 4 ）
  六、精细油藏描述研究的内容 …………………………………………（ 5 ）
 第二节 精细油藏描述主体技术的发展现状 ……………………………（ 9 ）
  一、地质研究的精细化和定量化 ………………………………………（ 9 ）
  二、测井技术在储层描述中的作用日益明显 …………………………（ 11 ）
  三、开发地震研究的精细化使储层的精细预测成为可能 ……………（ 13 ）
  四、高分辨率层序地层学分析方法得到了应用 ………………………（ 14 ）
  五、不同类型沉积体系储层原型模型和地质知识库的建立 …………（ 14 ）
  六、地质统计学和随机模拟技术的应用与发展 ………………………（ 15 ）
  七、我国主要类型油田的油藏描述特色 ………………………………（ 18 ）
 第三节 精细油藏描述的发展方向 ………………………………………（ 20 ）
  一、国内外油藏描述技术水平对比 ……………………………………（ 20 ）
  二、精细油藏描述面临的挑战 …………………………………………（ 21 ）
  三、精细油藏描述的发展方向 …………………………………………（ 21 ）

第二章 储层精细研究的理论基础和研究方法 ……………………………（ 23 ）
 第一节 沉积体系和层次界面分析法 ……………………………………（ 24 ）
  一、沉积体系分析法 ……………………………………………………（ 24 ）
  二、层次界面分析法 ……………………………………………………（ 26 ）
 第二节 层次界面与结构单元研究方法 …………………………………（ 29 ）
  一、概念 …………………………………………………………………（ 29 ）
  二、构成规模和界面 ……………………………………………………（ 29 ）
  三、河流体系中的界面分级系统 ………………………………………（ 30 ）
  四、构成单位及其分级系统 ……………………………………………（ 33 ）

第三章 储层精细划分与对比技术 …………………………………………（ 36 ）
 第一节 "旋回对比，分级控制"的储层对比技术方法 …………………（ 36 ）
  一、油气层层组划分 ……………………………………………………（ 36 ）
  二、油气层对比 …………………………………………………………（ 38 ）
 第二节 高分辨率层序地层学分析技术 …………………………………（ 41 ）
  一、高分辨率层序地层学的理论基础 …………………………………（ 41 ）

二、高分辨率层序地层学的应用方法 …………………………………………………（45）
　　三、高分辨率层序地层划分与对比实例 …………………………………………………（52）
第四章　储层非均质性描述技术 …………………………………………………………（60）
　第一节　储层非均质性的分类 ……………………………………………………………（60）
　　一、佩蒂庄(Pettijohn,1973)分类 …………………………………………………………（60）
　　二、威伯(Weber,1986)分类 ………………………………………………………………（60）
　　三、裘怿楠(1992)分类 ……………………………………………………………………（62）
　第二节　储层非均质性研究技术 …………………………………………………………（62）
　　一、宏观非均质性 …………………………………………………………………………（62）
　　二、微观非均质性 …………………………………………………………………………（69）
　第三节　储层非均质性对注水油田开发的影响 …………………………………………（78）
　　一、层间差异 ………………………………………………………………………………（78）
　　二、平面差异 ………………………………………………………………………………（79）
　　三、层内差异 ………………………………………………………………………………（81）
　　四、微观非均质性对石油采收率的影响 …………………………………………………（85）
第五章　随机模拟技术 ……………………………………………………………………（89）
　第一节　克里金估计 ………………………………………………………………………（89）
　　一、概述 ……………………………………………………………………………………（89）
　　二、基本原理 ………………………………………………………………………………（89）
　　三、克里金基本方法介绍 …………………………………………………………………（98）
　　四、克里金估值法的应用 …………………………………………………………………（101）
　第二节　随机模拟 …………………………………………………………………………（102）
　　一、随机模拟概述 …………………………………………………………………………（102）
　　二、随机模拟原理 …………………………………………………………………………（103）
　　三、随机模拟算法 …………………………………………………………………………（104）
第六章　储层原型模型技术 ………………………………………………………………（114）
　第一节　储层原型模型 ……………………………………………………………………（114）
　　一、概述 ……………………………………………………………………………………（114）
　　二、建立原型模型的方法 …………………………………………………………………（114）
　第二节　利用地质露头资料建立储层原型模型 …………………………………………（116）
　　一、储层露头选型标准 ……………………………………………………………………（116）
　　二、露头储层层次界面划分和隔夹层分布特征 …………………………………………（117）
　　三、滦平扇三角洲露头原型模型和地质知识库建立 ……………………………………（118）
　第三节　密井网储层精细描述及原型模型建立 …………………………………………（126）
　　一、密井网解剖区选择 ……………………………………………………………………（126）
　　二、成熟油田密井网条件下相控建模研究 ………………………………………………（127）
　　三、低弯度分流河道砂体的地质知识库 …………………………………………………（130）
　第四节　沉积模拟实验研究原型模型的储层沉积过程 …………………………………（133）
　　一、滦平扇三角洲沉积模拟地质知识库 …………………………………………………（133）
　　二、实验模拟砂体与野外露头实际原型砂体对比 ………………………………………（136）

三、扇三角洲模拟沉积的规律性 …………………………………………… (139)
　　四、应用沉积模拟成果指导同类储层砂体的预测 ………………………… (142)

第七章　集成多种地质信息建立精细油藏地质模型 ………………………… (146)
第一节　储层地质模型的分类 ……………………………………………… (146)
　　一、概念模型 …………………………………………………………………… (146)
　　二、静态模型 …………………………………………………………………… (147)
　　三、预测模型 …………………………………………………………………… (147)
第二节　油藏地质模型建立方法 …………………………………………… (148)
　　一、确定性建模方法 …………………………………………………………… (148)
　　二、随机建模方法 ……………………………………………………………… (150)
第三节　建立精细油藏地质模型的技术 …………………………………… (150)
　　一、建立一维单井地质模型技术 ……………………………………………… (151)
　　二、建立二维地质模型技术 …………………………………………………… (153)
　　三、建立三维参数地质模型技术 ……………………………………………… (156)
第四节　集成多种地质信息建立精细油藏地质模型 ……………………… (157)
　　一、结合地震、露头、地质知识库与密井网资料建立精细油藏地质模型 … (158)
　　二、水驱历史拟合验证模型 …………………………………………………… (164)

第八章　剩余油分布描述技术 …………………………………………………… (173)
第一节　剩余油形成机理及其控制因素 …………………………………… (173)
　　一、微观剩余油形成机理及控制因素 ………………………………………… (173)
　　二、宏观剩余油形成机制及控制因素 ………………………………………… (175)
第二节　剩余油分布特征 …………………………………………………… (177)
　　一、剩余油微观分布特征 ……………………………………………………… (177)
　　二、剩余油剖面分布特征 ……………………………………………………… (179)
　　三、剩余油层内分布特征 ……………………………………………………… (181)
　　四、剩余油平面分布特征 ……………………………………………………… (184)
第三节　剩余油分布模式 …………………………………………………… (185)
　　一、宏观剩余油分布模式 ……………………………………………………… (185)
　　二、微观剩余油分布模式 ……………………………………………………… (188)
第四节　剩余油研究方法 …………………………………………………… (189)
　　一、地质综合分析预测剩余油分布 …………………………………………… (189)
　　二、生产测井分析法 …………………………………………………………… (190)
　　三、水淹层测井 ………………………………………………………………… (191)
　　四、检查井密闭取心法 ………………………………………………………… (193)
　　五、油藏数值模拟法 …………………………………………………………… (193)
　　六、油藏工程综合分析法 ……………………………………………………… (194)

参考文献 …………………………………………………………………………… (195)

第一章 精细油藏描述技术与发展现状

第一节 概　　述

精细油藏描述是全球油田开发领域中的一项关键技术。自 20 世纪 80 年代以来,集中地质、地球物理和油藏工程等多学科、多专业力量综合攻关,取得了突出的进展。

一、油藏描述的历史任务

油藏描述本身是一个动态的过程,是针对油田所处勘探开发的不同阶段,充分利用现有的油藏静态、动态资料,对油藏类型、构造特征、储层特征和流体特征等做出当前阶段的认识和评价,建立三维地质模型,为油田开发提供可靠的地质依据。

油田开发工作包括认识油藏和改造油藏两大部分,在搞清油藏地下情况的基础上,决定开发战略,确定开发技术措施,优化开发方法,以最少的人力、财力投入,从油藏开发中获得最大的经济效益和石油采收率。认识油藏和改造油藏是贯穿于油田开发全过程的两个核心内容,而前者是基础。所以油藏描述作为油田开发的一项基础工作,一直是石油科技中受到高度重视的一个重要课题。随着石油工业的发展,石油开发的深入,油藏描述技术一直在不断地发展提高。

随着油气田勘探开发工作不断深入,新油气田的发现和成熟油田开发难度也日益加大。已投入开发的含油气盆地的勘探开发成熟度很高,早年多发现整装构造油气藏,现在逐步转向构造岩性和断块岩性为主的隐蔽性油气藏。这意味着勘探新领域转向了自然经济和地质条件比较复杂的边远地区、海上、政治高风险区域,勘探成本大幅度上升;而同时已开发的老油田通过深入认识储层的非均质性,依靠现有的二次采油技术,还有大约 19% 的储量潜力可供挖掘动用。因此挖掘这部分老油田潜力,引起了人们更大的重视。

20 世纪 80 年代以来,世界上油藏描述的动向可以用"精细油藏描述"来形象化地概括。"精"就是要提高定量化和精确度;"细"就是描述内容和尺寸越来越细,也就是分辨率要求越来越高。西方在术语上也有所改变,近年来逐渐以"油藏表征"(Reservoir Characterization)来代替原来的"油藏描述"(Reservoir Description),其内涵就是反映了这一动向。在新技术和新方法的推动下,油藏描述开始了由定性到定量、由宏观向微观、由单一学科向多学科综合发展的历程。

我国的油田开发形势也和世界主要产油国完全相似,进一步挖掘已开发的主力油田的潜力,提高采收率,是当前的重要内容。注水开发是我国油田的主要开采方式,这些主力油田几乎都已进入高含水期,精细油藏描述就是为了搞清目前高含水条件下油藏内剩余油的分布形式发展起来的。

二、开展精细油藏描述的必要性

针对我国成熟油田开发为从部分高含水进入全面高含水、高采出程度,从储采基本平衡向严重不平衡过渡的严峻形势,以及中国陆相储层的复杂性,迫使我们必须对储层进行更加全面的深入研究。注水油田开发进入高含水期以后,油水分布情况发生了巨大变化。油层内剩余油分布呈现出高度分散、局部相对集中的特点,剩余油多分布在差、薄、边部位,开采难度增大,这主要是由于储层的非均质性及复杂的构造因素所造成的。因此,为了搞清高含水期老油田地下剩余油的分布规律和进一步提高滚动勘探开发工作水平,需要更加精细的油藏描述,并预测井间砂体及各种油藏参数的分布规律,建立一个精细的三维定量地质模型,用于研究剩余油饱和度分布。

由于大量剩余油滞留于地下,导致油田采收率难以得到明显的提高,主要原因是我们对储层非均质性的真实面貌认识不清,而储层非均质性是影响采收率的主要因素之一。通过提高储层非均质性对采收率影响的认识程度,开展储层定量化研究,借助新一代大型计算机或并行计算机可以对精细的储层地质模型进行流体模拟。

在当前国内外油田开发中,对于连续性较好、厚度较大、渗透率较高的储层,其开发技术已经基本得到解决。到了油田开发中后期,重点关心的低孔低渗带、隔夹层、微构造和低级序断层及岩石物性的非均质性等问题,是我国大部分油田目前面临的主要问题,也是世界性的攻关难题。

三、油藏描述阶段的划分及主要任务

一个油田从发现到废弃,油田开发工作要经历认识、实践、再认识、再实践的多次反复。实施各种开发措施,用多种开发手段加深对油藏的认识;在逐步认识油藏的基础上,进一步调整开发措施,在油田开发过程中逐步深化。由于每个阶段具有的地质资料基础不同,要完成的开发地质任务也不同,因而在储层评价的重点内容也有差异,所要达到的目标也就不一样。

油田开发阶段的划分,国内外基本做法大同小异。一般来说油田发现后,可分为油藏评价阶段、开发初期阶段和开发中后期阶段,三个阶段对应的油藏描述任务和目标各不相同。

(一)油藏评价阶段油藏描述

油藏评价阶段油藏描述是指从油田发现到整体开发前这一阶段的油藏研究工作。在此阶段,油藏描述的主要任务是利用少数探井或评价井资料,以及地震资料等信息,进行油藏描述和评价,提交评价区的探明地质储量和预测可采储量,为部署评价井和优化开发方案设计提供依据,保证开发可行性研究和开发方案的正确性。

这一阶段的油藏描述是为了建立地质概念模型,即将油藏各种地质特征典型化、概念化、抽象成具有代表性的地质模型。要求对储集层地质特征的描述基本符合实际,而不过分追求具体细节,重点是研究储集层的基本格架;然后赋予它各种地质属性的量值,用于表征储集层非均质在三维空间的分布,并确定油藏类型,为数值模拟提供地质依据。

(二)开发初期阶段油藏描述

开发初期阶段油藏描述是在油田正式开发方案实施后,开发井网(或基础井网)全部完钻的新增资料基础上进行的油藏描述。此时获得了大批的井孔静态资料和岩心分析数据,为测井解释打下了基础。这一阶段油藏描述的任务是依赖油井资料,获取开发地质特征参数;参考三维地震资料,进行油藏地质再认识,修改油田构造形态及断层分布;搞清油气富集规律;提交储量复算成果。油藏描述的最终目的是建立储层地质静态模型。

储层地质静态模型是针对某一具体油田的一个储集层,将其地质特征在三维空间的变化和分布如实地进行描述,并不追求控制点之间的预测精度。此模型为油田开发实施方案,油田开发动态分析和作业施工、配产配注方案和局部调整方案服务。

(三)开发中后期阶段油藏描述

开发中后期阶段油藏描述是指油田从主体开发阶段到进入高采出程度和高含水的"双高"阶段。在这一阶段所进行的油藏描述,称为中后期阶段油藏描述。油田进入中高含水期开采以后,地下油水分布发生极大的变化,开采挖潜的主要对象是分散而又局部相对富集的剩余油。原先的油藏描述方法和精度,远不能满足这个阶段的开发需要,它要求更精细、准确、定量的预测出井间各种砂体内部流动单元的非均质及其三维空间的分布规律,因此,属于精细油藏描述的范畴。

精细油藏描述的目的是,主要结合油藏工程的生产动态分析、数值模拟历史拟合量化剩余油空间分布,为油田制定挖潜、提高采收率的措施提供依据。这一阶段油藏描述的重点是开展微构造研究、流动单元划分以及小尺度的井间参数预测,即建立精细的三维地质预测模型。

总而言之,每个开发阶段,开发地质的任务是充分利用本阶段所取得的油藏资料信息,对油藏开发地质特征作出现阶段的认识和评价,目的是为后一阶段采取什么样的开发措施提供地质依据。开发阶段工作的成败,则用后一阶段所实施的开发措施结果的成败来检验。当然,开发措施的成败不单是取决于所依据的对油藏地质特征认识的正确程度,还受措施本身是否得当的限制。通过后一阶段的开发实施所增加一定数量的油藏资料信息,加深了对油藏地质特征的认识,正是检验前一阶段开发地质工作成败的标准。前一阶段对一些关键油藏地质特征作出的判断和预测,与后一阶段实践后的认识符合程度愈高,说明前一阶段油藏描述工作成功率愈高。

不同开发阶段的油藏描述虽有其共同之处,但也有着很大的差别,主要表现在所拥有基础资料信息的质量、数量以及对油气藏所能控制的程度不同,所要解决的开发问题、描述重点等明显不同(见表1—1)。

表1—1 不同阶段油藏描述的任务、内容、技术方法

阶段	研究任务	描述内容	技术方法
油藏评价阶段	提交评价区探明地质储量和预测可采储量; 从技术和经济上对油气藏是否开发作出可行性评价; 预测可能达到的生产规模; 提出钻、采、地面工程工程的轮廓设计	油藏的主要圈闭条件及圈闭形态、产状; 重点研究储集层的基本格架; 开展沉积亚相分析; 预测储层特别是主力储层的宏观分布规律; 宏观油水系统划分及其控制条件; 油气性质和油藏; 建立储层地质概念模型	以三维地震技术为主; 沉积相分析技术主要把握大相和亚相的划分,建立沉积亚相相模式; 以砂组为单元的层组划分与对比技术; 储层测井"四性"关系研究技术; 开展储层横向预测技术; 储层非均质性描述技术; 储层综合评价及分类技术; 建立储层地质概念模型技术
开发初期阶段	钻好开发井,取全取准油田静态参数、动态数据; 油藏地质再认识,修改构造形态; 落实断块,提交储量复算成果,计算可采储量; 油田正常生产管理,进行动态监测,开发分析; 编制有关层系、井网等综合调整方案,并组织实施	落实地质储量及可采储量; 确定构造形态及油气水分布; 全油田小层划分与对比; 搞清油气富集分布规律; 建立储层静态模型	以钻井资料为主结合三维地震资料为基础的构造解释技术; 以小层为单元的储层划分与对比技术; 沉积微相分析技术; 以测井资料为基础的多井储层评价技术; 动态监测、跟踪模拟技术; 建立储层静态模型技术
开发中后期阶段	结合油藏工程的生产动态分析、数值模拟、历史拟合,量化剩余油空间分布; 确定挖潜、提高采收率措施; 维持油田经济有效地生产	精细沉积微相和微构造研究; 流动单元划分与对比; 井间参数预测; 剩余油空间分布; 建立储层预测地质模型	微构造研究技术; 细分沉积微相研究技术; 层次结构及流动单元空间结构研究技术; 储层物性动态变化、空间分布规律研究技术; 剩余油分布描述技术; 建立储层预测模型技术

四、精细油藏描述的含义

精细油藏描述是指油气藏投入开发,直到进入高采出程度、高含水期后,为正确评价和合理开发油气藏,对其开发地质特征和剩余油分布所进行的全面精细描述的综合性技术。描述的目的是建立精细的三维地质预测模型和量化剩余油空间分布,为油田开发综合调整、提高采收率提供地质依据。

油气藏开发地质特征概括起来可分九大方面:

①储层构造形态、倾角,断层分布及其密封性,裂缝发育程度;

②储集层的岩性、岩石结构、几何形态、连续性,储油能力和渗流能力的空间变化,即储层各项属性的非均质性;

③隔层的岩性、厚度及空间变化;

④储层内油、气、水的分布及相互关系;

⑤油、气、水物理化学性质及其在油田内的变化;

⑥油气藏的压力、温度场;

⑦水体大小,天然驱动方式及能量;

⑧石油储量;

⑨与钻井、开采、集输工艺有关的其他地质问题。

上述内容是控制和影响油气藏内流体储存和流动的主要因素,从而影响开发过程中各种油气藏地质属性的变化。精细油藏描述以研究油气藏开发地质特征、表征储集层非均质性为核心,最终目的是建立油气藏三维地质模型,为油气藏管理服务。

完善的精细油藏描述过程应包括描述→解释→预测,即不仅要对油气藏开发地质特征进行全面精细描述,还要对这些地质现象的成因和规律做出解释,并对一些深层次的地质问题做出预测。

五、精细油藏描述的主要特点

考虑到能获得的资料情况和确定剩余油分布的要求,开发中后期储层精细研究或精细油藏描述应该具有以下特点。

(一)精细程度高

要表现出构造幅度≥5m 的微构造,断距≥5m、长度<100m 的低级序断层。建立的三维地质模型网格精度至少在 100m×100m×0.2m 以内。之所以要求达到这样的精细程度,有以下几点依据:①目前 3D 地震资料和新的解释技术可以解释出 10~20m,甚至更小断距的断层;②井网井距达到 200~300m,通过测井曲线对比、动态测试(如试井、示踪剂测试),可以确定断距小于 10m 的断层;③小井距井网的(同井场井、密井网试验区等)井距一般在 50~100m 之间;④测井解释的分辨率可达到 0.2m,能分辨出 0.2m 的隔夹层。

(二)基本单元小

储层精细研究的基本单位由原来的小层、单砂体细化到单砂体的内部结构和非均质性。多年来,小层和单砂体是开发地质研究的最小和最基本单位,并由此形成了一套小层划分、对比、油藏描述以及沉积相分析的方法和技术。然而东部油田的现状表明,既要清楚每一个砂体在空间上的分布规律,又要深入了解每一个油砂体的内部结构,指出剩余油分布所在,因此必须对单砂体及其内部结构进行研究,建立单砂体结构模型。例如对于曲流河砂体,单一点坝砂体识别及其内部侧积体三维模型的建立是目前研究的重点。

(三) 与动态结合紧密

储层精细研究不是一个单一的地质静态描述,而必须与油田生产动态资料紧密结合,用动态的历史拟合修正静态的地质模型。

(四) 预测性强

能比较准确地预测井间砂体、物性的空间分布,预测各种夹层和断裂以及流体的空间分布等。

(五) 计算机化程度高

小层对比和沉积微相划分人机联作,效率高;有完整的储层研究综合数据库(包括储层骨架模型参数库、储层属性参数库、地质统计参数库以及地震参数数据库等);地质、地震、测井、动态数据及建模一体化、系统化、计算机化。

六、精细油藏描述研究的内容

精细油藏描述主要针对油气田开发后期,其目的是挖潜剩余油气资源,提高采收率,因此对储层研究的定量化和精细化程度很高,涉及的研究内容主要包括以下几个方面。

(一) 精细地层划分对比研究

地层划分与对比是地质工作的基础,也是油藏描述最基础的工作之一,其目的是建立地层格架、明确地层接触关系、了解地层纵横向变化、确定油田范围内统一的地层划分与对比方案。地层划分与对比的精细程度决定了油藏描述的精细程度。对一个地区或油气田而言,大的地层界限一般不难划分也较容易对比,但砂层组、时间单元等更小级别的地层的划分与对比常较为困难,因此地层精细划分与对比是油藏描述的首要研究内容。一般划分与对比的总体思路是从岩心资料入手,建立储集体岩石特征与测井曲线特征之间的对应关系,结合地震、钻井及生产测试等多方面的资料,在沉积理论和沉积模式的指导下,根据测井曲线特征,按照不同的地层划分与对比模式,精细划分对比每口井不同级序地层单元界限。

(二) 精细构造描述

精细构造描述包括两方面的内容,即断层描述和层面构造描述,要求对低级序断层和微幅度构造进行描述。目前主要以密井网资料为基础,用传统地质精细解剖方法以及用三维地震资料精细解释对微构造进行研究。

微构造系指单砂体顶、底界面及其内部的各种隔挡层以及断距小于5.0m的断层的构造,构造幅度一般≥5m,等高线≤5m;断层断距≥5m,断层长度>100m。储层微型构造显示油藏总体构造背景上储层自身的细微起伏变化,幅度和范围都很小,是原始沉积环境、差异压实和构造运动共同作用的结果,一般在常规构造图幅的大层段、大等高距下难以发现。

李兴国(2002)指出,微型构造的成因有两类:一类与构造作用力无关,主要是由于砂体沉积前的下切作用、差异压实作用和沉积古地形的影响等形成的微型构造;另一类与构造作用有关,是由于下降盘不同部位的下降速度不等造成的,常常沿断层两侧伴生小的微断鼻或断凹槽,下降较慢的部分产生上凸,而上升盘则因受不均衡拖拽作用,拖拽力强处下凹,弱处相对上凸。第一类成因的微型构造规模和幅度较小,而第二类成因的微型构造规模和幅度较大,对采油井生产有很大影响。

研究微构造的重要性主要表现在:①微型构造高部位油井的生产能力明显高于低部位油井的生产能力,一般来说,高部位油井的生产能力相当于低部位油井生产能力的2~4倍;②对处于微构造高部位且油层发育条件较好的注入井,提高注入浓度,同时下调配注量,对处于微构造低部位的注入井,上调配注量,这样既增加了聚合物的浓度、提高了纵向上的调剖效果,又使向上的驱油效果得到改善,取得不同程度的增油降水效果,说明通过不同微构造位置的注入井采取不同的调整方法可以减缓平面矛盾,有效地改善井组聚驱效果;③上驱比例系数(在一个井组内以一口采出井各个层的上驱和下驱的方向数分别除以总的方向数,称之为上(下)驱比例系数)相对较高的正向微构造区的油井易形成高效井;④微构造与沉积微相结合控制油水运动规律,在微幅度构造变化较大的地区,储层内油水运动受沉积微相与微构造的共同控制,构造变化幅度较大,其对油水运动的控制作用明显,而在构造平缓地区,油水运动受沉积微相控制;⑤微构造高部位剩余饱和度相对较高,水淹级别低;⑥正向微构造高部位采出井进行压裂改造效果明显。

(三)精细沉积微相研究

为稳定油气产量和增储上产,寻找未发现储层和剩余油是两个重要途径,正确划分沉积微相是研究剩余油的基础。在新理论和新方法及计算机技术的应用,使细分沉积微相研究有了长足的发展。

细分沉积微相,即在纵向上细分到时间单元,平面上细分沉积微相。在密井网条件下,把空间上很复杂的河流相砂体(如多期河流沉积多次叠复而成的主力油层)纵向上细分到单一河道单元,使之基本上相当于单一水动力单元。平面上细分沉积微相,建立起识别各种微相标志,可以准确地区分出大型河道砂、小型河道砂、废弃河道砂、决口河道砂、河间薄层砂、河间淤泥等微相。然后按照河流沉积规律,在密井网控制下,预测性地勾绘沉积成因单元的河道砂体边界,确定单一河道砂体内部的厚度(按1m等间距成图)和相应渗透率的平面变化,打破过去按井距之半和井间线性内插勾绘砂体边界和等值线的传统方法。这样编绘的平面图能形象、真实地展现单一曲流带砂体的形态、规模、内部结构、平面非均质特征,以及点坝砂体的厚度分布形式、渗透率分布方向等特征。

(四)储层建筑结构研究

储层构型(architecture)是指储层内部构成单元的几何形态、大小、方向及相互配置关系。储层构型要素分析法起源于河流相沉积体的研究,近些年来,有关的沉积学活动为该方法做了广泛的宣传。储层构型分析也被称为储层建筑结构分析、层次结构分析,是以 Miall 等人为代表提出来的。Miall 等人深入研究了沉积体系内部低级别等级界面的划分,提出了一套层次界面划分和相应结构单元研究的方法和理论。层次界面分析方法强调从系统论的观点出发,研究系统本身具有的层次性和结构性,强调沉积的等时性和间断性,因此,向上与层序地层学兼容,向下可无穷细分而始终与沉积成因分析相吻合。这里的储层构型分析的重点是针对成因砂体内部储层结构进行解剖,揭示成因砂体内部储层非均质性。储层构型研究的提出,从静态的角度,为地层的进一步细分和储集层非均质性研究提供了沉积学依据和新的研究途径,为数字化精细油藏描述中储层内部特征研究提供新的研究思路和手段。

(五)不同沉积类型储层地质知识库和原型模型研究

要想建立精细油藏模型,确定剩余油分布规律。首先要建立比要预测的储层更加精细的参照物或模板,即要有各类储层的原型模型和地质知识库。

原型模型和地质知识库是储层精细预测或随机建模预测井间参数的重要基础。所谓原型模型就是一个与模拟目标储层沉积类似,并具有足够密集控制点,得到详细描述的储层地质模型。从原型模型中可以获得各种参数的统计特征,如变异函数、赫斯特指数、砂体密度及宽厚比等作为模拟及约束条件来进行目标砂体随机建模,从而保证其非均质性特征的可靠性。

目前,获得原型模型的最好途径是露头研究。其次是现代沉积和油田密井网解剖,利用密井网建立的原型模型可以用来较大尺度的井间参数预测,适合于油藏评价阶段地质建模的要求。

(六)注水开发过程储层物性动态变化规律研究

油藏在注水开发过程中,不仅压力和油水分布关系在不断变化,储层物性、原油性质、油层润湿性、油层温度等也都发生了一定的变化,这些变化对油藏开发效果有重要影响。

①孔隙度和渗透率的变化。油藏注水开发过程中最重要的是油藏孔隙度和渗透率的变化。油藏流体对储集层孔隙度和渗透率影响较大。注入水中包含有机械杂质、溶解于水中的盐类、氧气和生存于水中的细菌,若注入含油污水,则水中会含有乳状的原油微滴、天然气和各种化学剂,同时注水速度等都会对油层物性造成较大影响,包括孔隙结构的变化、孔隙大小的变化以及渗透率的变化,特别是渗透率的变化较大,会造成部分储层渗透率降低甚至堵塞,也可能会造成部分储层渗透率增大甚至形成大孔道,产生无效水循环。

②原油性质的变化。在油藏注水开发过程中,储集层中原油与注入水长期接触,产生一系列物理、化学反应,使原油性质发生变化。随着含水率的升高,采出原油的密度、黏度、含蜡量、含胶量和凝点都有不同程度的增大,原油性质发生变化,其中以原油黏度变化幅度最大。

③油层润湿性的变化。通过对检查井岩心的大量分析发现,油层润湿性随着水洗程度的提高,逐渐发生变化,一般是从亲油性向亲水性方向转变。

④油层温度的变化。

⑤储集层和流体性质变化对水驱效果的影响。

(七)储层裂缝表征研究

裂缝对储层储产性能的重要影响使得储层裂缝研究在当今时代有着极其重要的意义。裂缝研究已成为储层评价和预测的重要环节,也是油田有效开发的重要因素。然而,裂缝分布的复杂性、裂缝性储层特有的双孔隙系统及其不同常规的渗流机制,加大了这一研究的难度和深度。从目前发展状况看,裂缝研究主要包括传统的储层研究方法,如岩心、测井资料用于描述和预测储层裂缝,以及近年来发展起来的地震方法,并随着计算机技术的发展逐渐形成了综合多信息进行储层裂缝描述的新方法。从地质和测井资料中提取裂缝信息,是一种空间局限性较大的方法,所得结果很难完全反映储层裂缝的空间发育特征;而地震资料提取的裂缝信息,数据处理和信息提取过程中的影响因素很多,很难完全排除,提取的裂缝信息的定量化也有待进一步提高;动态资料可以说是裂缝网络特征的最后表征,无论是从地质、测井还是从地震资料提取的裂缝信息都将在动态数据中得到检验。因此,应该取长补短,利用地质和测井信息的局部真实性和直接性,结合地震资料的高连续性,提取出定量的裂缝网络信息,再经过动态资料的检验和校正,从而得到更为准确的裂缝信息,更好地为油气田勘探开发服务。

(八)精细油藏地质建模研究

我国陆相油田大多经历了长期注水开发,开发对象已由油层组发展到小层,乃至单层、单砂体,开采的主要矛盾已由层间矛盾转为层内乃至砂体内部结构之间的矛盾,因而原有的地质模型已难于适应开发的需要,建立更为精细的地质模型已成为预测地下剩余油分布,制定开发调整措施的当务之急。

油藏地质模型是油藏描述综合研究的最终成果,它是对油藏类型、砂体几何形态、规模大小、储集体参数和流体性质空间分布及储集体微观特征的高度概括,它是油藏综合评价的基础。油藏地质模型可以反映本地区油气藏形成条件、分布规律和油气富集控制因素等复杂的地质条件,在勘探开发过程中起预测作用。完整的油藏地质模型应包括:①反映油藏构造形态及断层分布的构造格架模型;②表征储集体建筑结构及各种属性空间分布的储集体地质模型;③描述储集体内油气水分布,即各种流体饱和度分布和流体性质空间变化的流体特征模型。其中储集体地质模型是油藏地质模型的关键。

一般说来,油藏地质模型的建立主要有两种方法:一是确定性建模,二是随机建模。由于储集层描述的随机性,储集层的预测结果便具有多解性。所以,应用确定性建模方法得出的唯一结果便具有其不确定性,据此做出决策便具有一定风险。但随着油田开发程度的加大,资料的不断丰富和增加,使得其预测结果的不确定性逐渐降低。而随机建模在预测不确定性方面具有一定的优势,在精细油藏描述储集层的参数预测和井位部署等风险决策中作用重大。

在油田开发阶段,储层地质建模研究主要倾向于利用地质、地震、测井人员协同一体化作业,对地下地质目标体进行综合预测。这种方法可提高储层预测精度,降低预测结果的多解性。随着油田开发程度进一步加大加深,相应的代表不同来源、不同成因特征的储层信息大量增加,使得所建立的储层地质模型日趋定量化,精细程度增加,模型的确定性增强。同时建模过程强调具有层次性。这种从定性分析到定量研究,分不同层次,多方面信息、多种方法综合应用降低建模过程的随机性,提高建模结果可靠性的建模思路将是今后的发展趋势。同时还要强调地质约束作用,与油藏数值模拟技术紧密结合,只有这样才能充分发挥储层建模的优越性。

(九)地质、油藏、数模一体化研究剩余油分布特征及规律

随着注水油田开采程度的加深,地下油水关系越来越复杂,出现剩余油高度分散的局面。因此,寻找剩余油相对富集的部位对高含水期油田调整挖潜具有重要的意义。目前对剩余油研究主要有两种方法:一是利用各种手段直接监测剩余油的分布;二是通过地质、油藏、数模一体化的手段,间接预测剩余油的分布。

1. 剩余油饱和度测井

目前主要有裸眼井和套管井剩余油饱和度测井技术。裸眼井中剩余油饱和度测井目前仍然是以电法和声波测井系列为主,测井解释主要利用阿尔奇公式,但由于油田注入水的变化以及其他因素的影响,出现用常规方法难以解释的现象。对此,每个油田根据自己的具体情况,进行了大量的理论和实验研究,取得一定的应用效果,逐渐形成了水淹模型法、淡水系数校正法、标定模型法和数理统计模型法等解释方法。这些方法在不同地区的应用,针对具体情况,均有一定的效果。套管井中剩余油饱和度测井是直接检测剩余油分布最有效的手段,也是各油田应用比较成熟、效果比较突出的方法。它的首要任务是判断油层水淹状况、发现高含水层位,在老井中寻找剩余油饱和度高的层位。目前主要方法是碳氧比(C/O)能谱测井、中子寿命测井、动态生产测井。

2. 地质、油藏、数模一体化研究剩余油分布

随着油田长期注水开发,地下油水分布非常复杂,受许多因素影响。既有微型构造和沉积微相引起的非均质性造成的剩余油复杂分布,也有注采井网、生产措施不完善等方面控制的剩余油分布。所以,开展基于地质、生产动态和数模一体化的手段共同评价剩余油的分布是比较现实的做法。具体的做法是在微型构造和沉积微相等地质因素对剩余油分布的控制下,一是依据油藏动态、生产测试资料,利用递减和劈分及物质平衡等油藏工程原理量化油砂体的资源

和剩余潜力;二是以精细地质研究为基础,综合密闭检查取心井、水淹层解释及生产动态和监测的多元信息,通过数学方法和数值模拟等手段,描述剩余油分布。

根据目前国内外关于剩余油研究的现状和工作实践,作者认为剩余油分布研究必须采用多种信息、多种手段集成的综合研究技术,要以精细地质研究和油藏描述手段为基础,搞清控制剩余油分布的基本地质因素。比如,微型构造的发育特点对剩余油分布的控制作用。按照层次界面和流动单元逐级细分的精细地质思路,搞清储层的非均质性变化,然后充分发挥剩余油检测技术直接得到剩余油的井点分布,并与大量的动静态资料结合,利用常规的油藏工程手段,进行油水运动规律分析,至少以单个油砂体为研究单元,总体量化资源潜力和剩余潜力,再依据动态数据和监测资料描述单层内剩余油的宏观分布规律。在此基础上,以高精度油藏地质预测模型为基础,进行数值模拟研究,如果有条件,考虑采用较大规模的数值模拟技术,精细刻画剩余油的分布。

第二节 精细油藏描述主体技术的发展现状

油田开发过程中始终贯穿着两个不变的主题,即认识油藏和改造油藏,而油藏描述的主要任务就是如何认识油藏的实际情况。该技术的发展主要受两个方面的推动。第一,对所面对的地质体的认识要求越来越高。在勘探方面,优质整装的圈闭与油气藏在全球范围内几乎挖掘殆尽,有待于勘探和发现的区块难度急剧增加;在开发方面,大批油田进入了开发后期和晚期,粗放的开发方式远远不能满足生产的需要,必须在比以往更加精细的尺度上认识和研究储层,才能找出进一步挖潜的对象,实现老油田的稳产。第二,新的油藏描述技术和方法使实现这些目标成为可能。在技术方面,测井、地震技术得到了飞速的发展,可以研究的内容和精度得到了很大的提高,直接促进了油藏描述精度的提高;计算机应用水平的提高又为多学科信息在同一个数据平台上进行综合研究提供了新思路,其中发展最快的是定量地质学研究技术、原型地质模型建立技术和高分辨率层序地层研究技术。在这些技术和方法的双重推动下,储层描述开始了由定性到定量、由宏观向微观、由单一学科向多学科多专业的综合发展。

一、地质研究的精细化和定量化

在油藏描述中,地质学研究最核心的问题就是要尽量准确地描述和预测储层各个级别的非均质性问题。①层系规模的研究要描述砂岩密度、分层系数、层间渗透率非均质程度、不同级别储层空间配置、隔层分布等问题;②单层规模的研究要描述层内沉积韵律和层内非均质性以及夹层的分布等问题;③砂体规模的研究要重点描述砂体的几何形态、连续性、连通性、宏观渗透率方向性等问题;④孔隙规模的研究要重点描述孔隙类型、孔喉配置和孔隙结构等问题。

目前地质研究的精细化和定量化发展主要表现在三个方面:①研究的尺度越来越小;②基本单元越来越小;③定量化和预测化趋势越来越明显。这种发展趋势也是为了满足生产的要求,特别是老油田的深入挖潜问题,没有精细的地质研究将是非常困难的。

(一)地质研究的精细化

地质研究的精细化在地层单元的尺度、构造解释的精细程度、成岩演化的详细程度以及孔隙结构的发育过程各方面都有表现。在地层单元的划分上,不仅以层组为单元的地层划分不能满足实际需要,甚至单砂体尺度的划分也不能满足生产的要求,必须在单砂体内部就其结构构造、韵律特征、夹层的分布模式等具体问题进行深入的研究。图1—1是逐级进行储层详细研究的示意图,最终在扇三角洲近岸水道的一个水道砂体的内部,又详细地划分出7个以不同的构造和粒度组成的单元。由下到上依次为:块状细砾岩(含炭化树干)—大型槽状交错层理砾状砂岩—平行层理粗砂岩—块状中砂岩。经过这样的详细研究,我们不仅可以知道在一定的开发条件下地下流体的分布状况,而且由于预先知道了砂体内部的变化特征,可以在开发前比较准确地预测开发到一定程度后剩余油的可能分布特征。

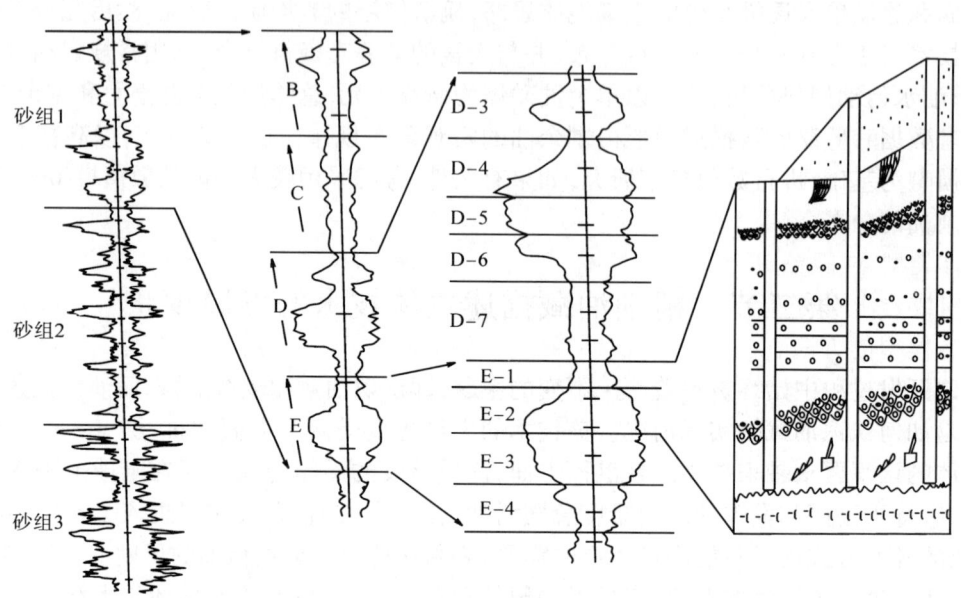

图1—1 储层精细化研究示意图

大庆油田通过沉积单元的细分及沉积微相的研究,对砂体结构的精细刻画进行了更深入的研究。

1. 厚油层内部建筑结构

在一些厚油层的砂体内部,单砂体韵律段之间,存在着渗流隔挡层。这些渗流隔挡层与沉积环境和成岩作用有关,大体可分为4类:

Ⅰ类界面:表外层之间的泥岩或钙质层,界面厚度≥0.2m。

Ⅱ类界面:有效层之间的钙质层或物性夹层,界面厚度≥0.4m。

Ⅲ类界面:有效厚度内部的钙质层或物性夹层,0.1m≤界面厚度≤0.4m。

Ⅳ类界面:两期砂岩叠加存在的渗透率分级或水淹界面,界面厚度为<0.1m。

大庆六厂在细分沉积单元的基础上,通过层次分析原理实现了厚油层的层次旋回细分,精确地刻画了砂体内部建筑结构及其对渗流的影响,为精细描述厚层内剩余油的分布奠定了坚实的基础。

2. 复合砂体单一河道识别方法研究

大庆油田杏南开发区中有很多三角洲分流平原相沉积的砂体。这些砂体多由单一河道砂体叠加而成。大庆五厂从垂向上区分不同期的单一河道,在横向上追踪单一砂体。依据现代沉积理论,以沉积模式为指导,对古地理环境进行恢复,搞清研究目的层的相带位置、单一河道规模、相带展布方向,准确勾绘单一河道相带展布图。

复合砂体单一河道的识别,精确地刻画了储层的非均质性及砂体间连通关系,搞清了影响聚驱开发效果的主要因素及砂体动用特征,对于指导措施的选井、选层以及指导注水方案调整均有重大意义。

3. 微构造研究

构造的解释在老油田的挖潜中已经不是构造的形态和断层的组合等问题了。在老油田中,一般的井网密度都达到了200~300m,个别用于实验区的井网密度可以达到50m或更小,再加上地震解释精度的不断提高,需要进一步提高解释精度的是微细的构造变化和很小断距的断层。

4. 成岩作用研究向三维方向发展

成岩演化的研究已经远远超越了简单的定义成岩阶段,而是从成岩的过程进行研究:①在盆地范围内,要综合研究盆地不同构造单元、不同流体场控制条件下的热力、埋藏、矿物成分、岩石类型;②在油藏范围内,则要研究统一构造、流体场控制条件下的成岩阶次、矿物转化、储层内流体类型、成因单元的沉积机制等内容。

在对成岩作用的研究过程中,已经从一维的研究发展到了二维成岩作用的研究,并正在向三维成岩模拟的方向发展。特别需要说明的是,最近几年新的分析化验技术、显微技术的发展,使储层和成岩的精细化研究成为可能。

(二)地质研究的定量化

储层地质学的发展从一般的描述向半定量的方向发展已经历了10多年时间,并在许多方面都取得了相当的成功,随着计算机技术的飞速发展以及其他相关学科对地质学的要求,目前已经远远不能满足需要,发展定量地质学必将成为必然。

定量地质学就是要将地质体的形态、特征、砂体之间的各种比例关系以及砂体内部的各种参数定量地表征出来。定量地质学的研究方法主要包括野外露头解剖、油田密井网区的研究、沉积体系的物理模拟与数值模拟等几个方面。

在"九五"期间,作者完成了滦平扇三角洲和大同辫状河两个露头储层的精细定量地质学研究。结合两类露头沉积体系的特征,进行了相同沉积体系的物理模拟和数值模拟研究;解剖了相同沉积体系的油田地下实际情况,将三个方面的研究成果相结合。扇三角洲和辫状河以及定量地质学研究得到了很大的发展,总结出了包括砂体的形态特征、砂体的大小比例和配置关系、砂体的定量数据、砂体内部的物性分布规律、砂体预测方法等系列的定量研究成果,也建立了包括岩性、岩相库、环境类型库、规模尺度库、夹层类型库、砂体统计库和原型模型等地质知识库,建立了陆相碎屑岩储层定量地质学的初步研究方法(详见第六章)。

在定量地质学的研究过程中,除不可用数值表达的地质参数外(如沉积体系、沉积环境等),其他的参数则应尽量定量表述。比如以前在对扇三角洲的认识中,基本上停留在是一个三层结构的沉积体的内部所包含的微相类型上,不能指出各种微相类型的比例和大小;在宽厚比预测体的分布范围内,仅仅使用了各种河流的宽厚比参数,而对于扇三角洲内部各微相单元不能作到准确的预测。通过研究在这一方面总结了大量的定量地质学规律,为相似地下储层的预测提供了指导。

系列定量统计和预测技术的发展,将为储层研究向精细化发展奠定了一定的基础。

二、测井技术在储层描述中的作用日益明显

测井技术在储层描述中的作用日益明显。测井技术历来被认为是油田地下的眼睛,是油田开发过程中认识地下的最重要的手段之一。特别是我国目前老油田进入高含水阶段,水淹层和低阻油层是主要的挖潜对象,裂缝型低渗透储层也是目前测井解释评价的一个难题。开发新的测井技术并充分利用传统的测井手段进行进一步的研究显得尤为重要,主要表现在以下几个方面。

（一）传统的测井手段仍是储层描述的主要工具

对于一般的砂泥岩地层来说,测井主要解决的问题有:渗透层、有效层和隔层的划分;解释储层中的流体类型和性质,即油、气、水层;以及对储层参数进行解释,包括孔隙度、渗透率和含油饱和度。应该来说,只要根据四性关系建立起正确的、合乎本油藏特点的解释图版,除渗透率以外,其他8项参数的解释精度,测井手段已完全可以满足需要。

目前的常规测井方法还无法直接求取渗透率,但可以通过其他参数间接求取渗透率,一般是通过孔隙度和泥质含量来计算的,也有直接用孔隙度求取的。目前世界各石油公司通用的做法是先通过岩心分析的孔隙度与渗透率数据建立关系,然后用这一关系从测井解释的孔隙度求取渗透率。虽然这一方法得到了广泛的应用,并经实践检验是较为实用的,但其误差仍然很难控制在30%以内。我们都知道,影响渗透率的因素是非常复杂的,即使是在同一油藏内,具有同一孔隙度的储层其渗透率的极限差别也是数量级的。除了渗透率的解释还有待进一步提高外,常规测井还有一些问题不能得到很好的解决。主要表现在三个方面:①由于测井解释分辨率的问题,对薄层的解释还有一定的难度,不能满足老油田对薄层、差层挖潜的需要;②裸眼井及套管井水淹层定量解释还存在较多的问题,不能很好地解释地层及流体在开发过程的变化;③裂缝和低渗透储层的测井解释技术急待提高,以满足生产的实际需要。为了解决这些问题,近年出现的一批新的测井技术和方法。

（二）新测井技术得到了一定的发展和应用

针对上述几个较难解决的问题,出现了新的测井方法和技术,这些技术的出现在一定程度上可以解决一些问题,最具有代表性的包括以下几种。

1. 成像测井技术

成像测井仪是第五代测井仪器,是测井的重大技术突破。它在储层描述方面可以提供高分辨率的真实井壁情况。可用于确定地层倾角,探测裂缝、孔洞,定量描述薄层,确定断层位置和其他地质特征。在一定程度上具有代替取心的作用,同时可弥补常规取心上难以对层理构造、裂缝方位等进行确定的不足。成像测井分辨率最高可达0.5cm,能够观察到大个砾石的沉积现象。主要的成像测井系列有:阵列感应成像测井、方位侧向成像测井、地层微电阻率扫描成像测井、偶极横波成像测井、超声波成像测井等。

2. 核磁共振测井

核磁共振测井是测井技术发展最快的一种。核磁测井是能够测量储层自由孔隙度的新方法,不受岩性、泥质和流体矿化度的影响。在储层表征中,能够定量而可靠的获得孔隙度、孔隙大小分布、渗透率和束缚或可动液体饱和度的资料;并能够探测油气层采收率和有效厚度,用于计算油田的可采储量。目前,核磁共振测井技术已经开始进入实用阶段。这一技术的快速发展不仅使现场快速测量储层特性成为可能,而且使提供廉价的优质测量结果成为可能。

3. 随钻测井

随钻测井是测井技术中的又一重大突破,测井内容在不断扩大,包括地层电阻率、自然伽马、中子、密度和声波等。西方石油公司在20世纪90年代初就已经开始应用于资料井和水平井的钻井过程中。随钻测井最大的优点是可以测得原始状态地层和流体的真实情况,并且不占用钻井时间;在水平井的钻井过程中,也可以根据地层的变化及时调整钻井轨迹。

4. 组件式地层动态测试

组件式地层动态测试是根据渗流原理设计而成的。仪器下井一次可以采集多个流体样品和流速数据,并有光学指示计监视进入取样室的储层流体性质,在油藏描述中发挥的主要作用包括直接测量地层压力及其渗透率、直接找油找气和评价油气层的生产能力等。

5. 过套管测井

过套管测井包括脉冲中子俘获测井、碳氧比测井和重力测井和过套管电阻率测井。特别是对于老油田,过套管电阻率测井为动态油藏描述提供了有力的手段,它克服了常规电阻率测井只能在新井完钻后进行测井,而无法在下有套管的井眼中求取有效电阻率的不足。通过对老井进行过套管电阻率测井,并与最初测井资料对比,可以了解水淹程度及剩余油、注水驱油效率等,还可以进一步了解砂体连通性及储层非均质性。

当然,这些测井新技术目前还不能作为常规方法普遍应用,加之老油田中绝大多数老井都是老的测井系列,进一步提高常规测井系列的解释精度仍然是现实的任务,同时这些新的测井技术在标定和提高常规方法上也将起到重要的作用。

(三)常规测井资料得到了深入的挖潜

尽管测井新技术的出现使人们认识地下的真实情况的能力得到了提高,但在目前的情况下成本太高,很难在生产中得到大规模的应用。充分利用常规的测井资料来解决特殊储层问题就显得非常重要。目前应用比较成功的是利用常规测井信息对裂缝的识别和研究。应用常规测井资料进行裂缝识别的主要依据是:含流体裂缝的导电性、裂缝地层的非均质性和各向异性以及裂缝的发育与岩性的关系等。孔隙结构指数法、孔隙度测井组合法、裂缝测井指示法是应用比较好的几种方法。通过这些方法可以计算出裂缝储层的孔隙度和渗透率,具有很好的实用价值。

三、开发地震研究的精细化使储层的精细预测成为可能

开发地震技术是应生产实践的需要而产生的一门储层地球物理学科。它是以勘探地震为基础,针对具体的、小尺度的、需要精细结构描述的油气藏,进行地震观测、处理和解释的技术,可以理解为开发阶段所采用的地震技术,也被称为储层地震学或油藏地震学。这是在勘探地震学的基础上发展起来的,充分利用针对油藏的观测方法和属性处理技术,紧密结合钻井、测井、岩石物理、油田地质和油藏工程等多学科资料,在油气田开发和开采过程中,对油藏特征进行横向预测,做出完整描述和进行动态监测的一门学科。主要技术包括:地震目标处理、三维联片处理、叠前深度偏移、高分辨率地震勘探、地震属性分析与烃类检测、相干体分析、定量地震相分析、地震综合解释与可视化、地震反演、储层特征重构与特征反演、AVO分析与反演、3D AVO、井间地震、四维地震、多波多分量等。开发地震的内涵包括两个部分,即储层静态描述和油藏动态管理。

对于地震储层预测而言,除了对一般的砂泥岩地层的解释精度需要进一步提高外,目前还遇到了特殊类型储层预测的挑战,主要的类型包括:薄层灰岩、砾岩、泥岩、喷发相火山岩、侵入岩、风化壳和侵入岩蚀变带等储层。这些储层的共同特点就是以裂缝型储集空间和溶蚀空间为特征,常规的地震反演,只能获得声波速度(或声阻抗)的信息,当储层在声波或波阻抗上有明显特征时,利用常规地震反演可以获得很好的效果,但是对于很多复杂储层,尤其是裂缝性储层,它们在声波(声阻抗)上往往没有明显可以识别的特征,对此常规地震反演无能为力。针对这种复杂储层,目前发展了储层特征重构技术,就是针对具体的地质问题,以岩石物理学关系为基础,从众多的测井曲线中重构出一条储层特征曲线,使得储层在这条曲线上有明显的

特征。然后通过储层特征反演将储层特征外推至井点以外，获得特征重构数据体进行储层描述。

目前，地震的前沿技术主要包括四维地震、井间地震、P波方位AVO与多波方位AVO、多波多分量等。四维地震主要是开发过程中的储层与流体的变化；井间地震是针对油田开发过程中的精细储层研究和油藏管理而开展的；P波方位AVO与多波方位AVO是AVO技术的新发展，主要用于对油气藏的直接识别；多波多分量的应用主要有两个方面，一是成像，二是岩性与流体识别，主要是针对复杂的地貌和成藏过程进行研究。

三维地震的大力推广，使地震的分辨率和应用范围都得到了空前的提高。特别是地震技术与测井技术、沉积学研究技术的相互结合，使该学科得到了长足的发展。在三维地震资料基础上，测井约束反演和三维可视化等技术在进一步提高分辨率和地震资料的应用范围上有了很大的进步。比如三维可视化技术早已不是单纯的显示，而是成为了一种解释技术，可以在勘探早期评价储集层的类型和展布范围。测井约束的地震反演技术则是在井点上标定地震属性，由此外推，在一定的距离范围内可以很大地提高薄层的识别精度。

四、高分辨率层序地层学分析方法得到了应用

层序地层学作为地质学的一个新的分支，近些年得到了很大的发展，特别是尺度比较大的层序地层学研究方法基本已经成熟，但针对开发而言的高分辨率层序地层学目前正处于发展阶段。

高分辨率层序地层的分析以露头、岩心、测井和高分辨率地震反射剖面资料为基础，以地层过程—响应沉积动力学为理论依据，通过A/S(可容空间/沉积物供给)比和基准面旋回进行地层划分对比。该理论突破了源于被动大陆边缘海相地层中的传统层序地层学的局限性，更适用于对陆相地层进行高精度的划分对比。因此，自20世纪90年代中期引入国内以来，大大地推动了国内高分辨率层序地层学的发展，形成了比较完善的陆相层序地层学研究理论，并取得了许多成功的应用实例。

高分辨率层序地层学的基本原理和方法包括基准面原理、体积划分原理、相分异原理与旋回等时对比法则，其基本理论认为在一个基准面旋回过程中，由于可容空间和沉积物供给通量比值的变化，相同沉积体系域或相域中发生沉积物的体积分配，导致沉积物的保存程度、地层堆积方式、相序、相类型及岩石结构发生变化。这些变化是其在基准面旋回过程中所处的位置和可容空间的函数。因此，由基准面旋回所控制的等时地层单元的地层分布是有规律可循的，因而也是可以预测的。

高分辨率层序地层学的核心是如何识别地层记录中多级次的基准面旋回和多级次的地层旋回。每一级次的地层旋回内必然存在着能反映响应该级次基准面旋回所经历的时间的痕迹，其沉积和地层特征主要为单一相物理性质的垂向变化、相序和相组合变化、旋回叠加式样的改变以及地层的几何形态与接触关系。

总之，高分辨率层序地层目前还处于引进与发展阶段，但从现在的发展趋势分析，它可能是沉积学和地层学的一个重要发展方向。

五、不同类型沉积体系储层原型模型和地质知识库的建立

油藏描述的核心是建立储层模型，而要想建立准确的储层模型不仅需要一套切实可行的数学预测方法和软件，而且需要掌握储层的各种参数信息的分布规律，即需要建立可靠的储层原型模型和地质知识库。因此，储层原型模型和地质知识库是储层精细预测和建模的重要基础，是精细油藏描述定量化、数字化的重要体现。

所谓原型模型就是一个与模拟目标储层沉积类似,并具有足够密集控制点,得到详细描述的储层地质模型。而储层地质知识库是指经大量研究高度概括和总结出的能定性或定量表征不同成因类型储层地质特征,且具有普遍意义的系列参数。原型模型的选择有两个基本原则:一是原型模型的沉积特征与模拟目标区沉积特征相似;二是具有密集采样的条件,采样点密度必须比模拟目标区的井点密度大得多。储层地质知识库的建立一般通过以下三种途径完成:一是野外露头和现代沉积砂体精细测量;二是储层物理模拟和数值模拟;三是油田密井网区精细解剖。

对于露头区和现代沉积区,可以进行三维空间的砂体结构测量,并可在三维空间进行密集采样和岩石物性(孔隙度、渗透率)测定,取样网格可密至米级甚至厘米级,因此可建立十分精细的三维储层地质模型,并用于指导地下储层预测,这是获得储层原型模型地质知识库的最佳途径。国内外已有许多成功的实例,涉及多种沉积类型,包括曲流河、辫状河、扇三角洲、三角洲等,为油藏精细描述和预测模型建立提供了新的研究思路和方法。最为典型的实例,国外当首推 BP 进行的 Gypsy 剖面研究和约克逊剖面研究,大大丰富了河流相储层原型模型地质知识库;在国内,以扇三角洲和辫状河原型模型地质知识库的建立为代表,针对大同与滦平两个露头,不仅进行了详细的描述、测量、取样等工作,而且进行了钻井、测井等工程,全面详细地解剖了滦平扇三角洲和大同辫状河的内部结构特征和变化规律,建立了两类露头储层的地质知识库,另外还与随机建模结合,概括和总结出了两类砂体的预测方法,在井距为 200m 的情况下,其预测精度可达 78.3%,是我国露头储层在向精细化和预测化方面迈出的一大步,是我国储层原型模型和地质知识库建立的一个典范。

在开发成熟油田的密井网区,尤其是具有成对井的密井网区,亦可建立原型模型,只不过精确程度比露头或现代沉积低,但可用于指导相对稀井网区的随机建模研究。尹太举、张昌民(1997)通过对双河油田的密井网区进行解剖,建立井下地质知识库,用于指导建立储层骨架模型;陈程(2006)同样利用双河油田密井网区资料建立了扇三角洲前缘原型骨架模型,获得了水下分流河道砂体规模、形态定量地质知识库。目前,这方面的研究成果相对较少,与野外露头和现代沉积研究方法相比,密井网区储层地质知识库的研究难度较大,尚需开展大量的研究工作。

总体上,储层原型地质知识库的研究取得了一定的进展,以扇三角洲、辫状河、曲流河的研究程度最高。但地质体是复杂多变的,沉积类型丰富多彩,目前的研究成果尚不能满足对复杂多样的地质体的认识。一方面需要开展多种类型的沉积体的研究,建立相应的储层地质知识库;另一方面需要进一步拓宽地质知识库的内容,增强其可操作性,充分发挥地质知识库用于地下储层表征的指导作用。

六、地质统计学和随机模拟技术的应用与发展

地质统计学一般包括三个基本组成部分:空间函数的相关性分析、克里金估计和随机模拟。空间函数的相关性分析是指对变异函数和协方差函数的分析,是克里金估计和随机模拟的基础。

克里金方法是一种光滑内插方法,实际上是特殊的加权平均法。与传统的数学插值方法相比,克里金方法更多地考虑了地质规律造成的储层参数在空间上的相关性,提高了储层参数的估值精度,是目前应用最广的确定性插值方法。当然,克里金插值法也有其自身的局限性,它难于表征井间参数的细微变化和离散性(如井间渗透率的复杂变化)。同时克里金也是一种局部估值方法,对参数分布的整体结构性考虑不够。当储层连续性差、井距大且分布不均匀时,则估值误差较大。因此,克里金方法所给出的井间插值点虽然是确定的值,但并非真实值,只是接近真实值,其误差大小取决于克里金方法本身的适用性及客观地质条件。

随机模拟作为地质统计学技术的三大内容之一,因其在分析地质现象的非均质性和空间不确定性方面表现出巨大优势而受到关注。克里金插值法实际上是一种线性平滑的低通滤波器,是一种对条件数字期望的估计,从而具有平滑效应。插值法掩盖了非均质程度(即离散性),特别是离散性明显的储层参数(渗透率)的非均质程度,因而不适用于渗透率非均质的表征。随机模型能反映储层性质的细微变化,这对油田开发生产尤为重要。

随机模拟技术是地质学与数学、计算机结合,向先进计算技术发展的一个方向,近15年来发展很快,且正在不断完善中。

虽然地下储层本身是确定的,在每一个位置点都具有确定的性质和特征,但人们去认识它时可能出现随机性。这是由于:①资料信息的不足;②资料信息本身有不确定性;③一些储层属性的地质规律有一定的随机性。随机建模技术就是为了尽可能反映储层实际,但同时又反映可能存在的不确定性发展起来的。

随机建模以已知控制点的信息为基础,依据随机函数理论,应用随机模拟方法对井点间的地质特征属性参数的分布及其变化给出多种可能的、等概率的实现(预测结果),提供开发地质人员选用。也就是说,随机建模就是利用一个地质体某一属性已知的结构统计特征,通过一些随机算法来模拟未知区这一属性的分布,使其与已知的统计特征相同,从而达到模拟储层非均质性,直到预测井间参数分布的目的。

要完成随机建模,有两个关键点:一是建模对象(某一沉积类型储层的某一参数)的固有地质统计特征如何掌握正确;二是选用合适的模拟算法。

不同类型储层各种参数的地质统计特征主要通过建立原型模型途径来解决。对储层沉积露头进行细致调查测量、密集取样,取得样本密度非常高(如 $0.5m \times 0.5m$)的参数分布场,就是这类沉积储层的原型模型。从中得到的各种地质统计特征,代表其本来面貌,可以用于井下同类沉积储层的建模。开发后期井网很密的井下资料,也可作为预测处于早期开发阶段井网较稀时同类储层的原型模型。国内一些老油田所钻的同井场不同开发层系的丛式井中所获取的储层变化信息也是很重要的地质知识。近十多年来,国内外提出重返露头,投巨资去作露头的精细测量研究工作,就是为了这个目的。我国针对陆相储层中非均质程度较强的扇三角洲和河道砂体,也做了两个很好的露头工作,取得了一些很有意义的工作。

关于随机算法,以美国斯坦福大学和法国矿业学院枫丹白露地质统计中心为代表,已发展很多算法,形成了一些商业软件,如:STORM、RC^2、GOCAD、Herisim、Gridstat 等。国内以王家华为首的研究小组结合油田生产实际,发展随机建模新的算法,提出了适合我国广为分布的河道砂体储层的随机游走建模方法,编制了我国自主版权的第一个随机建模的软件系统 GA-SOR,并不断完善升级。北京石油勘探开发研究院也形成了自己的随机建模软件系统。这些模拟方法可分为:离散型方法——以对象为基础的模拟方法;连续方法——以像元为基础的模拟方法。也可分为有条件模拟——忠实于采样点资料的方法;非条件模拟——已知采样点资料也可以改变的方法。

在国外,出现了20多种模拟算法,目前比较流行的随机算法包括:布尔模拟法、示点性过程法、截断高斯法、序贯高斯模拟、序贯指示模拟、马尔可夫—贝叶斯模拟、分形模拟、模拟退火等(表1—2)。

表1—2 随机建模方法分类表(据吴胜和,1997)

模拟方法	随机模型	序贯模拟	误差模拟	概率场模拟	优化算法(模拟退火及迭代算法)	模型性质
基于目标的随机模拟	标点过程(布尔模型)				标定过程模拟(用退火或迭代算法)	离散
基于像元的随机模拟	高斯域	序贯高斯模拟、LU模拟	转向带模拟	概率场高斯模拟	(优化算法可用作后处理)	连续
	截断高斯域	截断高斯模拟	截断高斯模拟	截断高斯模拟	(优化算法可用作后处理)	连续
	指示模拟	序贯指示模拟		概率场指示模拟	(优化算法可用作后处理)	离散/连续
	分形随机域		分形模拟		(优化算法可用作后处理)	连续
	马尔柯夫随机域				马尔柯夫模拟(应用迭代算法)	离散/连续
	二点直方图				(很少单独使用,主要用作退火后处理)	离散

随机模拟得出的是很多个等概率的地质模型,在实际工作中大体有以下几种用途:

①直接用作概念模型,保证正确反映储层主要属性的基本面貌,如连续性、非均质程度等。在油田开发早期评价阶段应用是很成功的。

②估计地质模型的不确定性。多个实现的差别,本身就反映了可能存在的不确定性。

③地质约束下的选用。即开发地质家根据地质知识和经验选用最可能的模型。

④蒙托卡洛式的应用。储层地质模型最终被用于数值模拟预测开采动态。在多个实现中选取最乐观的、最悲观的和最可能的地质模型,从中计算出的开采动态也反映上述三种可能,用作风险分析和决策依据。

⑤最大概率的应用。在多个实现中选择出现概率最大的模型应用,有时甚至把多个实现平均所得的模型应用于实际。

⑥通过开发动态历史拟合,快速筛选简化的流动数值模拟方法。目前一些油公司已开发了一些可以把数百万个网格的地质模型不必经过粗化,直接进行快速运算的简化数模软件。通过粗略筛选,选出最优地质模型再用于正式模拟开发指标。随机建模方法目前正在蓬勃发展。

多信息集成的随机动态建模技术主要发展动向如下:①大力开展各类沉积储层的露头调查,丰富原型模型和地质知识库;②研究各类模拟算法对不同储层、不同地质目标的适应性;③发展新的算法。

七、我国主要类型油田的油藏描述特色

我国是一个以陆相油田为主的国家,储层沉积类型多样,横向变化快,非均质性较强。因此,针对陆相油田开展油藏描述工作难度较大。近年来,随着油藏描述技术在国内的推广应用,每个油田从其实际情况出发,从不同角度开展了多轮次的精细油藏描述工作,见到了较好的效果,并不断积累经验,不断创新,逐渐形成了针对我国陆相油田特色的油藏描述技术系列。

根据油田不同的地质条件和开发特征,可以划分为以下四类较为成熟的油藏描述技术系列:①针对大型稳定沉积体系油气田的油藏描述(大庆油田);②针对复杂断块油气田的油藏描述(大港、华北等油田);③针对裂缝型储层的油藏描述(新疆、玉门等);④针对低渗储层中"甜点"的油藏描述(吉林、长庆油田等)。

(一)针对大型稳定沉积体系油气田的油藏描述

大型稳定沉积体系油气田指构造相对简单、储层分布较稳定、储层常以薄互层发育为特点的油气田。在我国以大庆油田为典型代表,为一套广泛分布的大型河流—三角洲沉积体系。针对这种类型的油田,精细沉积微相分析是油藏描述的关键。大庆油田的生产实践表明,以精细沉积微相研究为核心的油藏描述具有很好的实用性。充分应用密井网测井、检查井等资料,通过模式拟合,精细表征沉积微相空间展布,预测储层分布规律,预测精度可达到85%以上,为油田加密调整、三次采油、综合措施挖潜等工作奠定了基础。

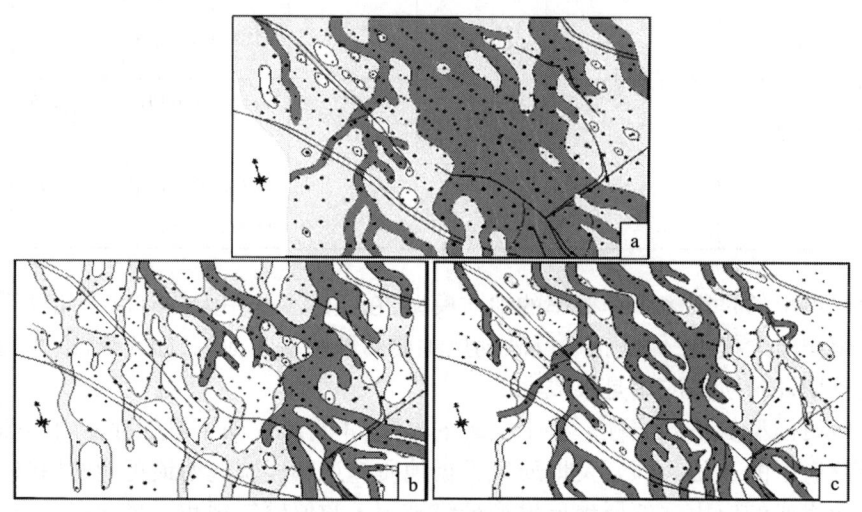

图 1—2 复合砂体劈分单砂层前后沉积微相对比图

精细沉积微相研究的基础是细分沉积单元。通过精细地层划分对比,细分至单砂层,反映成因砂体的形成过程。图 1—2a 为葡 I 32a 小层的沉积微相分布图,反映的是砂体大面积连片分布的特征,但生产效果表明并非如此。因此,进一步开展单砂体刻画工作,细分单砂层。图 1—2b 和图 1—2c 为劈分单砂层后得到的沉积微相图,更能表征出分流河道的分布规律,揭示不同类型砂体的分布特征和接触关系,既符合地质规律,又能与生产动态特征相吻合。

针对大型稳定沉积体系油气田的油藏描述主要具有三个技术特点:一是对储层成因单元的精细划分,这是从沉积成因机制上分析储层分布规律的基础,划分精度越高越能反映储层沉积特征,揭示储层非均质性;二是完全以沉积相的概念指导进行建模,有效储层分布主要受沉积微相的控制,因此建立了可靠的沉积微相模型就等于建立了有效储层的分布模型;三是以确定性建模为主,避免随机模型的多解性。

(二)复杂断块油气田的油藏描述

复杂断块油藏是我国另一类重要的油藏类型,不仅储层非均质性强,而且不同级次的断层交叉分布,大大增加了油藏描述的难度。对这些复杂断块油藏来说,面临的主要问题是细分层和精细对比难,影响到砂体连通关系和注采对应关系的确定,同时断层对油藏的分割性和油藏规模的认识也难给出可靠的结论。

对于老油田来说,一般在开发初期未曾做过三维地震工作或早期采集的地震资料品质较差,断层解释的精度和可靠性较低,必然给复杂断块油藏精细地层对比带来很大的难度。所以,面对这样复杂的油藏,应以高分辨率层序地层学理论为指导思想,以高分辨率三维地震资料采集、处理和解释为依据,以等时沉积单元对比为主要手段,从层序界面分析入手,通过密井网详细解剖,纵横向对比,综合分析动静态资料,实现对复杂断块油藏的深入认识。

经过多年的攻关研究,以大港油田为主提出了复杂断块油藏精细研究的技术及方法,并逐步完善,形成高效配套的挖潜对策及措施,见到了较好的实施效果。共在18个油田编制了89个综合调整方案,提高采收率近2%。通过方案的实施,建成和恢复生产能力110万吨,增产原油139.2万吨。通过这项技术方法的应用,已开展过精细油藏描述的油田,其开发指标都有不同程度的改善,在一定程度上缓解了老油田的被动局面。

复杂断块油藏精细描述以断层精细解释为突破点,关键技术是综合多信息识别断层,划分断块。合理的断点组合、断距计算、断块划分是认识复杂断块油藏的基础。目前,综合运用生产动态信息,依据高分辨率地震资料,大大提高了断层的解释精度,可以识别5～10m断距的小断层。

(三)裂缝型油藏的油藏描述

裂缝型油藏具有极强的非均质性,受裂缝影响储层渗透率变化快,且裂缝分布的规律性相对较差,给储层预测造成困难。针对裂缝性油藏非均质性极强的特点,灵活运用神经网络算法、随机干扰插值、克里金插值等数学方法,充分利用地质、测井、地震、油藏工程等各种动、静态资料,发展了多信息裂缝型油藏三维地质建模技术。

裂缝型储层油藏描述的主要技术,除常规的储层分布特征与规律以外,主要是识别裂缝与预测其空间分布,核心技术包括露头与岩心的裂缝分布规律描述、测井的裂缝识别技术和三维空间分布的预测技术。其中,常规测井资料裂缝识别是攻关的难点,尽管新的测井技术的发展为裂缝准确识别提供了依据,尤其是成像测井技术的日益成熟,但受资料量少的限制,应用有所局限。三维地震资料的广泛采集为裂缝三维空间分布模型的建立提供了依据。

(四)针对低渗储层中"甜点"的油藏描述

近年来,对低渗透油气田的有效开发越来越引起高度重视,尤其是以苏里格气田为代表的低渗砂岩气藏的高效开发取得了显著成效,逐渐形成了一套针对低渗储层中"甜点"刻画的精细油藏描述方法。低渗储层的一般特点是致密砂体在盆地内广泛分布,能够形成有效储层的通常仅是砂岩中的一个或几个岩相单元,储层非均质性较强,寻找低渗背景中的相对高渗单元是这类油气田成功开发的关键。

苏里格气田盒8段、山1段为河流相低渗透储集层,具有典型煤系地层成岩作用特征,强烈的压实作用是导致低渗的主要原因,有效储集层为低渗砂岩背景上的相对高渗单元(图1—3)。苏里格气田相对高渗储集层单元与砂岩岩石组构和成岩作用密切相关,沉积水动力条件控制砂岩结构和成分的分异,进而控制成岩作用和孔隙发育特征。心滩和河道下部高能沉积环境以粗砂岩发育为主,石英颗粒和石英岩屑含量高,抗压实能力强,有利于原生孔隙保存和次生孔隙形成，从而成为优质储集层；低能沉积环境发育的中细砂岩塑性岩屑含量较高，呈致密压实相，不利于原生孔隙保存和次生孔隙形成，为差储集层或非储集层。将苏里格气田储集层划分为6种成岩相类型，建立了成岩相与沉积微相、沉积序列特征的关系，可预测有效储集层的空间分布规律。

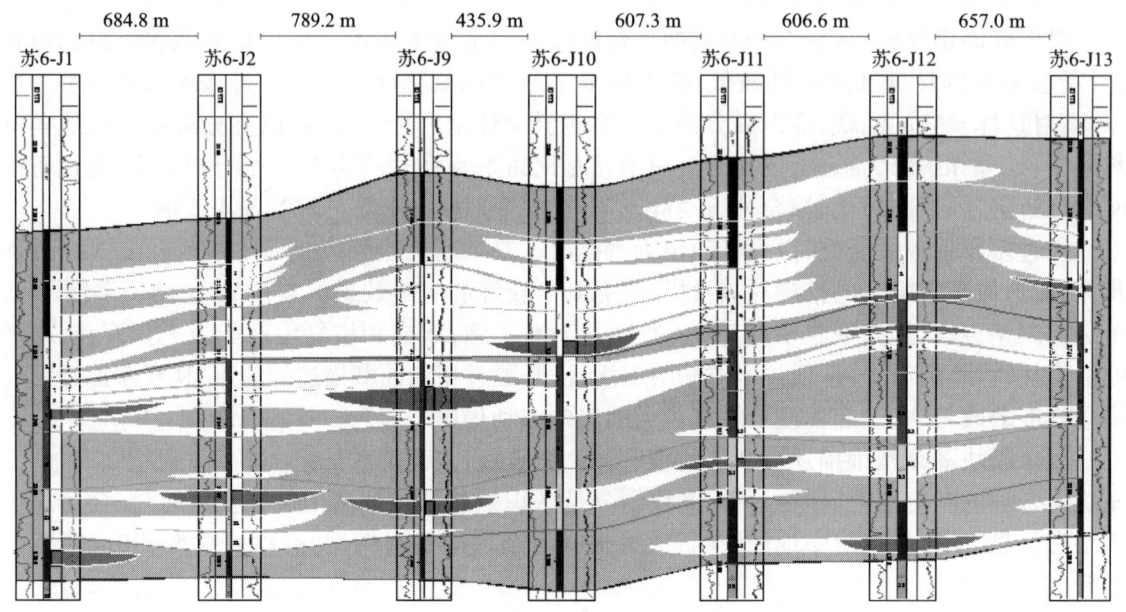

图1—3　苏里格气田有效砂体发育横剖面图

以苏里格气田为代表，形成的针对低渗储层中"甜点"的油藏描述包括以下几个步骤：首先通过沉积相与成岩相分析，建立高渗砂体沉积模式，并进行测井次生孔隙识别，然后在相对密井网区解剖砂体，确定高渗砂体的叠置模式、接触关系、连通程度和发育规模，并结合试井解释进行修正，最后以地质模式为指导，依据气层地震属性特征，进行气层综合预测。低渗储层中"甜点"的油藏描述关键是通过成岩相与沉积相分析相结合，确定高渗砂体的发育模式，从而预测其空间分布。

第三节　精细油藏描述的发展方向

一、国内外油藏描述技术水平对比

由于国内外油藏描述技术发展的历史过程不同，所需解决的具体问题也各有所侧重，形成的油藏描述技术各有特点。

①在沉积学方面国内外水平大致相当，但由于我国油气田以陆相储层为主，在湖盆沉积学方面形成了具有自己特色的沉积学理论和工作方法，并在石油行业制定了油藏描述沉积学研究规范，在油田的开发工作中得到了很好的运用。

②在定量地质学方面，国内外水平接近，都建立起了几个定量地质学与原型模型研究基地。国外以美国Gypsy剖面为代表，国内以滦平扇三角洲和大同辫状河露头为代表，通过定量地质知识库的建立，为在更精细的尺度上描述和预测储层的空间分布提供了可参考的模板。

③在测井技术方面，国外公司在测井系列新技术的开发和应用上占有领先地位。国内主

要是国外测井技术的引进和开发利用。近几年来,我国在利用常规测井解决裂缝问题,进行水淹层和低阻油层解释等方面逐渐形成了自己的特色。

④在开发地震技术上,国外有完整的技术体系,在新技术的开发和应用上处于领先水平,但在预测精度上仍然存在技术瓶颈,特别是薄层的预测较难。国内初步建立了自己的技术体系,但对6m以下的薄储层难以准确预测。

⑤在地质建模中随机算法是主要发展方向之一,国外已经建立了一套较成熟的算法体系,并形成了比较成熟的商业性软件,国内则以引进应用为主。

⑥在层序地层学方面,国外以海相层序地层为起源,已经基本形成了较为成熟理论体系,部分公司还制定了层序地层学的应用规范手册,在生产应用取得了较高水平。我国层序地层学研究初期以引进海相层序地层理论为主,并针对我国以陆相沉积为主的特点,在陆相层序地层学的研究探索中已取得了一系列的研究成果,但仍有一些陆相层序地层的理论问题还没有解决,特别是在应用中不同专家学者形成了不同标准,难于统一,给生产应用带来了一定的困难。

二、精细油藏描述面临的挑战

为了满足剩余油挖潜和提高石油采收率的需要,要建立更加精细的地质模型,在更小尺度规模上描述储层的分布,当前提出了横向百米级×纵向厘米级的精度目标,要实现这一目标,已经远远不是以单一的地质研究来解决问题,而需要多学科综合研究。在精细油藏描述技术系列中还存在多项技术问题需要攻关。

①建立露头原型模型的类型不够多。储层原型模型建立方面,虽然已经取得了一定的进展,如建立了扇三角洲和辫状河两类沉积类型的原型地质模型,但就目前而言国内建立的露头原型模型类型还不够丰富。

②高分辨率层序地层学在冲积相(河流相)沉积中的应用还不成熟,目前主要依据测井曲线进行高分辨层序划分,仍具有一定的难点和随意性。

③对物性参数随开发过程变化的评价还没有较为有效的方法,水淹层的解释误差较大,符合率仅在70%以下。

④对砂泥岩互层的地层中薄层的预测还较为困难。

⑤对于裂缝型储层的描述,还不能建立真正意义的裂缝储层地质模型,只能对地震资料解释级别的断层和岩心薄片资料解释级别的微小裂缝进行有效的描述,对中间级别的裂缝只能停留在预测水平上,还不能真实全面描述裂缝间距、密度、规模等参数。

三、精细油藏描述的发展方向

(一)储层沉积学的研究需要进一步深化和发展

在我国碎屑岩储层中,陆上与水下的储量各占一半,冲积相(重点是河流相)的高分辨率层序地层学研究仍然是重点和难点之一。储层非均质性的研究需要大力加强,争取总结不同沉积类型储层的关键非均质特征和规律。一定要发展一套针对不同沉积特征和不同参数的储层预测方法,使预测精度得到提高。要继续进行不同沉积类型储层的野外露头研究。综合应用露头与密井网的研究成果,继续总结储层原型地质规律,并寻找露头向地下转换的地质特征与规律。要建立更加符合实际的地质模型,为各种参数的计算和决策提供科学的依据。同时要对各种认识和方法进行反复实验与检验,提高技术方法的实用性和可靠性。

(二)多学科协同研究的继续发展

储层表征技术从20世纪90年代开始就表现为明显的向多学科综合发展的方向前进,这主要基于两个方面的原因:一方面,随着研究深度的不断增加,任何单一的学科都已经不能解决储层研究所面临的新问题,必须走多学科综合发展的路子;另一方面,储层研究也已经不是一个单纯的地质问题,而是要作为油藏工程和数值模拟的输入数据来应用,必须同这些学科相互结合起来,才可以提供更好、更准确的地质模型输入以及油藏与数模参数。

目前由于地震分辨率的瓶颈问题,单从地震技术上对薄层的预测很难有实质性突破,应把地震与地质结合,地质研究要提供地震可以预测和应用的地质模式,降低地震预测的多解性和不确定性,提高预测精度和准确性。测井研究在一般解释的基础上应该主要针对特殊类型的储层(裂缝、低渗透、低饱和等)提供比较准确的参数。油田的动静态资料要有机结合,油藏工程和生产动态资料要一直用来检验和修改油藏描述的结果和地质模型,做到地质模型的实时修改和校正,以更加接近地下的实际情况。

(三)新技术、新理论的大力推广与应用

油藏描述技术的不断发展主要来源于两个方面的推动。一是我们所面对的地质体越来越复杂和难于认识,大批油田进入了开发后期和晚期,粗放的开发方式远远不能满足生产的需要,必须在比以往更加精细的尺度上认识和研究储层,才能找出进一步挖潜的对象,实现老油田的稳产。二是新技术和方法的不断推出,使实现以上生产要求成为可能。

在技术方面,测井、地震技术最近几年得到了飞速的发展,可以研究的内容和精度得到了很大的提高,直接促进了油藏描述研究精度的提高,计算机应用水平的发展又使多学科在同一个数据平台上研究储层成为可能。

在方法上,不断涌现的新技术和新方法为人们的精细研究提供了新思路,其中发展最快的是定量地质学研究技术、原型地质模型建立技术和高分辨率层序地层研究技术等。在这些技术和方法的双重推动下,储层表征开始了由定性到定量、由宏观向微观、由单一学科向多学科多专业综合发展。

在今后油藏描述技术方法的发展中要着重以下几个方面的开发和应用:

①开展陆相高精度层序地层学的理论和应用研究,寻找在地下可以识别的地层界面;

②继续推广完善原型地质规律与地质知识库在储层预测中的应用;

③测井新技术的发展与系列建模算法的开发和优化;

④在三维地震的基础上,进一步发展四维地震与多波地震,解决老油田的剩余油分布和薄储层、裂缝等复杂储层的预测问题。

第二章 储层精细研究的理论基础和研究方法

现代沉积学中的四大研究领域为储层精细研究奠定了理论基础,即层序地层分析、沉积体系分析、层次界面分析和结构单元研究。上述理论基础自始至终地贯穿于储层精细研究的整个过程。

继 20 世纪 60~70 年代沉积环境分析和相模式研究的大力发展和普及之后,沉积学领域最重要的突破和进展之一就是沉积体系分析法的创立与应用。沉积体系是指在沉积环境和沉积作用过程方面具有成因联系的一系列三维成因相的集合体,成因相是其最基本的构成单元。近年来发展迅猛、日趋完善的层序地层学是沉积学领域的另一大进展,将沉积体系的概念纳入了其自身的概念系统中,这使得能在盆地中建立高级别的等时地层格架和基本建造单元(Van-Wagoner,1990),并阐明其有序性演化成为可能。同时,随着勘探开发的深入和现代油藏描述的需要,为了使层序地层学走出其高级别等时格架建造的限制,以 Cross 领导的科罗拉多矿业学院成因地层研究组为代表的高分辨率层序地层学派迅猛崛起,它以岩心、露头、测井和高分辨率地震反射剖面资料为基础,运用精细层序划分和对比技术研究油田乃至油藏范围的层序划分问题,从而使层序地层学开始向低级别地层单元的划分过渡。但是,对于高分辨率层序地层学这一概念所能研究的精度,不同学者有不同的解释,概括起来基本上分为院校派和生产派两大类。院校派学者从理论出发,认为高分辨率层序地层学应该能研究到成因单元或更细;生产派则认为高分辨率层序地层学应该研究到单砂体才有用。

但是,随着油田开发的深入,储层的划分越来越细,特别是中国东部老油田面临的是如何对厚油层和已有的小层进行进一步细分的难题。目前的层序地层学分析还不能适应储层内部更精细划分的要求。以 Miall 等人(1990、1992)为代表的许多专家深入研究了沉积体系内部低级别等级界面的划分,提出了一套层次界面划分和相应结构单元研究的方法和理论。层次界面分析方法强调了从系统论的观点出发,研究系统本身具有的层次性和结构性,强调沉积的等时性和间断性。因此向上与层序地层学兼容,向下可无穷细分,而始终与沉积成因分析相吻合。实际上,目前的应用是将层序地层学与层次界面分析方法结合起来,相互补充各有侧重,地层单元划分以层序地层学为主,砂体及其内部构成单元的划分以层次界面分析方法为主。Miall 曾将河流砂体内部的界面(层次)划分出六级谱系。但目前精细的层次界面描述主要是在露头和现代沉积中进行,而对于油田地下低级别,尤其是中等和小规模层次界面如何在测井曲线上识别,特别是预测其横向变化规律则是人们一直攻关的难题。

以上四大理论领域最重要的一个共同点在于,它们都从系统论的观点出发,强调系统本身具有的层次性和结构性。从油藏描述的角度看,可以笼统称之为"层次界面分析方法"。自然界任何一个研究对象都可以构成一个系统,系统本身具有层次结构,结构是系统内部诸要素的组织形式。一个系统既有从属于自身的子系统,而自身又包容于更大的系统中。系统的层次结构是自然界、人类社会和人类思维所共有的重要结构,层次性当然也是地质现象本身的特征之一,是地质理论的普遍规律。

第一节　沉积体系和层次界面分析法

一、沉积体系分析法

沉积体系是现代沉积学最重要的概念之一，有关的理论和方法最早起源于美国学者对海湾盆地的研究。与一般的沉积环境分析不同，沉积体系分析突出了大型沉积体的空间关系、沉积体内部和外部几何形态的研究，是环境和形态的统一。不仅其自身理论体系完善，而且能更有效地应用于生产实践，近年日益受到研究人员的推崇。在含油气盆地分析中，一旦重建了沉积体系的三维配置，就为储层的研究提供了扎实的基础。因此，该方法在油气勘探开发中都受到特别的重视。

（一）基本概念

1. 沉积体系

Fisher 和 McGowen(1967)将沉积体系定义为三维岩相组合体，而且其中各岩相在沉积环境和沉积作用过程方面具有成因联系。Scott 和 Fisher 定义沉积体系是与作用过程有关的沉积相的集合体。鉴于对各家定义的理解，笔者认为，沉积体系是在沉积环境和沉积作用过程方面具有成因联系的一系列三维成因相的集合体。

2. 成因相

成因相是沉积体系内部构成的基本单位，同一种成因相是在相同环境、条件和作用控制下形成的。每种沉积体系有几种或几十种成因相镶嵌成一个整体。

由此可见，沉积体系分析的优点首先在于强调环境与几何形态的统一，即把成因相和沉积体系都理解为三维地质体；另一方面在于强调成因相在空间上的成因联系，即一系列有成因联系的相是作为一个体系而存在的。只有将不同成因相的特征及联系建立起来，才能在露头和井下进行有效的识别和对比。表2—1是根据滦平扇三角洲总结出的各成因相单元沉积机制和识别标准。

油气储层研究实践已证明，笼统地划分河流相、三角洲相不足以正确评价其储集性能，进行成因相构成的解释，并以成因相砂体为储层研究的基本单元则是必须的途径。在出露良好的地区，如河北滦平、山西大同、鄂尔多斯、四川和新疆的诸多盆地，可以对各种成因相及其配置关系进行三维追索，所获得的认识较之单纯的垂向序列分析有更高的应用价值。

表2—1　滦平扇三角内部各微相单元沉积机制及识别标准

内容 微相	沉积机制	粒度	底形	主要层理构造	展布范围	厚度	常见伴生相	常见颜色	常见韵律
泥石流	重力流	混杂含巨砾	强冲刷、大冲坑	块状、韵律层	大	5~50m	泛滥平原滨浅湖	灰—褐	块状或正韵律
辫状主河道	垂向加积	中粗砂—中砾	冲刷面、大型波痕	大型槽状、板状、平行层理	中等	2~5m	泛滥平原河道间、分支河道	灰	正韵律
辫状分支河道	垂向加积	中细砂—细砾	冲刷面、中型波痕	中型槽状、板状、平行层理	中等偏小	1~2m	主河道、河道间、泛滥平原	灰	正韵律
河道间	垂向加积	泥—粉	水平层面、微波层面	水平层理	中等	0.51~3m	泛滥平原、主河道、分支河道、决口扇	灰黑—杂色	无规则

续表

内容 微相	沉积机制	粒度	底形	主要层理构造	展布范围	厚度	常见伴生相	常见颜色	常见韵律
决口扇	前积	中细—中粗砂	冲刷面	板状交错斜层理	较小	1~2m	河道间、主河道	灰	反韵律
天然堤	侧积、垂积	中粗砂	波状层面	平行层理	小	0.15~1m	河道间、主河道	灰	不明显
河口坝	双向侧积	中粗砂	波痕面	斜层理上攀层理	较小	1~5m	分支河道、席状砂、滨浅湖	灰—灰白	反韵律
泛滥平原	垂向加积	粉—泥	水平层面	水平层理	大	2~10m	主河道、分支河道	灰黑—杂色	无规则
漫流沉积	垂向加积	粉—细砂	水平层面、小型波痕	水平层理平等层理	小	0.2~1m	河道间	灰—褐	微正韵律
席状砂	垂向加积	细砂	平行层面	块状、平行层理	较大	0.2~0.8m	河口坝、滨浅湖	灰	较均质
滨浅湖	垂向加积	泥	水平层理、微波层面	水平层理	大	2~20m	席状砂、河口坝	灰、灰黑	无规则
滑塌浊积	浊积前积	混杂	强冲刷、大冲坑	块状	中等	1~4m	滨浅湖	灰—杂	块状

3. 沉积体系域

相同时期发育的在成因上相关的沉积体系彼此相连就构成了沉积体系域。在任何一个足够大的沉积盆地中,所形成的沉积体系往往不是单一的。一种沉积体系沿着盆地倾向以及沿着盆地走向通常过渡为另一种沉积体系。陆相湖盆沿沉积倾向的一个完整的变化序列为冲积扇体系—河流体系—三角洲体系和盆地体系;沿沉积走向的变化如三角洲体系—碎屑滨岸带体系的演变等。

4. 沉积旋回

沉积体系与沉积体系域这两个概念既有沉积学意义,又有地层学意义。一方面,它们被赋予沉积环境和沉积作用的解释;另一方面,它们又是一种三维地质体,是一种成因地层单位(genetic stratigraphic unit)。沉积体系和沉积体系域都是具有等时意义的地质体。鉴于沉积体系和沉积体系域在盆地演化的时间序列上不是一成不变的,而是随区域构造背景、古气候和海平面变化等因素的改变而改变,一种沉积体系或体系域的发育过程常存在着周期性和重复性,由此构成沉积旋回,如三角洲体系中从前三角洲泥开始到废弃的三角洲平原,形成总体向上变粗的层序,并常重复多次。

层序地层学的发展是对沉积体研究的一大进步,Vail(1990)正确地指出了地层序列中存在着两种不同类型的旋回,即幕式的和周期性的。幕式旋回形成于沉积过程本身,如河流—三角洲体系的侧向迁移,与之相应类型的层序横向延展范围较小,相变大,难以做区域对比。周期性旋回可在大区域范围内对比,与之相对应类型的层序或层序组横向上具有良好的稳定性,其成因决定于更高级别的地质因素,如大的气候变迁或区域大地构造运动。所以,沉积体系或体系域旋回性的成因有两种:内因旋回机制(或称幕式旋回)——取决于沉积作用,是一个沉积体系的组成部分;外因旋回机制(或称周期性旋回)——受控于沉积体系外部的更高级别的因素，在大范围内可保持稳定。

（二）基本原理

沉积体系分析法从本质上讲属成因地层学（genetic stratigraphy），即在认识沉积环境和控制沉积物形成的同沉积期大地构造运动的基础上，解释大型沉积体的相互关系。这一分析方法的基础是 Walther 相律和相模式概念在整个沉积盆地范围的应用与引申。Walther 相律指明，在一个整合的序列中，只有那些在自然界相邻出现的相才能在垂向层序中出现。一个进积三角洲是其良好的范例。进积的三角洲在平面上包括了前三角洲、三角洲前缘和三角洲平原，其相邻发育的顺序及其沉积物与在垂向序列中的顺序相同。一个沉积体系就是这样一种完整的环境与其产物的结合。

二、层次界面分析法

储层研究中的层次表征与层次建模（简称层次分析法），可以简单地概括为层次划分、层次描述、层次解释、层次建模和层次归一。划分层次的目的在于分层次描述，对描述的结果进行成因上的解释，找出规律性的结论，建立适合不同层次的模型，借助地质和数学的方法及计算机技术，使不同层次的特征统一在一个体系中进行层次归一，达到预测的目的。

（一）层次划分

目前储层地质工作的对象，大都是在含油气盆地和坳陷隆起区进行的，因此可以将地层学的基本单位界、系、统、组、段等作为基本层次，若盆地基底为第1级层次，则界、系、统、组、段依次可划分为第2～6级层次。再次级的层次还将包括油层组、砂层组和小层（单层），依次排列为第7、第8和第9级层次的内容。第9级层次的小层既可是一个成因单元砂体也可是几个相同或不同成因单元砂体的复合体，仍然可划分出不同的层次。Miall 曾将河流砂体内部的界面（层次）划分出六级谱系。砂体内部的砂坝界面、冲刷面或再作用面，交错层系组、层系和纹层界面，直到颗粒级别，这样可以划分出第10～15级层次。勘探阶段以第6级以上宏观规模为主，开发阶段以第7级以下微观为主。

层次编号是一个开放的可变系统，依据研究对象地质情况的复杂程序，可以自行确定层次级别的划分方案。复杂地区层次性多，简单地区层次性少，不同层次的内容以一定的界面相互区别开来。

（二）层次描述

每个层次都具有两个要素，即层次界面和层次实体。界面可以是简单的接触面，也可以是一个标志层。因此，层次描述要弄清这些界面的形成机制、形态、起伏、连续性、分布范围以及它们所代表的级别。层次界面可以是板块边界、构造层界面和构造面，也可以是整合、不整合或假整合界面，或者相变界面、层系组或层系界面、纹层界面，甚至可以是颗粒接触界面。此外，微量元素异常沉积界面、碎屑岩地层中的泥灰岩、区域上稳定的泥岩、古风化壳以及生物碎屑层等也都是具有一定意义的界面。层次实体描述中要根据研究需要，对层次实体的几何形态、空间分布、相互关系以及其内部结构进行描述，力求确定三维特征。比例尺在层次描述中十分重要。研究大范围、长时段的地层，采用小比例尺的地质图件，即可反映高级的层次界面，也可以使相应的层次实体一目了然，显示大尺度的旋回。但若要描述砂体内部的建筑结构要素，甚至层理或纹层级别的特征，通常需要 1:100、1:1 甚至放大数倍才能直观表现出来。

露头上的层次描述比较容易，而地下界面的识别则取决于资料解释的分辨率。地震地层学是认识和描述大规模层次界面的主要手段，问题是地震分辨率仍然不高，多解性十分突出；测井解释是认识中等和部分小规模层次特征的依据；岩心分析是认识小规模直到微观层次的物质基础；测井解释的探边可以提供部分层次边界的信息，多种方法相互配合才能较好地进行层次描述。

（三）层次解释

层次解释目的在于揭示层次实体、层次界面的分布规律及不同层次间的内在联系，进行成因分析。

事件沉积学是一个重要的层次解释工具，运用事件沉积学观点进行层次解释时要把握以下原则。

①事件的代表性和普遍性。所谓事件的代表性指该类事件是在特定的条件下发生的，完全可以作为标准地质界限进行解释。当然，不同级别的事件与不同层次的地质界面相对应，如大规模的物种灭绝事件与区域乃至全球地层界面相一致，洪泛或水位退缩在同一盆地内可进行对比，而冲刷面则是沉积体系之间或沉积体系内部的界面，依此类推。事件的普遍性是指无论哪一级别的事件都要在其所处的层次级别内可以广泛存在，而不是一种横向上无法对比的局部孤立事件。

②事件发生的地质意义。该项内容是指研究中要注重从成因机制上进行层次的划分和解释，进而达到层次解释的整体性和系统性。

③事件级别的一致性。事件级别的一致性是进行事件地层学的解释中要注意的关键问题之一，地层的对比和解释一定要在相同的级别中进行，这样进行的划分才有意义。

④地质事件的级次性。在地质事件的划分中一定要遵循由大到小的划分原则，进行逐级细分。

（四）层次建模

层次建模是随着地质模型建立技术的不断发展和计算机技术在地质学中的广泛应用而发展起来的。首先，随着地质模型在油田勘探、开发和评价各阶段的广泛应用，单一的地质模型已经远远不能满足实际生产的需要，只有多层次、多级别的系列地质模型的建立，才能在不同规模尺度上更加准确地描述储层。另外，随着计算机运算能力的不断提高，复杂和多级次地质模型的建立成为可能。在地质模型的建立过程中，可以首先建立盆地整体演化过程中形成的充填模式、充填序次，然后建立各地层单位的沉积模式，指出有利的储层分布部位，运用盆地数值模拟技术建立定量地质模型。

①油田规模的地质模型包括油田的构造特征、油气水系统、油田规模的储层展布等内容。

②油层组规模的地质模型包括沉积体系模型和微相模型，在此基础上建立砂泥岩和砂体分布三维格架模型，研究砂体形态、大小、连续性和连通性。这一规模的建模工作已经在我国许多油田展开，但大多是概念模型，还未达到静态模型和预测模型。

③砂体规模的地质模型是在确定不同砂体几何形态基础上，研究砂体内部的建筑结构要素、层理、岩石学、孔隙几何学特征，包括层内非均质性、微观孔隙特征和基本岩石相类型和物性特征，是最低规模上的模型。

盆地规模的充填模型是宏观模型，主要用于勘探评价阶段。油层组规模的地质模型主要用于指导油田开发和管理。如果一个油层组含有几个层次或多个同级层次的层段，则要考虑建立不同层次或不同段的地质模型。

进入二次和三次采油阶段，需要研究砂体内部的非均质性，建立砂体内部的地质模型，目前国际上攻关的重点是这一级别的地质模型。包括：

①砂体内部建筑结构模型，即建筑结构要素的形态、大小、相互配置关系及泥岩夹层的分

布等。

②建筑结构要素内部构成特征,包括组成各要素的内部构成特征的岩石相类型、规模、纵横向相互关系及其储集性能。

③层理规模的地质模型,包括纹层间沿层系界面和层系内部的渗透率非均质性。因为交错层对油水动态具有直接影响,所以近年来采用微渗透率仪直接测定交错层理直到纹层规模的渗透率特征。有人在长15m的岩心上测量了16000个渗透率值,测点间距精细到2mm的网络,结论认为即使最均质的岩石也需大约10cm的取样间隔。

④显微规模的模型,交错纹层中有些纹层的矿物具有明显的定向排列或定向性不太明显,这就造成顺纹层方向的渗透率有较大差异,表现出不同的面孔率和孔隙喉道形态,使用扫描电镜和定向薄片可以揭示这类特征。

由上可见,层次划分和采样密度对所建模型的正确性具有极大的影响。图2—1是Weber所建的几种最具有代表性的地层模型。

所建模型可以是物理模型,也可以是数学模型,或者二者兼具。通过直观的物理模型显示数学上的定量关系,建模的数学方法是目前攻关的重点之一。

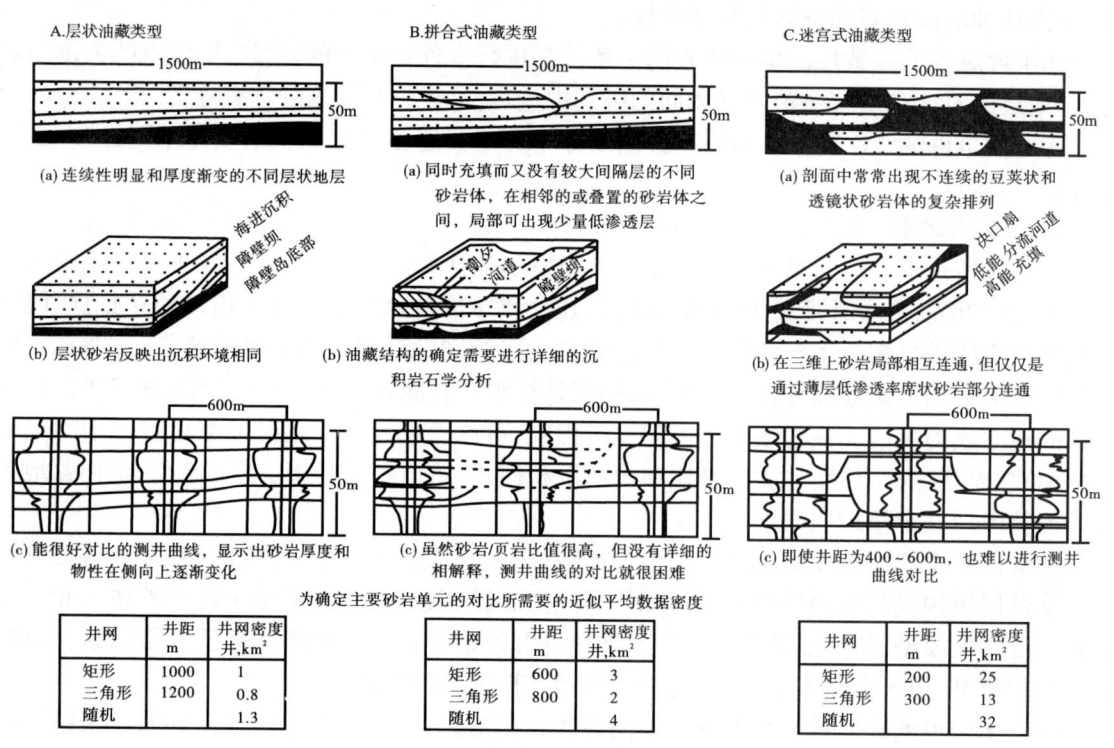

图2—1 Weber所建的几种最具有代表性的地层模型

(五)层次归一

层次归一包括两方面的内容:一是地质模型的套合归一;二是运用数学地质方法进行层次归一。

各层次的地质模型只是零散的、孤立的,还需要找出它们的关系,合成一个有机的统一整体。大尺度的模型反映不了小范围的详细情况,小尺度模型又仅仅是全豹中的一斑。套合过程要根据各层次模型在空间上的相互关系进行组合,综合考虑哪些是储集有效部分,哪些是非储集部分,哪些是高渗带,哪些是低渗带,哪些砂体连通,哪些不连通,哪些隔层或夹层分布广泛,哪些分布有限,由此做出一个整体模型,通过计算机系统进行显示和统一管理,供勘探和开发中掌握有利区块、选择开发方案、加密井网、调整井位和实施三次采油中使用。

要建立有预测功能的各级地质模型,必须借助于数学和计算机这两个工具,尤其是随机建模技术、数据库管理系统和三维图形显示技术,使层次建模和层次归一融为一体,迅速走向定量化和预测化的道路。

第二节 层次界面与结构单元研究方法

砂体内部构成研究和储层沉积学在含油气盆地沉积学研究中日益占有重要位置。1990年在英国召开的第13届国际沉积学大会上,储层沉积学与层序地层学同时成为引人注目的焦点。笔者有幸参加的第15届国际沉积大会(1998,西班牙),储层沉积学与层序地层学仍然是与会代表交流的主要问题,特别是与会代表认为,储层沉积学近半个世纪最大的发展就是在油田生产实践中的应用,更是对油田地质工作者很大的鼓舞,由此可见在该方面进行深入研究的重要性。

在Miall提出河流砂体构成单元概念及内部等级界面划分的初期,其重要性尚未被充分认识,或被认为过于繁琐。随着油田开发程度的不断深入和生产商对提高采收率的要求,研究人员逐渐发现,砂体内部的非均质性造成大量的可动油滞留于砂体内部,未被采出。充分了解这些内部构成的复杂性将有助于提高初始产量,也将提高强化开采工程的成功率(Miall,1990)。这一具有重大经济意义的问题强有力地推动了这一领域的发展,并要求对砂体内部不同级别的构成单元、各级界面和薄夹层类型作精细的划分,以研究孔隙度和渗透率在砂体内部的分布和变化规律。目前除了领先研究的河流砂体外,对潮汐砂体、海底扇水道砂体、扇三角洲和辫状河等也都开展了此类研究(Miall,1987;穆龙新,贾爱林,1997),并提出了碎屑沉积构成单位研究级别的划分方案。

一、概念

有两个相关的概念可用于建立三维相分布和它们岩石物理特征的系统描述,最终目的是为了在油藏模拟中应用。第一个概念是构成规模(architectural scale)。沉积体由各种规模的岩相和结构集合体构成,其规模范围从单个小型波痕到整个沉积体系形成的集合体。最近的研究,尤其美国学者对风成和河流环境的研究表明,正式划分构成规模分级系统是可能的。每种规模的沉积单元起源于特定时间内与之相应的沉积作用,并由各级内部界面彼此自然地分开;第二个概念是构成单元(architectural element)。一个构成单元是一个由其形态、组成及其规模所表征的沉积体。它是一个沉积体系内部一个特定沉积作用过程或一组沉积作用过程的产物。后来Miall将构成单元改称构成单位(architectural units),并在一系列的研究中明确了构成单位的分级系统。

二、构成规模和界面

"利用一套具等级序列的岩层接触面,可以把砂体内部划分为有成因联系的地层。"Allen(1966)指出,在诸如河流、三角洲环境中的流体场可以划分出等级。他提出的分级系统是用于帮助解释从单层到大型露头或露头群的不同区域范围内所收集的古水流资料的变化。该分级系统包括5个等级,即小型波痕、大型波痕、砂丘、河道和代表上述4个等级变化总和的"综合体系"。Miall(1974)把整个河流沉积体系规模加进了这个概念中,并收集了一些资料以说明这种概念的正确性。

Jackson(1975)指出,底形可以根据其时间规模及实际规模分成三级:微型底形是指小型波纹结构,时间规模从几秒变化到几小时;中型底形是比较大规模的沉积(分米~米级),其中有许多主要是在 Jackson 所称动力事件期间形成的。"动力事件"如飓风、季节性洪水、春潮或风成沙暴,当时在地质瞬间内不成比例地搬运大量沉积物,实质上沉积体系在动力事件之间仍保持不变。中型底形的的例子有:形成于各种环境下的水下沙丘及沙波、河流中的舌状沙坝、横向沙坝及纵向砾石坝等。这些中型底形特征至少在体积上比微型底形大一个数量级,这一点表明了水流在其形成过程中的重要性。巨型底形表示由于受主要构造、地貌及气候控制引起沉积物的长期堆积,一般都是由叠置的微型底形及中型底形沉积物组成。实例有河流点沙坝、风积臂形韵律层、潮汐三角洲及陆架沙脊等。河道中巨型底形的高度与河道的深度相差无几,其长度则与河道宽度差不多。它们至少比中型底形大一个数量级,并可以具有复杂的三维几何形态。巨型底形表示在上百年到千年内的沉积及侵蚀作用。

三、河流体系中的界面分级系统

河流沉积界面分级系统的确立,当首推 Allen(1983)对威尔士泥盆系褐色砂岩的研究,该研究是建立划分河流沉积界面分级系统概念最明确的尝试。Allen 描述了三级界面:1 级界面就是,McKee 和 Weir(1953)定义中的层系界面。2 级界面为一级界面所圈定的各类沉积单元组合边界,它们可与 Mckee 和 Weir(1953)的层系组界面相当,但不包括一种以上岩相构成的沉积单元组合。Allen(1983)指出:"这些组合称为复合体,由沉积单元组成",这些沉积单元通过岩相和(或)古水流方向反映了它们成因上的相互关系。按 Jackson(1975)的定义,褐色砂岩中的许多复合体为巨型底形。3 级界面相当于 Bridge 和 Diemer(1983)的主界面。

另外还需说明,沉积体系分级系统有两种方案,即数序与级次一致的方案和数序与级次相反的方案。以下为 Miall 分级系统的实例。

(一)1 级界面

1 级和 2 级界面表示微型和中型底形沉积物内的界面,1 级界面的定义与 Allen(1983)的定义一样,它们相当于交错层系的界面(图2—2)。在这些界面上明显没有或很少有内部侵蚀,它们表示一系列相似床沙底形的实际连续沉积,层系细微的改变及少量的侵蚀,可能是由水位改变时的活化引起的(Collinson,1970),或者也可能是床沙底形方向变化的结果(Haszeldine,1983)。在岩心上,这些界面也许不大显著,但是活化面的存在可以通过层系底面之上的交错前积层的削蚀和尖灭来识别(表2—2,表2—3,图2—2,图2—3)。

表2—2　河流沉积体系和浊流沉积体系规模分级系统的对比(Miall,1990)

浊流沉积体系 (Mutti,Normark,1987)		河流沉积体系 (Miall,1987)		地层级别	时间范围 年	底形级别 (Jackson,1975)
级别	举例	级别	举例			
1	盆地充填扇复合体	未定	盆地充填冲刷(或河流)复合体	群、超群	$10^6 \sim 10^7$	
2	浊流沉积体系、扇	6	河流沉积体系、扇	组段	$10^5 \sim 10^6$	
3	扇朵、河道—天然堤复合体	5	主河道	舌状体	$10^4 \sim 10^6$	巨型底形
4	单个河道充填	4	点砂坝、侧砂坝	层	$10^2 \sim 10^3$	巨型底形
5	岩相、层理式样侵蚀与充填(与河流沉积体繁系中1~3级规模相当的成分)	3	巨型底形的增长		$10^0 \sim 10^1$	中型底形
		2	类似岩相的层系组		$10^{-2} \sim 10^{-1}$	中型底形
		1	岩相单元		$10^{-5} \sim 10^{-3}$	小型底形

表 2—3 河成砂体中沉积单元规模的范围（以新墨西哥州盖洛普附近
Morrison 组 Westwater 峡谷段为例）(Miall,1988)

界面级别	沉积单元的侧向延伸	沉积单元厚度,m	沉积单元面积,公顷	成 因	地下填图方法
6	200km×200km	0～30	$4×10^7$	段或亚段、隐蔽构造控制	区域性电测井曲线对比
5	1km×10km	10～20	10^4	河道成因的席状砂体	油田内电测井曲线对比,三维地震
5	0.25km×10km	10～20	2500	带状河道砂体	除非井距很小,填图困难,三维地震
4	200m×200m	3～10	40	巨型底形单元(侧向加积、顺流加积)	在岩心上可识别3、4级界面倾角
3	100m×100m	3～10	10	巨型底形的活化	在岩心上可识别3、4级界面倾角
2	100m×100m	5	10	类似交错层的岩相的层系组	岩心岩相分析
1	100m×100m	2	10	单个交错层系	岩心岩相分析

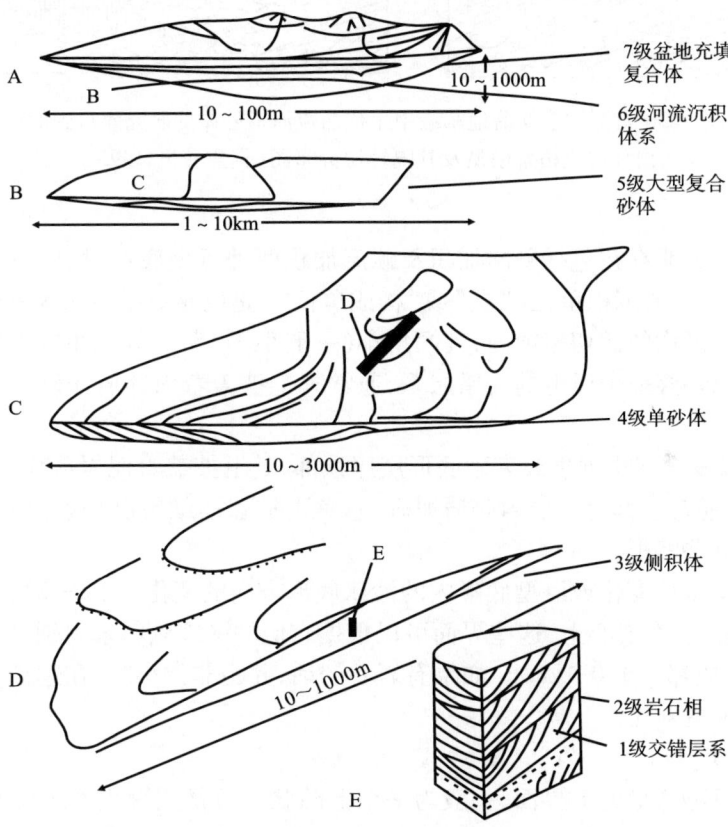

图 2—2 河流沉积体系的界面分级系统(Miall,1988)

(二)2 级界面

根据 McKee 和 Weir(1953)的定义,这些是简单的层系组界面,他们限定微型或中型底形组的界限,并象征着流动条件的变化或流动方向的变化,但是没有明显的时间间断(图 2—2)。界面之上及其下的岩相是不同的,但是,界面通常没有明显的层面削蚀或其他的侵蚀迹象的标志,只有上述1级界面中出现的那种小小的变化,在岩心上这些界面可以通过岩相的变化与1级界面区别开。

— 31 —

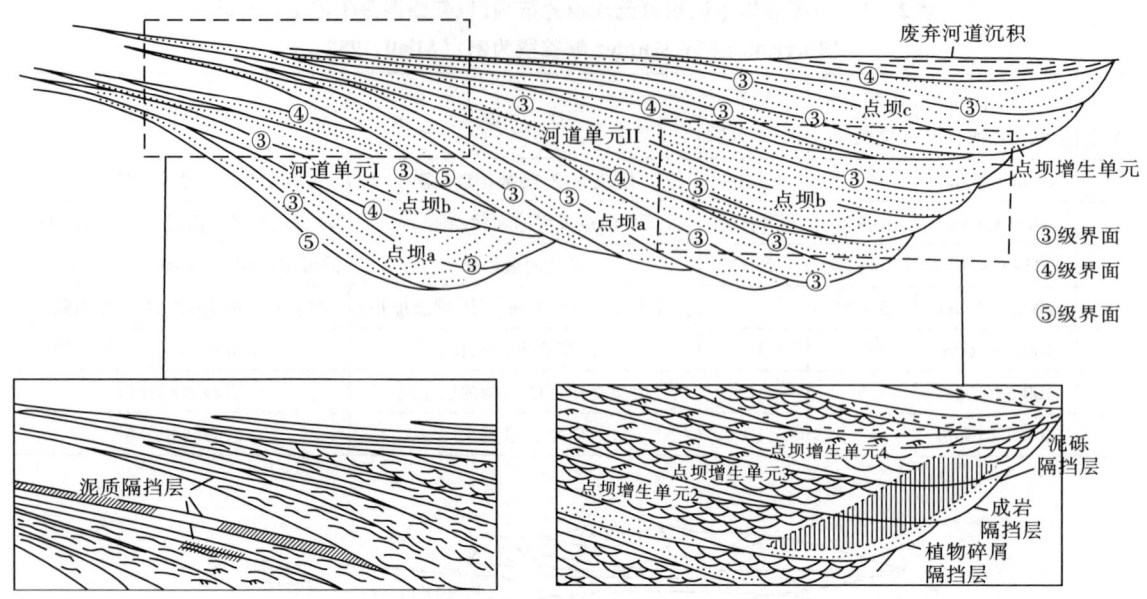

图 2—3　基于对鄂尔多斯盆地东缘中生代曲流河道砂体的研究而得到的相应的
内部构成格架模型及其隔挡层分布图(据焦养泉,1995)

(三)3 级界面

当构成的重建表明存在包括侧向加积及顺流加积两种巨型底形时,即可确定 3 级及 4 级界面(图 2—2)。单一的沉积单元("层"或"构成单位")是以 4 级或更高级别的界面为界。

这些是巨型底形内的横切侵蚀面,其倾角小(一般小于 15°),并以角度削蚀下伏的交错层理为主。他们可以切穿一个以上的交错层系,通常其上披盖着内碎屑泥砾,界面上、下的岩相组合相似。

3 级界面可以发育于小砂坝或床砂底形层序顶部,其上披盖着泥岩或粉砂岩,表明是最小流量,随后的地层通常底部有一层内碎屑泥砾,它是由披盖的细粒沉积物的碎屑组成的,在岩心上很容易辨认这些特征。

这些界面表示水位变化或巨型底形内的沙床底形方向的变化(图 2—2),它们象征着大规模"活动"或"增生"。在岩心上,这些界面可以根据它们的平缓倾斜来识别。由 3 级界面限定的单元,其面积一般都小于 0.1 km²。如果有岩心的话,井距非常小时,在理论上有可能进行地下 3 级及 4 级界面的对比。

(四)4 级界面

这些面表示巨型底形的上界面,一般为平至上凸状。下伏层理面及 1 级至 3 级界面的削蚀呈低角度或者也可能局部平行上界面,表明它们是侧向或顺流加积界面。此界面的形态常被下伏巨型底形单元的 3 级界面所反映。界面下面的单元,其上常有泥盖层。确定第二种类型 4 级界面或许是适宜的,即小河道的底部冲刷面,例如急流河道在有大河道的情况下,则以较高的界面为界。在地下,存在 3 级及 4 级界面的最好线索是它们的低沉积倾角,这在岩心上应该可以识别,地层倾角测井图也可能是明显的。在小露头或单个岩心上,区别 3 级及 4 级界面可能非常困难,低倾角和披盖角砾岩或泥岩透镜体都类似,区别这些界面的最好方法是如果界面上、下的岩相组合不同,则说明单元(巨型底形)类型的变化。

这个分类中的 2 级、3 级及 4 级界面都包括在 Allen(1983)的第 2 级分类中,3 级 4 级界面相当于 Bridge 和 Diemer(1983)的"次"界面。

(五)5 级界面

这些是指诸如河道充填复合体那种大型砾岩的界面。一般,他们是从平坦到微向上凹,但可以由局部侵蚀—充填地形及底部滞留砾石层所表征。

(六)6 级界面

这些是限定河道群或古河谷群的边界面,段或亚段这样可填图的地层单元就是以 6 级界面为界(图 2—2)。

井下可能最容易识别和对比的是 5 级及 6 级界面,这是由于其侧向延伸很广,以及基本简单的、平或微弯的河道状几何形态。在岩心中,4 级、5 级及 6 级似乎与 3 级界面的表现可以非常相似。对相距很近的岩心进行仔细的对比,可以很好地区分他们。在充分开发的油气田地区,井距可能只有几百米或更小,这个目标很容易达到。

各种各样界面的鉴别和对比,显然有助于解释河流沉积体系的复杂性,在识别和证明巨型底形方面可能特别有用。对于这个问题仍有许多方面需要研究。

即使在极好的露头上,界面的正确分类并不都是容易的。下面三条有用的原则可以使这项工作变得容易些:①任何一级界面可以被同级或更高级别的界面所削蚀;②由于界面通常记录侵蚀事件,所以根据侵蚀事件以后而不是以前的特征来确定界面往往更合乎逻辑;③较小级别的界面横向上可以改变其级别。

在界面划分中,正反两种序列都是允许的,但关键是要正确确定不同级次界面间的地质体的形成机制和意义。

四、构成单位及其分级系统

构成单位的概念实际上是关于什么是沉积环境中最基本的概念。目前各国学者在这一问题上的看法已基本趋于一致,即以微相单元作为最基本的沉积构成单位,以此为基础然后再逐级进行划分和研究。实际上目前对所有的沉积环境都有一个比较统一的构成单元划分标准,下面仅以 Miall 的研究为例,介绍河流体系的构成单元划分。

Miall 将河流沉积体系划分为八种基本的构成单元,使用 Miall(1977、1978)的岩相图表可以在野外和岩心中识别出单个岩相(表 2—4)。八种基本的构成单元是由这些岩相集合体构成的(表 2—5)。这些构成单元的规模是变化的,河道的深度从几分米可以变化到几十米,大型河心砂洲复合体的长度可以达到几千米。

①河道(CH)。被扁平状或上凹的侵蚀面分隔,河流系统中存在多个这样的河道,较大的河道通常含有复杂的充填物,这些充填物由一个或多个其他构成单元类型组成。

②砾石坝和底形(GB)。平板状或交错层理砾石组成简单的纵向砂坝或横向砂坝。

③沉积物重力流沉积(SG)。主要通过泥石流而形成的砾石沉积,岩相 Gms(表 2—4)是主要的岩相。

表 2—4 岩相划分

岩相编码	岩相	沉积构造	解释
Gms	块状,杂基支撑的砾石	递变层理	泥石流沉积
Gm	块状或原层理砾石	水平层理、叠瓦构造	纵向砂坝、滞留沉积、筛选沉积
Gt	成层的砾石	槽状交错层理	小河道充填
Gp	成层的砾石	平板状交错层理	纵向砂坝三角洲

续表

岩相编码	岩相	沉积构造	解释
St	中—粗砂含中砾	单个或成群的槽状交错层理	砂丘(低流态)
Sp	中—粗砂含中砾	单个或成群的平板状交错层理	舌状横砂坝、砂波(低流态)
Sr	细—粗砾	波痕	波纹
Sh	细—粗砂含中砾	水平文理或裂线理	面状层流(上流态)
Sl	细—粗砂含中砾	低角度(<10°)交错层理	冲刷—充填、冲刷砂丘、逆行砂丘(砂波)
Se	含内碎屑的侵蚀冲刷	原生交错层理	冲刷—充填
Ss	细—粗砂含中砾	宽的浅的冲刷	冲刷—充填
Fl	砂、粉砂、泥	细纹层	漫滩或凹坡洪水沉积
FSc	粉砂、泥	纹层状至块状	漫滩沼泽沉积
Fcf	泥	块状夹淡水软体动物	漫滩沼泽沉积
Fm	泥、粉砂	块状、泥裂	漫滩或披盖沉积
C	煤、钙质泥	植物、泥薄膜	沼泽沉积
P	碳酸盐岩	成壤化	古土壤

表2—5 河流沉积中的构成单元

构成单元	符号	主要岩相组成	几何形态和相互关系
河道	CH	任意组合	指状、透镜状或席状;上凹侵蚀基底;规模和形态变化很大;内部第二次侵蚀面普遍
砾石坝和底形	GB	Gm、Gp、Gt	透镜状、毯状;通常为板状体;夹 SB
砂底形	SB	St、Sp、Sh、Sl Sr、Se、Ss	透镜状、席状、毯状、楔状;存在于河道中、决口扇、砂坝顶、小砂坝
顺流加积的大型底形	DA	St、Sp、Sh、Sl Sr、Se、Ss	位于扁平状或河道基底之上的透镜体,内部和顶部夹有向上凸的3级界面
侧向加积沉积	LA	St、Sp、Sh、Sl、Sr Se、Ss、G 和 F 少见	楔状、席状、舌状、具有内部侧向加积面的特征
沉积物重力流	SG	Gm、Gms	舌状、席状、通常夹有 GB
纹层砂席	LS	Sh、Sl、少量 St、Sp、Sr	席状、毯状
越岸细粒沉积	OF	Fm、Fl	薄至厚毯状;通常夹有 SB,可能充填有废弃河道沉积

④砂底形(SB)。低流态底形形成的岩相有 St、Sp、Sh、Sl、Sr、Se 和 Ss(表2—4),它们相互组合形成一系列不同几何形态的构成单元。最能体现砂底形的构成单元为平板状席状砂,它位于河底、砂坝顶或决口扇处。

⑤顺流加积的大型底形(DA)。与砂底形(SB)类似,然而这种构成单元(DA)具有内部和顶部分界面向上凸的特征。大型底形(DA)的各个组分在水动力条件下是相互联系的,表明古水流方向平行或亚平行于分界面的倾斜方向,由此可知这种构成单元类型代表了顺流加积发育成的复杂砂坝沉积,从顶部分界面的地形起伏可以推知最小水深只有几米。

⑥侧向加积沉积(LA)。这种类型的沉积是许多 DA 的集合。底形指出的古水流方向与内部加积面的倾向之间的夹角较大,表明该构成单元通过侧向加积而发育,这就是众所周知的

点坝。在 LA 和 DA 构成单元类型之间存在过渡类型，特别在多河道的河流中。

⑦纹层砂席(LS)。它是许多 SB 的集合体，岩相主要有 Sh 和 Si，这种组合表明上部水流态为平坦底形，通常为暂时性河流。

⑧越岸细粒沉积(OF)。由泥岩、粉砂岩和少量形成与洪水平原和废弃河道环境中的砂岩组成，古土壤、煤、池塘沉积和蒸发岩也是很重要的组成部分。

关于与分级系统的问题，目前还没有统一的标准。地质研究人员的习惯是在大的地层划分上沿用界、系、统、组、段的划分方案，为了帮助储层单元的地层编图，段以下地层通常划分为段、亚段、带、流动单元或岩性单元。这些单元应尽可能在大范围内进行追踪，这种地层细分有助于储层的描述和模拟。

不同的构成单元及其组合构成不同规模级次的储层非均质性的内容，将在第四章进行介绍。

第三章 储层精细划分与对比技术

地层划分与对比是开发地质工作的基础,也是油藏描述最基础的工作之一,其目的是建立等时的地层格架,明确地层接触关系,了解地层纵横向变化,确定油田开发区内统一的地层划分与对比方案。

储层划分与对比是相辅相成、不可分割的整体。只有根据地质规律划分地层并进行正确的等时对比,才能建立合理的储层格架,进一步揭示储集体的非均质特性,指导油气田的合理开发。对储层认识的精细程度,取决于层组划分的精细程度。油藏评价阶段,层组划分对比的精度要求达到砂层组一级,对单层可以划分但不必过分追求。到油田开发中后期,层组划分对比的精度要求到成因单元(或单砂体)。

储层划分与对比是根据岩性组合、沉积旋回和地层接触关系等特性对地层剖面细分成不同级次的层组,并建立全油田各井之间各级层次的等时对比关系,在油田范围内实现统一的分层。储层层组划分与对比是研究储层形态特征和参数空间分布状况的手段。在油气田范围内大的地层界限容易划分与对比,但对砂层组以下地层单元(或更小级别)的划分与对比则难度较大,因此储层精细划分与对比是油藏描述首要研究的内容。

开发中后期储层精细划分对比主要有两种思路方法。一种是针对我国陆相储集层具有多层、层薄、砂泥岩间互、平面相带窄、相变快、侧向连续性差的沉积特征,建立的"旋回对比,分级控制"的方法;另一种是以 T. A. Cross 等为代表提出的基准面旋回高分辨率层序地层理论方法。

第一节 "旋回对比,分级控制"的储层对比技术方法

"旋回对比,分级控制"是指利用沉积岩的旋回性和从大旋回到小旋回一级套一级的特点,在标准层的控制下,进行各级旋回对比,即在一级旋回内对比二级旋回,在二级旋回内对比三级旋回,直到四级旋回;在各级相应的旋回内对比油层组、砂岩组、小层界线,逐级控制对比精度,这就是常用的"旋回对比,分级控制"的小层对比方法。

一、油气层层组划分

(一)沉积旋回的划分与对比

1. 沉积旋回的含义

沉积旋回是指在地层剖面上,若干相似的岩性在垂向上有规律地重复出现的现象。这种现象主要表现在岩石的颜色、岩性、结构、构造等方面,最明显的表现是在岩石粒度的变化上,称为韵律性。

形成沉积旋回的原因,主要是由于地壳周期性的升降运动所引起的。当地壳下降时,发生水进,导致水体由浅变深,在剖面上形成自下而上由粗变细的水进序列,称为正旋回;地壳上升,发生水退,水体由深变浅,在剖面上形成自下而上由细变粗的水退序列,则为反旋回;而完整旋回是指地壳下降后又上升,水体由浅变深,再由深变浅,在剖面上形成自下而上由粗变细再变粗的水进水退序列。

地壳的升降运动是区域性的,同一次的升降运动所显示出的沉积旋回特征是相同或相似的,这就是利用沉积旋回划分、对比地层的理论依据。

地壳的升降运动是不均衡的,表现在升降的规模(时间、幅度、范围)有大有小,在总体上升或下降的背景上还会有小规模的升降活动。因此,地层剖面上的旋回就会表现出级次性,即在较大的旋回内套有小的旋回。利用旋回对比油层时,可以从大到小分级次进行对比,这就是"旋回对比,分级控制"的理论依据。

2. 沉积旋回划分方法

以岩心资料为基础,以测井曲线形态特征为依据,充分考虑层间接触关系,结合沉积相在垂向上的演变规律,在区域地层划分和含油层系划分的基础上,将含油气层段划分为不同稳定分布范围的旋回性沉积层段。

3. 分析油气层沉积相

①收集区域沉积相成果,确定出含油气层段的区域沉积背景。

②以岩心资料为基础,充分应用各种定相标志,细分出单井各层段的沉积微相,确定出单井含油气层段沉积相在垂向上的演变规律。

③在单井各层段沉积微相划分的基础上,确定出含油气层段在平面上的相带变化。

④根据油气层的沉积环境,确定出不同沉积成因油气层应采用的具体对比方法。

4. 研究岩性与电性的关系

①选用岩心资料和测井资料齐全的取心井进行岩电关系研究,分析各种岩性、各类沉积旋回和各种岩性标志层在各种测井曲线上的显示,为应用测井曲线划分对比油气层提供依据。

②根据各种测井曲线对本地区油气层特征、旋回性特征及标准层的反应特征,选择出对油气层反应敏感的测井曲线,作为油气层划分对比所采用的测井曲线系列。应能识别岩性、物性、含油气性特征,识别油气层岩性组合的旋回特征,识别各类岩层的分界面。

5. 划分单井的沉积旋回

①选用岩心资料齐全的井或井段,依据岩性在垂向上的组合类型和层间接触关系,划分出正旋回、反旋回、复合旋回等沉积旋回。同一旋回内必须是连续沉积。

②划分出不同级次的沉积旋回。沉积旋回一般从大到小按4级划分。

一级沉积旋回。一级沉积旋回是指由一套包含若干油层组在内的旋回性沉积组成,包含整个含油层系并在沉积盆地内可进行对比。相当于生油层和储油层的组合,或储油层与盖层的组合。每套含油层系一般都有古生物或微体古生物标准层控制旋回界线。沉积旋回的分界线一般划分在剥蚀面上或沉积环境发生明显变化的分界处。

二级沉积旋回。二级沉积旋回是指由不同岩相段组成的旋回性沉积,在二级构造单元内可进行追踪对比。它包含若干砂岩组所组成的几个油层组。油层分布状况与油层特征相近,是一套可以组成开发单元的油层组合。上下有适当厚度的泥岩与相邻油层完全隔开。一般有标准层或标志层控制旋回界线,或是在明显水退或水进沉积的分界处亦可作为旋回界线。

三级沉积旋回。三级沉积旋回是指同一岩相段内由几种不同类型的小(单)层或者四级旋回组成的旋回性沉积。在油田范围内可进行对比。它与砂岩组大体相当,集中发育的含油砂岩有一定的连通性,上下泥岩隔层分布比较稳定。根据岩性组合类型、演变规律、厚度变化及测井曲线形态组合特征,可将上下泥岩层作为对比时确定旋回界线的依据。

四级沉积旋回(或称韵律)。它是由不同岩性的单(小)层组成的沉积旋回,在区块范围内能够进行对比。

油层对比中的旋回级次划分,是区域地层对比基础上的发展与深化,区域地层对比与油层对比旋回级次的对应关系见表3—1。

表3—1 沉积旋回级次对照表

区域地层对比		油层对比	
沉积旋回级次	地层单元	沉积旋回级次	油层单元
一	系	一	含油层系
二	组	二	若干油层组
三	段	三	砂层组
四	砂层组	四	若干单油层

6. 对比沉积旋回界线

①依据古生物特征、岩性特征和测井曲线形态特征进行沉积旋回对比,找出多数井共同存在的旋回界线,修改不一致的单井旋回界线,使各单井的沉积旋回界线统一。

②分析各级沉积旋回岩性和厚度在平面上的变化,搞清不同地区各沉积旋回之间的相互关系,为油气层对比提供依据。

(二)油气层的层组划分

1. 划分层组的依据

油气层的层组划分应考虑下列因素:

①油气层的沉积环境、分布状况、岩石性质及储层特性等油气层特征。

②油气层之间的隔层厚度、分布范围、岩性特征等分隔条件。

③油气层内的流体性质及压力系统。

2. 划分油气层组

①二级沉积旋回中油气层沉积环境、分布状况、岩石性质、物性特征和油层性质比较接近的含油气层段划为一个油(气)层组。一个油(气)层组可由一个或几个砂层组组成。

②油(气)层组之间应有相对较厚且稳定分布的隔层分隔开,其分界线应尽量与沉积旋回的分界线一致。

③划分出的油(气)层组能作为开发初期组合开发层系的基本单元。

3. 划分砂岩组

①以油(气)层组内相邻近的油(气)层集中发育段划分为一个砂岩组,划分的砂岩组应尽量与三级沉积旋回的层位相一致。

②一个砂岩组内可包含数个小层。砂岩组之间有比较稳定的隔层分隔开。

③同一油气田范围内砂岩组的数目和界线应统一。

4. 划分小层

①上下以非渗透性岩层分隔开的油(气)层划分为一个小层,同一小层内可包含几个单层。一个区块内两个小层之间分隔开的井点数应大于其合并的井点数。

②划分的小层界线应尽量与四级沉积旋回的界线一致。各区块的小层数目允许不同,但分层界线应当一致。

二、油气层对比

(一)对比的原则

以古生物和岩性特征为基础,在对比标志层控制下,以沉积旋回为重要依据,运用测井曲线形态及其组合特征,逐级进行对比。不同地区、不同相带应根据油气层沉积成因采用不同的具体对比方法。

(二)对比的方法、步骤

1. 选取标准层

①岩性稳定、特征突出、分布广泛、测井曲线形态特征易于辨认的层段或上下区别明显的层面可选作对比标准层。常用的标准层有化石层、油页岩、碳质页岩、石灰岩、白云岩、纯泥岩等特殊岩层。

②岩性组合特征明显、测井曲线形态特征易于辨认的层段或上下区别明显的层面可选作对比标准层。

③应在沉积旋回分界线附近和不同岩相段分界线附近选取对比标准层。

④应识别出局部地区分布的辅助标准层。

2. 建立对比标准剖面

①应根据对比地区的面积大小和油气层在平面上分布的稳定程度建立一条或数条不同方向的油气层对比标准剖面。

②对比标准剖面应贯穿整个对比地区,并充分选用取心井。选作对比标准剖面的井或井段沉积层序不应有地层重复或缺失。

③通过对比确定标准剖面上各井的分层界线。

3. 对比各井的层组界线

①依据标准井的层组划分结果,通过井间对比,划分其他井的油层组、砂岩组及小层的界线,并用邻井进行验证。

②通过油气组对比,确定出钻遇断层井点的断点深度、断失厚度、断失层位等,并标明所依据的井号。

4. 区块统层

①应在区块范围内按照一定方向和顺序对各单井进行统层,使区块内各井的层组界线达到一致。

②在复杂断块区,应利用三维地震资料,在合成地震记录的基础上,搞好相应强反射相位标定,然后进行平面上的横向追踪,以保证在油田或区块范围内不同井点层组界线划分的一致性。

5. 对比油(气)层组

在对比标准层或辅助标准层的控制下,依据岩性组合测井曲线形态特征以及油层组厚度在平面上的变化规律,在二级沉积旋回内部对比油层组的界线。

6. 对比砂岩组

在油层组界线的控制下,依据三级沉积旋回的性质、岩性组合特征、测井曲线形态及厚度变化规律对比砂岩组的界线。

7. 对比小层

①在砂岩组界线的控制下,依据四级旋回对比划分出小层界线。按照沉积旋回的不同成因,分别采用不同的具体对比方法。

②湖相沉积的油气层,按照岩性和厚度在平面上具有渐变的特征采用相邻井同一小层的旋回性和岩性相近、曲线形态相似、厚度大致相等的对比方法划分小层的界线。若个别井点小层的旋回性不明显,应按照各小层在砂岩组内的厚度比例确定小层界线。

③河流作用为主的油气层,岩性和厚度在侧向上具有突变性,应依据河流沉积旋回具有起伏冲刷底界的沉积特征,按照同一小层旋回顶界大致水平的原则,采用不等厚对比方法划分小层界线。

8. 对比单层的连通关系

①在划分单井分层界线的基础上,按照一定方向和顺序,对比相邻两井之间各单层的连通关系(图3—1)。

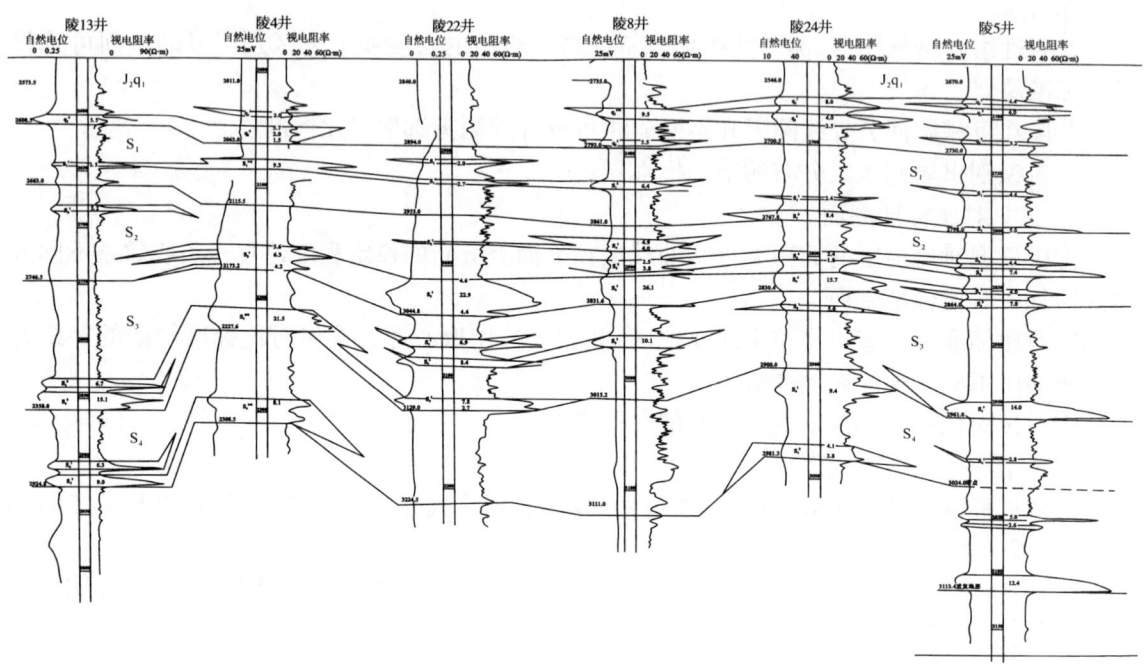

图3—1　丘陵油田陵4井—陵5井七克台—三间房组砂层对比图

②在小层分层界线的控制下,根据油气层的不同沉积成因,分别按照各微相的沉积机理和不同沉积微相砂体之间的连通状况,确定井点之间各单层的连通关系。

如河流相沉积的油气层,因平面上砂体的沉积成因具有突变性,故应依据各砂体之间的接触关系,确定各井点之间各单层的连通状况。多期河道砂体叠合的厚层,应对比出单期河道砂体的连通关系(图3—2)。

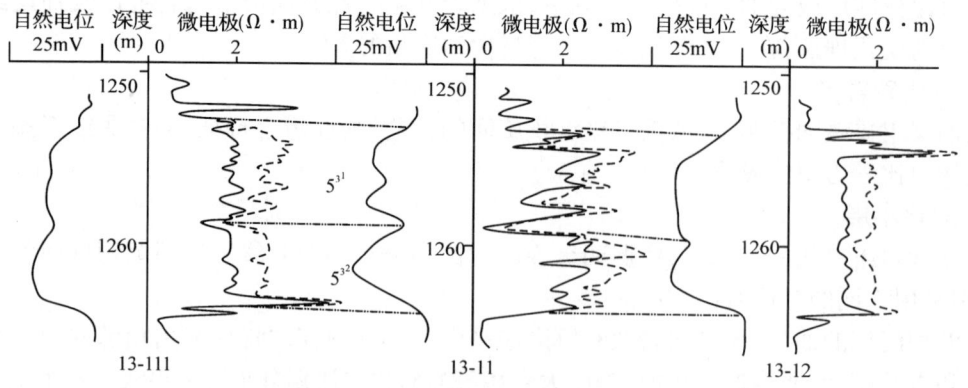

图3—2　河流相储集体叠置砂体对比模式

其他沉积环境形成的油气层,可根据其具体沉积特点和砂体展布规律,采用相应的对比方法确定井间单层的连通关系。

③确定井点之间单层的连通关系时,断层两盘的油气层不能相连通。

第二节　高分辨率层序地层学分析技术

层序地层学分析技术是20世纪80年代在地层学基础上发展起来的一门沉积地层学分支学科,它是划分和对比沉积岩地层的一种新技术和新方法。

层序地层学是研究以不整合面或与之相对应的整合面为边界的年代地层格架中具有成因联系的、旋回岩性序列间关联的地层。也可定义为研究年代地层格架中成因关联的学科(Vail Wagoner,1988,1990)。一个沉积层序是由沉积在一个相对海平面升降旋回之间的各种沉积物组合而成的。一个层序中地层单元的几何形态和岩性受构造沉降、全球海平面升降、沉积物供给速率和气候变化等四个基本因素控制。其中构造沉降提供了可供沉积物沉积的可容空间,全球海平面变化控制了地层和岩相的分布模式,沉积物供给速率控制了沉积物的充填过程和盆地古水深的变化,气候控制了沉积物的类型以及沉积物的数量。一般来说,构造沉降速率、海平面升降速率和沉积物供给速率三个参数控制了沉积盆地的几何形态,沉降速率和海平面升降变化综合控制了沉积物的可容空间变化。Vail(1987)曾认为全球海平面升降变化是控制地层叠置样式的最基本因素。

层序地层学分析的技术核心是在全盆地建立起等时地层格架,在此基础上将盆地充填序列解释为不同级别的层序地层单元,并进一步研究各级层序地层单元的划分和横向等时性对比。随着勘探开发的深入发展和现代油藏精细描述的需要,以Cross领导的科罗拉多矿业学院成因地层研究组为代表的高分辨率层序地层学派迅猛崛起,它以岩心、露头、测井和高分辨率地震剖面资料为基础,运用精细层序划分和对比技术对三维地层关系进行预测,建立区域、油田乃至油藏级别的储层层序地层格架,对储层、隔层及生油层分布进行评价。高分辨率层序地层学的问世,不仅拓展了层序地层学的研究范围,而且丰富和完善了层序地层学的理论基础,使层序地层学向高精度化、定量化迈出了重要一步。

一、高分辨率层序地层学的理论基础

Cross倡导的高分辨率层序地层学是以地层过程—响应沉积动力学为理论基础,强调在一个基准面旋回过程中,由于可容空间和沉积物供给通量比值的变化,相同沉积体系域或相域中发生沉积物的体积分配,导致沉积物的保存程度、地层堆积样式、相序、相类型及岩石结构发生变化。这些变化是其在基准面旋回过程中所处的位置和可容空间的函数,由基准面旋回所控制的等时地层单元的地层分布形式是有规律可循的,而且是可预测的。因此,探讨基准面旋回过程及其可容空间变化是认识陆相层序形成机理的关键。

高分辨率层序地层学的基本原理方法有:地层基准面原理、体积划分原理、相分异原理和旋回对比法则。其中,基准面原理是理论基础,是地层的时空演化过程,是"因";体积划分和相分异是沉积响应,是"果";旋回等时对比法则是应用方法。

(一)基本术语

1. 沉积相

沉积相客观地描述了用于区别不同类型沉积岩的可识别的物理的、生物的和(或)化学的特征组合。定义相所要涉及的标志特征有矿物特征、生物特征、物理性质、结构特征、沉积构造

特征等。

2. 地貌要素

地貌要素是指由沉积物组成的三维地形。在不同的沉积体系中,地貌要素的数量和规模都不一样。例如,三角洲平原沉积体系中的网状河道带、泛滥平原、湖泊为一级规模;次一级规模包括点坝、心滩、决口扇等;更次级规模包括滩和河道的砂纹、砂丘、泥质披盖等。

3. 沉积体系

沉积体系是在相邻的沉积环境中,连续的时间和空间的范围内,具有成因联系的地貌要素的三维组合。整个地层时间段内,一种地貌要素或地理环境的迁移伴随着前一种地貌要素或环境的完全保存、完全替代或不完全保存等几种状态(Cross 等,1993)。

4. 相序

相序是相的三维组合,相序的产生有三种机理:一种是地貌要素的侧向迁移(如泛滥平原环境中河道的侧向迁移);一种是有联系的环境的侧向迁移(如从海岸平原到浅海的进积作用);另一种是特定地理位置处水动力的改变(如在水动力逐渐减弱的情况下沉积的向上变细的河道相序)。

5. 相域

相域是沉积体系的地层记录(Cross 等,1993)。相域是同一时间段内相序的三维组合,组成相域的相序应具有相同的沉积环境,且受同样的沉积、生物、化学作用的控制。由于受可容空间变化相联系的地层控制,不同沉积体系中相域的物理和几何特征随时间和空间的变化而变化。

6. 叠加样式

由于可容空间有规律地随地理位置和时间的变化而产生的一种可以识别的地层堆积方式。可按几何形态分为三种形式:向海进积(Seaward Stepping,简称 SS)、向陆进积(Landward Stepping,简称 LS)、垂向加积(Vertical Stepping,简称 VS)。叠加样式是 A/S 升降旋回即基准面旋回变化的产物。在 A/S 比增大时,可容空间向陆方向增大,形成 LS 型地层叠加样式;在 A/S 比减小时,可容空间向陆减小,沉积物向盆地方向迁移距离增大,形成 SS 型叠加样式;而在 A/S 比处于稳定时则形成 VS 型叠加样式。这些叠加样式及其在长期基准面旋回中所代表的部分,可按下列方式与 Vail 的以不整合面为边界的沉积层序(Vail,1977)相联系。向海进积单元(大致相当于高水位体系域)沉积于长期基准面下降时期。继一系列向海进积之后的垂向叠加单元(大致相当于低水位体系域)沉积于长期基准面上升之始。向陆进积单元(大致相当于海进体系域)沉积于长期基准面上升时期。继一系列向陆进积之后,另一垂向叠加单元系列(大致相当于早期高水位体系域)沉积于长期基准面上升期末和长期基准面下降之初。在岩性剖面中,叠加样式可根据各进积单元始、末相的对比来识别。

7. 可容空间

可容空间是指在时间进程中产生或消失的供沉积物堆积的累计空间,可容空间限定了可能沉积在所有地理位置的沉积物体积。高分辨率层序地层学中的可容空间概念更确切地说,是有效可容空间。将沉积特征和可容空间增减直接联系起来,可分析 A/S 比值变化(A:可容空间,S:沉积物通量,沉积物通量从理论上讲等同于沉积物供给)。但事实上,沉积物供给是不连续的,而且随沉积物通量的增加或减少而不断变化。当 A/S 比值降低,沉积剖面上特定位置处沉积物的供给量相对大于可容空间,地层系统趋向于减少特定地理位置处单位时间内保存下来的沉积物体积,除非提供沉积物堆积的空间过剩;A/S 比值增加,沉积部面特定位置处可供沉积物堆积的空间相对大于沉积物供给体积,则特定位置处单位时间内保存下来的沉积物体积增大,除非沉积物不足以填充新增空间。这些变化在地层记录中表现为指示地层完整性和保存程度的丰富的相类型和地层界面。通过观察某个地理环境处 A/S 增加或减小趋势,同样可预测别的地方的 A/S 比值变化情况。一般情况下,对一特定环境来说,A/S 比值越大,地貌要素保存得越好;随 A/S 比值降低,保存下来的地貌要素的种类和比例也减少。

(二) 基本原理

1. 基准面原理

1964 年,Wheeler 在前人的基准面概念的基础上,提出了适合于地层分析的基准面概念。成因地层研究组引用并发展了 Wheeler 的关于基准面的概念,分析了基准面旋回与成因层序形成的过程—响应原理。如图 2—1,地层基准面既不是海平面,也不是向陆延伸的水平面,也不是地表平衡剖面,而是一个相对于地球物理面上、下振动并横向摆动的抽象等势面。地层基准面描述的是可容空间产生和消失作用之间的相互作用。基准面在其变化过程中总具有向其幅度的最大值或最小值单向移动的趋势,构成一个完整的上升与下降旋回。基准面的一个上升与下降旋回称为一个基准面旋回。基准面可以完全在地表之上,或地表之下摆动,也可以穿越地表摆动到地表之下再返回到地表之上,称为基准面穿越旋回。在一个基准面旋回中,基准面可以穿过地表一次或两次。一个基准面旋回是等时的,在一个基准面旋回变化过程中保存下来的岩石为一个成因地层单元,即成因层序,其以时间为界面,为一时间地层单元。

基准面相对于地表的波状升降,伴随着沉积物可容空间的变化。当基准面位于地表之上时,提供了沉积物堆积的空间,沉积作用发生,任何侵蚀作用均是局部的或暂时的。当基准面位于地表之下时,可容空间消失,侵蚀作用发生,任何沉积作用均是局部的或暂时的。当基准面与地表一致时,既无沉积作用也无侵蚀作用发生,沉积物仅是路过而已。因而在基准面变化的时间域内,在地表的不同地理位置上表现为四种地质作用状态,即沉积作用、侵蚀作用、沉积物路过时产生的非沉积作用和沉积物非补偿产生的饥饿性沉积作用乃至非沉积作用。在地层记录中代表基准面旋回变化的时间—空间事件表现为岩石记录和沉积界面。因此,一个成因层序可以由基准面上升半旋回和基准面下降半旋回所形成的岩石组成,也可以由岩石和界面组成。实际上,可把基准面看成一个势能面,其描述的是因能量要求导致地表面上下移动以达到梯度、沉积物供给、可容空间相互平衡的位置(图 3—3)。因为地层基准面描述了产生可容空间和地表面上沉积物分布之间的平衡,因此,基准面变化可以从地层记录中因 A/S 比值变化而形成的大量的沉积学和地层学的特征来识别。

在低可容空间情况下,沉积体系中的地貌要素在供沉积物堆积的势能面上下移动,而保存得较少,当一种地貌要素移动到一个地方时,此地的原始地貌要素也就消失或被取代。在低可容空间情况下,地貌要素的混杂和侵蚀切削严重,环境中原来存在的地貌要素种类不完整。由于 A/S 低,沉积物堆积的可能性较小。在一特定位置处 A 减小,沉积物通量增加,则有更多的沉积物被搬运到下游别的位置。

相反,在高可容空间情况下,沉积势能面上供地貌要素保存的空间较大,地貌要素沿沉积剖面迁移时,原来的地貌要素发生侵蚀切削的情况少,结果,可容空间增大,也就增大了在特定环境中保存的沉积物体积和原始地貌要素的多样性和比例,A/S 高,沉积物沉积的多,搬运到别处的就减少。

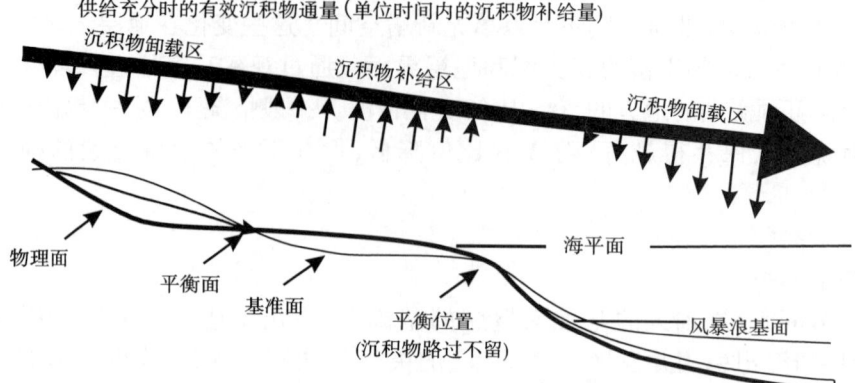

图 3—3　地层基准面原理示意图（据 T. A. Cross,1994 修改）

2. 体积分配原理

基准面旋回及其伴随的可容空间变化的动力学系统控制着地层的结构与沉积特征,为此成因地层研究组提出了沉积物体积分配的概念。沉积物体积分配是指在成因地层内沉积物被分配到不同相域的过程。它是基准面变化过程中,不同沉积环境内可容空间四维动力学变化的产物。沉积物体积分配直接伴随着原始地貌形态的保存程度、沉积物厚度、内部结构等诸多沉积学和地层学的响应。在基准面下降期间,有效可容空间位置向盆地方向迁移,可容空间向盆地方向增大,向陆减小,所以在靠近盆地的环境中沉积物的体积逐渐增大,近物源的环境中沉积物的体积减小。基准面上升期间,有效可容空间位置向陆方向迁移,可容空间向陆增大,则在近物源的环境中沉积物的体积增大。在较长时期的基准面穿越旋回形成的成因层序内,地层的堆积方式以及其地理位置的迁移也与其在基准面旋回中的位置有关。向盆地方向迁移的进积堆积方式,形成于长期基准面旋回的下降期间,随之产生的垂向加积地层,形成于基准面旋回上升的开始阶段。向陆方向迁移的退积堆积方式,出现在基准面上升时期,随之产生的加积地层则出现在基准面上升的末期和下降的早期(图3—4)。

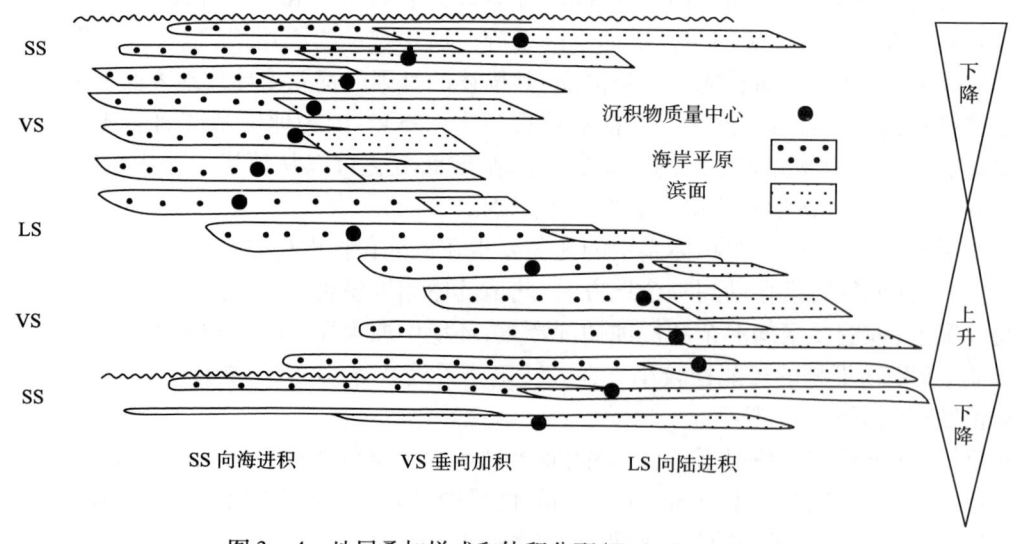

图 3—4　地层叠加样式和体积分配(T. A. Cross,1994)

体积分配改变了地层旋回在时间和空间上的对称性。旋回对称性记录的是以岩石的形式保存下来的基准面上升和下降的时间比例。可识别出对称性的三种极端形式:不对称的基准面下降旋回、对称型和不对称的基准面上升旋回。旋回对称性的变化伴随着不同位置处各种相域中地层厚度随可容空间的变化。单位时间内地层厚度(沉积物沉积速率)与地层不连续面的频率成反比,与相的非均质性成正比。

3. 相分异原理

伴随着可容空间的变化和沉积物的体积分配,保存在相同沉积环境中的相序、相组合、相类型和相的多样性也具有显著差异,这种现象称为相分异。相分异直接影响着储层的物理特征,如储层在三维空间的连续性、几何形态、岩性及岩相类型乃至岩石物理性质。例如,高可容空间和低可容空间形成的河道砂体,其几何形态、砂体连续性、侧向连续性、相互截切程度、底形类别、保存程度、底部滞留沉积厚度与类型均有明显差别。这些相分异特征也直接影响储层物性乃至油、气、水的通道和整个驱油系统。图3—5 为不同可容空间条件下河道沉积特征。

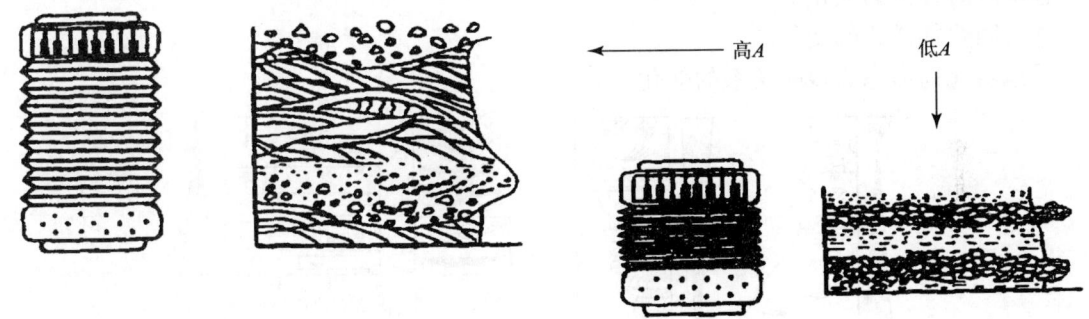

图3—5　河道沉积中的相分异(T. A. Cross,1994)

二、高分辨率层序地层学的应用方法

(一)基准面旋回的识别

地层记录中不同级次的地层旋回记录了相应级次的基准面旋回。高分辨率等时地层对比的关键是识别地层记录中这些代表多级次基准面旋回的地层旋回。根据基准面旋回和可容空间变化原理,地层的旋回性是基准面相对于地表位置的变化产生的沉积作用、侵蚀作用、沉积物过而不留时形成的非沉积作用和沉积欠补偿作用随时间发生空间迁移的地层响应。因而,每一级次的地层旋回内必然存在着能反映相应级次基准面旋回所经历的时间中 A/S 值变化的"痕迹",以露头、钻井、测井和地震资料为基础,根据这些"痕迹"识别基准面旋回,这是高分辨率层序划分和对比的基础。

1. 基准面旋回识别方法

基准面旋回在变化过程中可以穿越地表运动。穿越地表的基准面旋回所经历的时间由基准面位于地表之上时形成的岩石记录与基准面下降到地表之下时产生的不整合界面组成。基准面也可以只在地表之上运动,这种情况下,基准面上升期和下降期的沉积物均得以保存。沉积间断面,特别是不整合面在地层记录中并不发育,但基准面相对于地表的升降仍能在地层记录中反映出来。与 EXXON 经典层序地层学中"层序"的概念不同,高分辨率层序地层单元(时间单元)的界面并不一定是不整合面,它可以是不整合面或沉积作用间断面,也可以是沉积作用转换面。在不整合或沉积间断面不发育的地区,基准面旋回的界面通常是通过沉积作用的转换识别出来的。

一维剖面层序地层分析是通过不同级次的基准面旋回的识别与划分来实现的。多级次基准面旋回的划分首先要从识别构成地层旋回的最基本的成因地层单元开始,然后分析连续的成因地层单元在纵向上的排列或叠加样式,逐步合并较短期旋回为较长期地层旋回。

无论短期地层旋回或较长期地层旋回的识别都是通过 A/S 值变化的趋势分析进行的。短期旋回中 A/S 值的变化趋势可以通过能指示沉积物形成时的水深、沉积物保存程度的相序、相组合和相分异作用进行识别。更长期基准面旋回中 A/S 值的变化趋势可以通过短期旋回的叠加样式、旋回的对称程度变化、旋回加厚或变薄的趋势和地层不连续界面性质及界面出现的频率、岩石与界面出现的位置和比例等来识别。

概括起来,用来识别不同级次基准面旋回的沉积学与地层学特征包括以下几个方面(图3—6):

①单一相物理性质的垂向变化。
②相序与相组合的变化。
③旋回对称性的变化。
④旋回叠加样式的变化。
⑤地层几何形态与接触关系的变化。

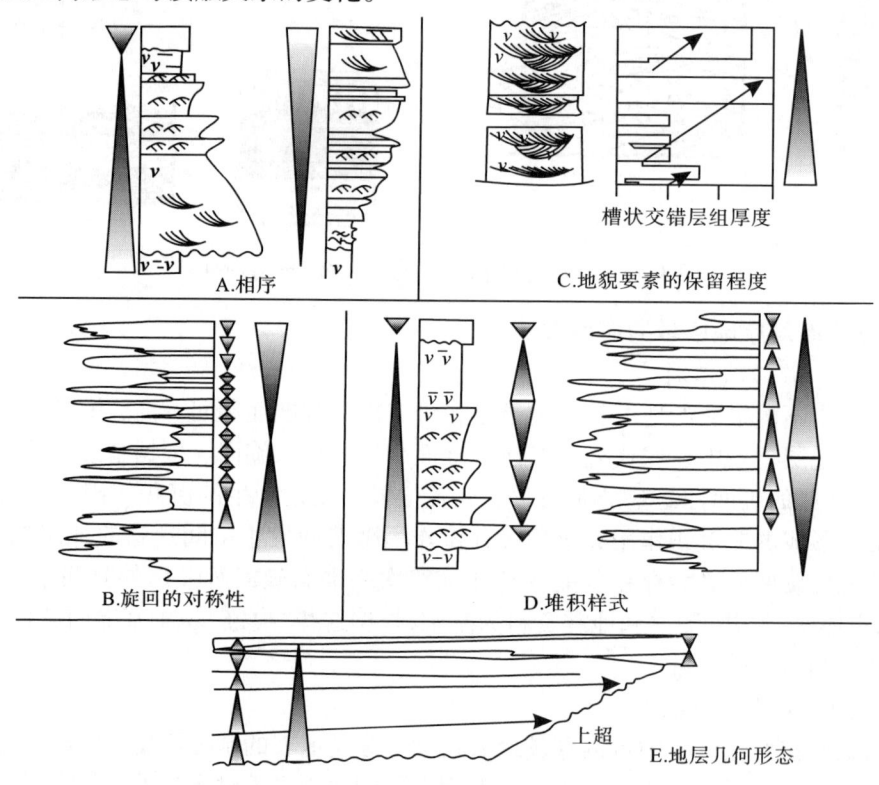

图 3—6　基准面旋回的识别标志

露头岩心资料通常是识别短期基准面旋回的基础。测井曲线分析是通过短期旋回的叠加样式分析识别较长期基准面旋回的最好手段。地震资料除了可以通过反射终端的性质分析识别三级层序界面外,精细井—震标定后的地震剖面还可以在三级层序内进一步识别较高级次的基准面旋回。无论以哪种资料为主确定的基准面旋回,都要经过岩—电—震之间的相互标定与验证才能提高旋回识别的精度与可靠性(图3—7)。

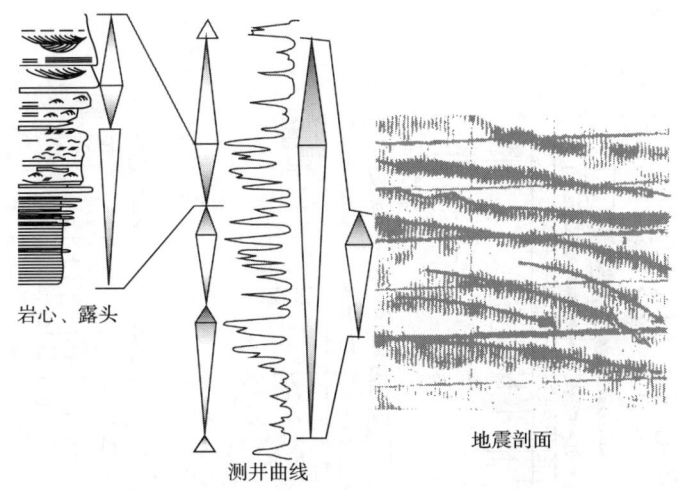

图 3—7 多种资料综合的层序地层分析法

2. 基准面旋回的识别标志

(1) 岩性剖面上的识别标志

岩心、钻井资料特别是三维露头剖面较测井、地震反射剖面具有更高的分辨率,因而是基准面旋回,特别是较短期基准面旋回(成因层序)识别的基础。

地层剖面上最短期的地层旋回(成因层序)是在相序分析的基础上识别出来的,因为相序特征及其在纵向上的相分异直接与短期基准面旋回变化过程中可容纳空间的变化相关。在岩性剖面上识别基准面旋回,首先要搞清剖面的沉积体系类型和相构成,相和相序变化与水深变化的相对关系,然后通过相序和相组合特征识别 A/S 值变化趋势。岩性剖面上旋回界面识别标志如下。

①地层剖面中的冲刷现象及其上覆的滞留沉积物,或代表基准面下降于地表之下的侵蚀冲刷面,或代表基准面上升时的水进冲刷面。后者与前者的区别是冲刷面幅度较小,且其之上多见盆内屑。

②作为层序界面的滨岸上超的向下迁移,在钻井剖面中常表现为沉积相向盆地方向移动,如浅水沉积物直接覆于较深水沉积物之上,河流、浊流砂砾岩直接覆于深水泥岩之上,两类沉积之间往往缺乏过渡环境沉积。

③岩相类型或相组合在垂向剖面上的转换位置,如水体向上变浅的相序或相组合向水体逐渐变深的相序或相组合的转换处。

④砂、泥岩厚度旋回性变化,如层序界面之下,砂岩粒度向上变粗,砂泥比向上变大;层序界面之上则反之。这种旋回的变化特征常以叠加样式的改变表现出来。

根据上述特征可在不同沉积环境中识别短期基准面旋回,如图 3—8 所示。

(2) 测井曲线识别标志

测井曲线的高分辨率特征为各级次基准面旋回识别与划分提供了良好的资料基础。测井曲线基准面旋回的确定,特别是旋回界面的确定,是在对取心井段分析的基础上进行的。也就是说,首先要利用取心井段建立短期旋回及界面的测井响应模型,用于指导区域非取心井测井曲线的旋回划分。

运用测井资料信息识别和划分基准面旋回时,为了避免测井曲线所代表地质意义的多解

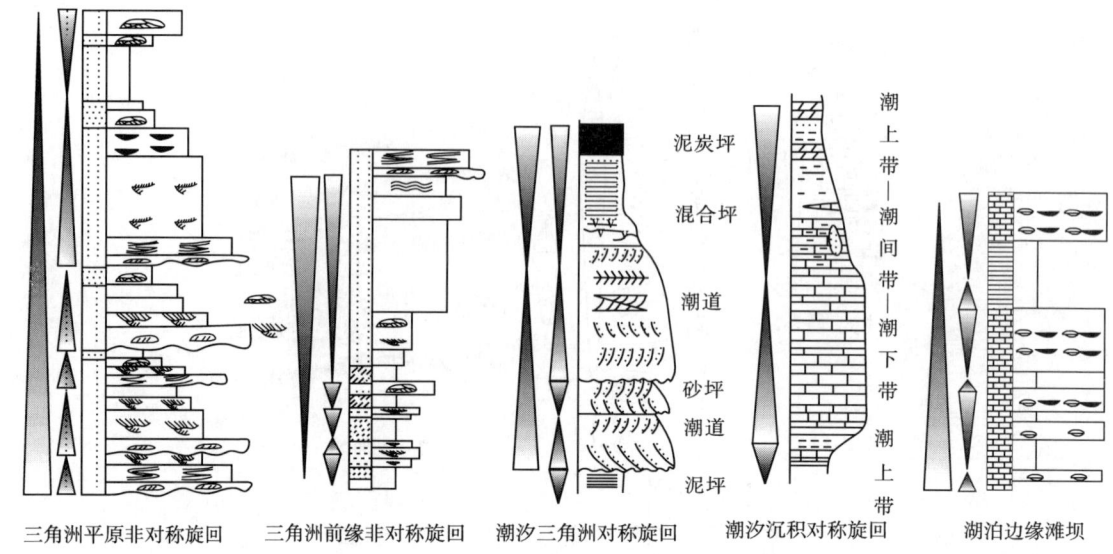

图 3—8 不同沉积环境中短期旋回的识别

性,应结合本油田地质特点选择合理的测井组合序列。

较长期基准面旋回的确定可以通过短期旋回的叠加样式分析得到,测井曲线对于这一分析有尤为有效。这是因为组成较长期旋回的短期旋回特定的叠加样式是在较长期基准面旋回上升与下降过程中向其幅度的最大值(最大可容纳空间)或最小值(最小可容纳空间)单向移动的结果,这些叠加样式常常有鲜明的测井响应(图 3—9)。向海(湖)盆方向进积的叠加样式形成于较长期基准面旋回下降时期,此时 A/S 值 <1,上覆短期旋回与相邻下伏旋回相比,在沉积学、岩石学方面表现出可容纳空间减小的特征;向陆推进的退积叠加样式形成于较长期基准面旋回上升时期,此时 A/S 值 >1,上覆短期旋回与相邻下伏旋回相比,在沉积学、岩石学方面表现出可容纳空间增大的特征;短期基准面旋回呈加积叠加样式则出现在较长期基准面旋回上升到下降或下降到上升的转换时期,此时 A/S = 1,相邻短期旋回形成时可容纳空间变化不大。图 3—10 说明了如何用短期旋回的叠加样式确定中期基准面旋回。

(3)地震剖面上的识别标志

地震反射界面追踪的是时间界面,因而可以运用地震反射剖面进行层序地层分析。但受地震信息的垂向分辨率的限制,地震基准面旋回的划分精度与地震资料的品质和分辨率密切相关。一般来说,地震反射剖面通常只能用来识别较长期的基准面旋回。地震地层学中用来识别地震层序界面的标志同样适合于旋回界面的分析,如区域分布的不整合面或反映地层不协调关系的地震反射同相轴终止类型,即顶超、削截、上超等。

基准面相对于地表运动过程中,存在四种沉积作用过程,即沉积作用、侵蚀作用、沉积路过冲刷作用和沉积非补偿作用。基准面位于地表之下的侵蚀作用,在地震部面上表现为削截现象,是地震层序界面,也是较长期基准面旋回界面。基准面与地表重合时,后期沉积物对前期沉积物表面产生路过冲刷作用在地震剖面上常表现为顶超现象。这种沉积间断作用在具有前积作用的三角洲、扇三角洲环境较发育。基准面位于地表之上,沉积物供给相对不足产生的非补偿作用在地震剖面上则表现为上超。因此根据地震反射终端性质可以识别基准面旋回中的重要界面。

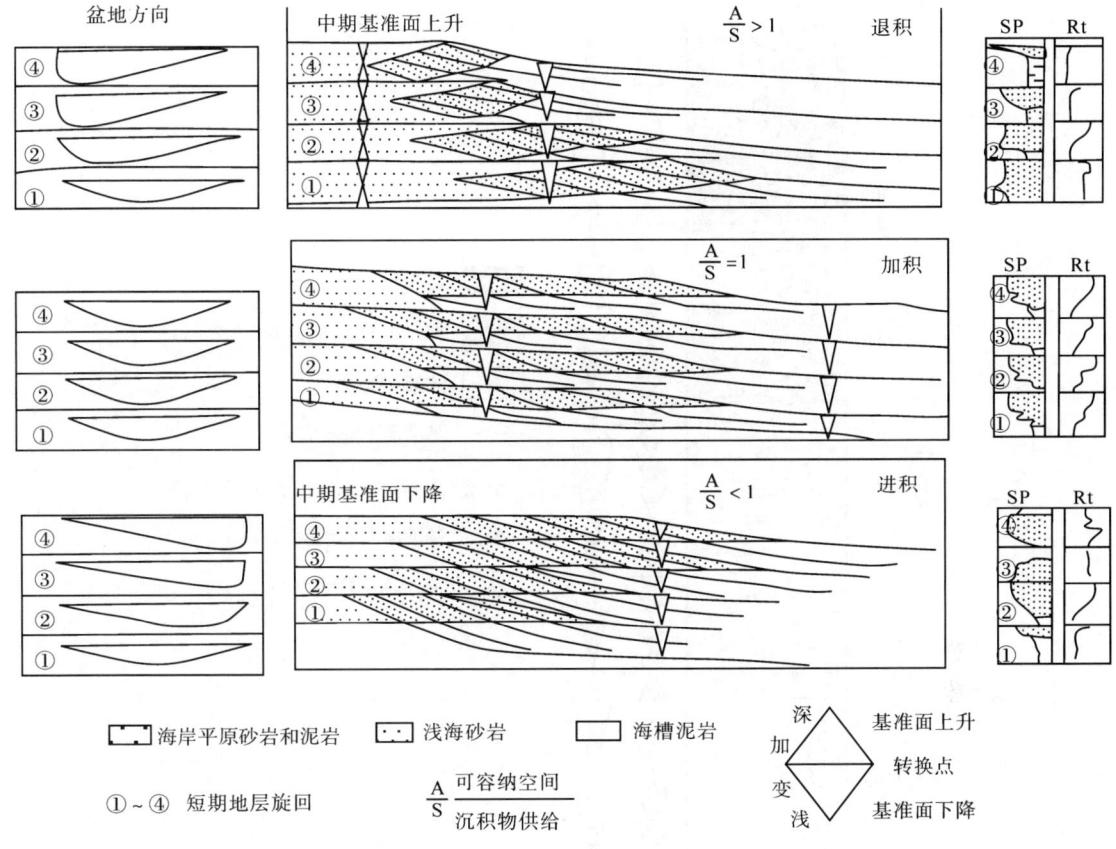

图 3—9 短期旋回的叠加样式及其测井响应（据 M. H. Gardner, 1964）

(4) 井—震结合的高分辨率层序划分与对比

多级次基准面识别与划分是高分辨率地层格架建立的基础，其目的是将井孔中获得的一维信息变为对三维地层关系的预测。虽然测井信息的纵向分辨率高，但在横向上探测范围很小。地震信息则相反，横向上连续性好，纵向上变差。充分发挥各自的优势是高分辨率层序精确划分和对比的关键。常用 VSP 资料、合成记录的精细标定以及在井约束下的地震反演技术，进一步提高层序的划分与对比精度。

（二）基准面旋回对比——等时对比法则

高分辨率地层对比是同时代地层与界面的对比，不是旋回幅度的岩石类型的对比，一个完整的基准面穿越旋回及与其伴生的可容空间的增加和减小，在地层记录中由代表二分时间单元（每部分分别代表基准面上升与下降）的完整的地层旋回组成，有时仅由不对称的半旋回和代表侵蚀作用和非沉积作用的界面构成（图 3—11）。

成因层序对比是在通过分析堆积方式来识别基准面旋回的基础上进行的。堆积方式的分析是由成因地层研究组发展起来的一种比较实用的方法，它用相序和地层界面来识别成因层序的位置和边界，识别成因层序在空间上的分布、堆积样式等。用相序、地层界面和保存程度推断 A/S 值的升降趋势。在同一时间规模上的基准面旋回识别是地层对比的基础。

在成因层序的对比中，基准面旋回的转折点，即基准面由下降到上升或由上升到下降的转换位置，可作为时间地层对比的优选位置，因为转折点为可容空间增加到最大值或减小到最小值的单向变化的极限位置。基准面旋回对比的时候，可以出现岩石与岩石对比，岩石与界面对

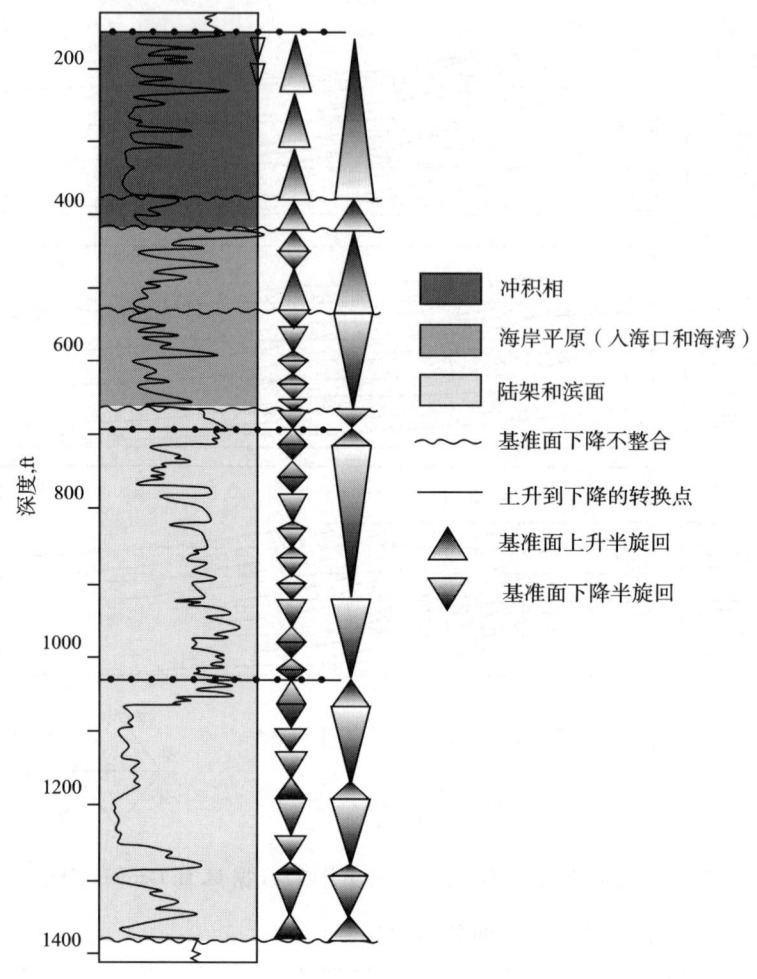

图 3—10 利用测井资料将短期旋回组合成中期旋回(据 Gross,1996)

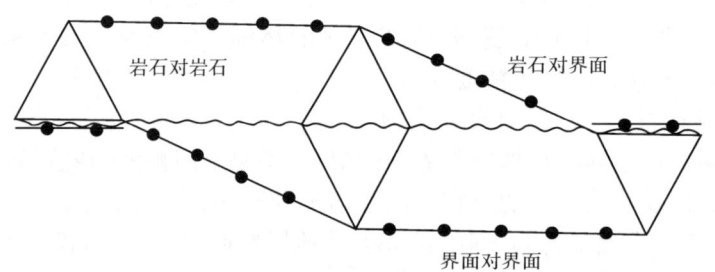

图 3—11 成因层序对比

比,界面与界面对比。基准面旋回能靠岩石和界面的结合来体现地层记录的全部时间,并由此识别可容空间发生地理迁移的位置。基准面变化、沉积作用、无沉积作用、沉积物路过及侵蚀等作用的时空分布特征相当成功地体现于时空图(Wheeler 图)上。时空表示法展示了各种作用运作的时空区域,而不管产物是一个地层面还是一个沉积层。据此,一个标准的地层横剖面相当于一张地层响应图,而一张时空横剖面相当于一幅地层作用图。图 3—12 展示出了基准面旋回的岩石地层横剖面及与之匹配的 Wheeler 图。时间—空间图解是对地层剖面进行时间空间反演的最有效的方法,有助于对地质过程(时间+空间)的地层响应(岩石+界面)理解,并有助于确定什么时候岩石对比岩石、岩石对比界面或界面对比界面。

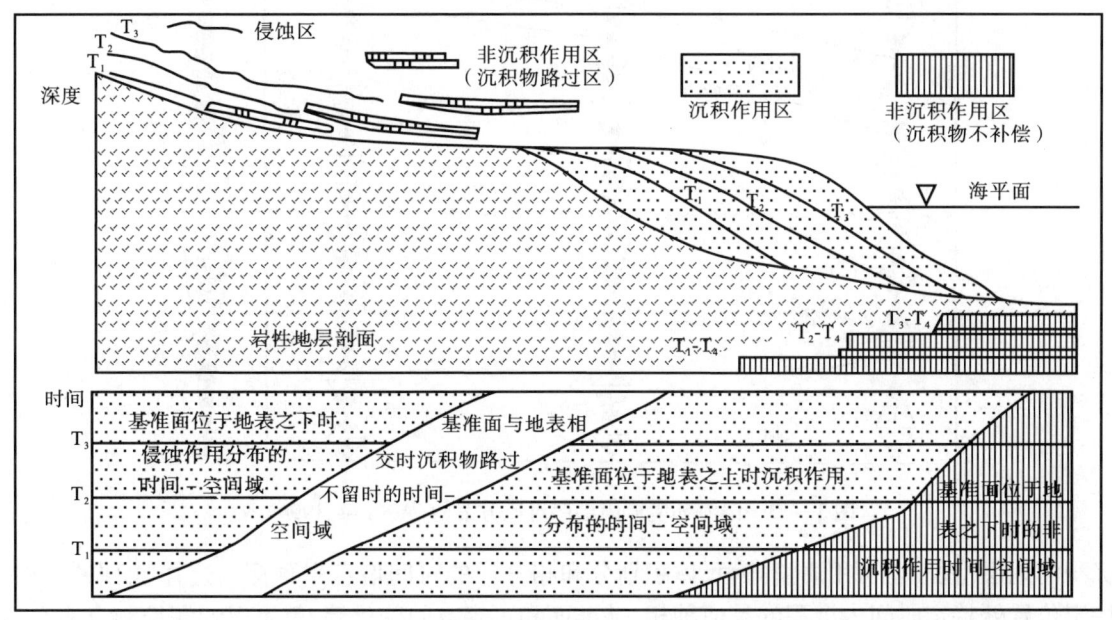

图3—12 地质作用的Wheeler图解(据Wheeler)

T. A. Cross的成因地层研究小组在对海岸平原—浅海沉积体系进行分析的基础上,总结出了浅海环境成因地层对比方案。如图3—13所示,在长期基准面下降期间,可容空间减少,随着长期可容空间的减少,在浅海和海岸平原位置处的短期地层旋回越来越薄,且多为基准面下降不对称旋回,而且被基准面下降不整合面或沉积物路过面削顶。随可容空间的减少,在基准面上升期间沉积的沉积物在基准面下降期间被剥蚀。基准面下降到上升的转换点标志着一个事件的开始。海岸平原位置处,在基准面上升和下降旋回中,更多的沉积物沉积并保存下来,地层旋回更为对称,且变厚。

在越向陆的位置处,随着长期可容空间的减少,具有只在基准面上升期间沉积的趋势。基准面下降时可容空间减少,沉积物路过或被侵蚀。在基准面穿越旋回中,这些部分表现为地层界面,如果基准面上升时的沉积物在基准面下降时没有被侵蚀掉,那么,在长期基准面上升的转折点处,地层旋回更可能是基准面上升不对称旋回。长期基准面上升时,地层旋回对称性更好,且更厚,反映了在基准面上升和下降期都有沉积物沉积并保存下来。同样有在长期基准面下降转上升的转折点处,越向物源越是基准面上升不对称旋回,越远离物源则为下降旋回。

在越向海的位置,沉积物通量有增加的趋势,且在长期基准面下降时发生沉积作用,结果,在转折点处,地层旋回表现为基准面下降的非对称旋回,且较厚。在长期基准面上升时,地层旋回对称性增加且变薄,反映了在基准面两个半旋回中均发生沉积作用,但沉积物供给在不断减少。

一旦高分辨率时间界面被置于岩石格架中来考虑并进行对比,关于相、相序特征的信息也就赋存在这一格架中。在控制点上,相特征和相序也就与高分辨率时间格架结合起来。然而,对我们关于地层学知识很有帮助且以前不曾有的一点是,每个控制点上对地层的岩石物理的、几何形态的和连续性特征的描述赋予了可容空间和基准面变化的内容。在控制点之外和之间

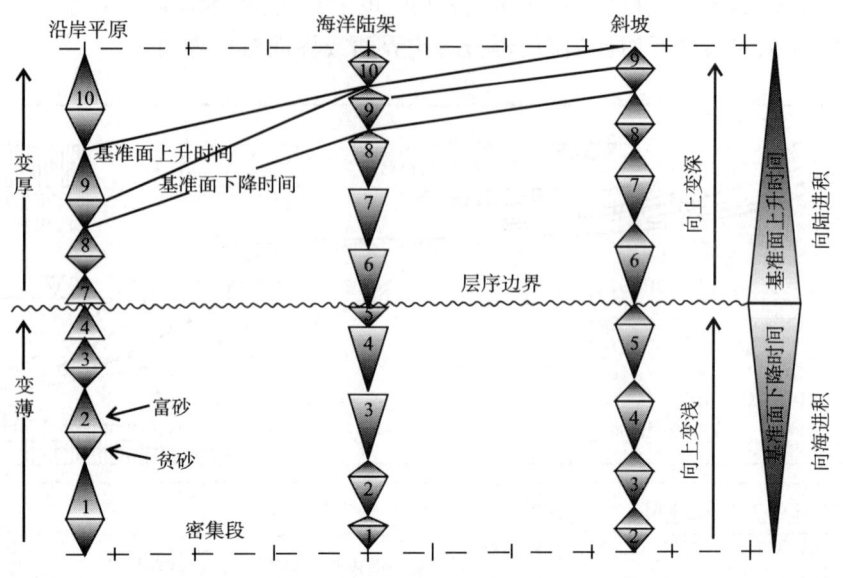

图3—13 浅海环境成因层序对比方案(T. A. Cross,1994)

沉积的地层特征,也可用质量守恒、体积划分和相分异的时间信息来预测。这样,如果知道在特定位置处特定时间内沉积的是何种相、基准面和可容空间变化等,就可以预测控制点之间和之外的地层的相对体积和相特征。

从基准面和可容空间的动力学观点出发,相同沉积体系域或相域的体积分配、沉积物的保存程度、地层堆积样式、相序特征和相类型不是固定不变的,而是其在基准面旋回中所处位置和可容空间的函数,即时间和空间的函数。因而用沉积动力学的观点,分析沉积物堆积期间基准面变化导致的可容空间的变化,解释地层结构和沉积学特征,在根本上不同于传统的相模式类比法,它具有强大的优势。

三、高分辨率层序地层划分与对比实例

以吉林两井油田高分辨率层序地层划分为例。该油田目的层为下白垩统泉头组四段。泉四段早期到中晚期的沉积环境由三角洲分流平原相过渡到滨浅湖相沉积。沉积微相主要为砂坝和水下分流河道。

根据旋回划分和高分辨率层序地层学对比原则,把泉四段划分为4个砂组28个小层。其中泉四段中下部(Ⅲ、Ⅳ砂组)砂岩发育,中上部(Ⅱ、Ⅰ砂组)砂岩发育较差。

(一)基准面旋回的识别标志

基准面旋回可以从钻井岩心、岩性剖面和测井曲线上加以识别,并根据短期旋回的叠加样式确定层序界面。以下特征可以作为旋回界面的识别标志。

1. 河道冲刷面及其上覆沉积物

由于基准面下降到地表之下,发生河流侵蚀作用,在河道底部形成块状砂岩和河底滞留沉积物。对应测井曲线上,自然电位、自然伽马和视电阻率曲线等均出现突变接触关系,如箱形或钟形电测曲线与下伏测井响应的突变接触面,表明水体由相对较深到突然变浅过程。这种接触关系在扶余油层中普遍存在,特别是扶余油层的下部。

但冲刷面往上,沉积物开始逐步堆积,岩石颗粒逐渐变细,水体变深,可容空间增大,常常表现为基准面上升半旋回(图3—14)。

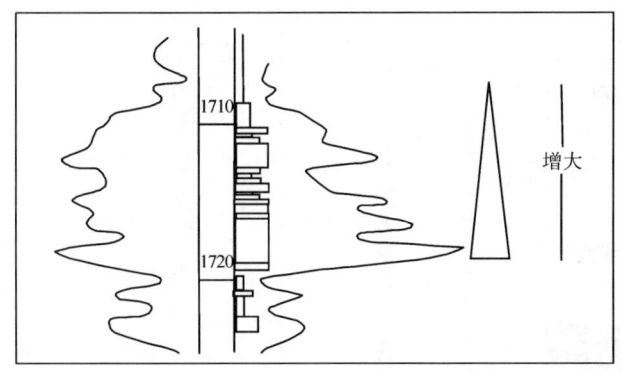

图 3—14　基准面上升旋回的岩性特征

2. 浅水沉积物直接覆盖在深水之上

这反映了可容空间突然减小,基准面突然下降的旋回。这里的深水沉积物一般指的是细粒沉积物,而浅水沉积物指的是相对粗粒沉积物。

3. 在垂向剖面上岩相类型或相组合转换的位置

如在水体向上变浅的相序或相组合转换的位置,或者在水体向上变浅的相序或相组合向水体逐渐变深的相序组合的转换处,对应的电测曲线表现为曲线组合形式的转换,如叠加形式的转换等。

4. 砂、泥厚度旋回性变化

即层序界面之下,砂岩粒度向上变粗,厚度向上增大,泥岩厚度向上变小;而层序界面之上则相反。这种岩性旋回的变化特征常以叠加形式的改变表现出来。

5. 泥岩的原生色

反映水深、水介质性质及沉积环境的泥岩的原生色也可作为识别短期旋回的依据。很显然,泥岩颜色变浅代表了水体变浅,可容空间缩小,基准面下降;而泥岩颜色变深,代表了水体变深,可容空间增大,基准面上升。

(二)高分辨率地层层序划分与对比原则

1. 高分辨率层序地层划分

岩心通常是识别短期基准面旋回的最基础的资料。测井曲线通常用来分析短期旋回的叠置样式,进而确定更高级次基准面旋回。根据基准面识别标志及其在测井曲线上的响应,可以确定可容纳空间与沉积物供给速率比值(A/S)在纵向上的变化,从而可以确定基准面上升旋回和下降旋回。

基准面旋回级别是根据旋回的相对幅度大小、高可容空间持续的相对时间确定的。两井油田可划分三级基准面旋回,分别是长期、中期和短期旋回。

(1)长期旋回

整个泉四段表现为基准面上升半旋回,上部出现基准面下降。因此,对应于这种地层旋回的响应砂体发育也呈现明显的规律性,旋回下部砂体规模较大,连续性较好,向上砂体规模变小,连续性变差,至二砂组砂体规模达到最小,砂体基本呈孤立趋势,而一砂组的砂体规模和连续性又变大和变好,这与基准面短暂的下降有关。泉四段的顶部上覆青山口组一段深湖相,使得可容纳空间扩张到最大(图3—15)。

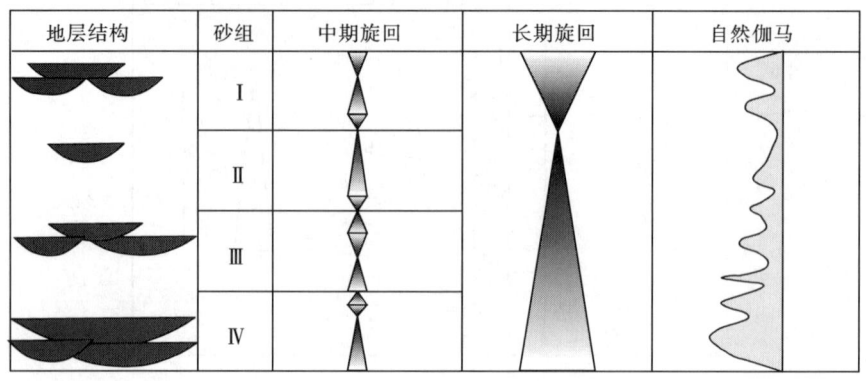

图 3—15 泉四段地层旋回与地层结构

(2)中期旋回

中期旋回相当于砂组,泉四段可划分四个中期旋回,相应地可划分四个砂组,自上往下分别是一砂组、二砂组、三砂组、四砂组(图 3—15)。一砂组地层厚度 19.6m,砂层厚度 11.2m,含砂率为 58.6%,基本上为一基准面上升和下降的完整的旋回,因而地层中砂体主要发育于上部和下部。二砂组的地层厚度为 35.5m,砂层厚度 14.2m,含砂率为 40.0%,表现为基准面下降到上升的旋回,砂体主要发育于中间部位,而地层上部和下部相对发育较差。三砂组的地层厚度为 39.8m,砂层厚度 22.6m,含砂率为 56.8%,总体上表现为基准面上升和下降的完整旋回,在地层旋回中砂体主要发育于旋回的下部和上部。四砂组的地层厚度为 35.2m,砂层厚度 19.3m,含砂率为 55.1%,总体上表现为基准面上升和下降的完整旋回,砂体也主要发育于旋回的下部和上部。

高分辨率层序地层学认为,层序的旋回性影响砂体的发育规律。在低可容空间时期,沉积物供给速率大,能沉积大量碎屑物质,砂体比较发育;而在高可容空间,沉积物供给速率小于可容空间的增大速率,因此处于饥饿状态,砂体发育差。这种砂体发育规律在两井油田各砂组中得到了很好的体现。

(3)短期旋回

短期旋回相当于小层级,每个砂组内根据岩性特征及其在电性上的表现,又可以划分若干个小的短期旋回。两井油田短期旋回有如下两种类型。

①上升半旋回。为基准面快速下降后,又出现持久的上升过程,可容空间增大。表现为向上砂岩颗粒变细,泥质含量增大,由高流态的槽状交错层理向上变为低流态的波状层理和平行层理,砂体具有侧积和加积特点。上升半旋回所形成的砂体类型主要是河道砂体和决口河道砂体,在电性上表现花瓶状、箱状和指状特征。上升半旋回的上部常常是泥质披覆、泛滥平原粉砂岩和泥岩、溢岸细粒沉积物。泛滥平原粉砂岩和泥岩厚度较大,发育较稳定,并在侧向具有一定的可对比性,特别是三砂组顶上的粉砂和泥岩段。本区 94%的短期旋回是上升半旋回,这反映了本区储层是在河道化环境中形成的。

②下降半旋回。为基准面上升到最高后开始持久下降的过程,可容纳空间逐渐减小。表现为向上砂岩颗粒变粗,泥质含量减少趋势。下降半旋回主要出现于决口扇。个别河道砂体中也有下降半旋回出现,这是因为河道的局部出现沉积速率高于可容纳空间增大速度。下降半旋回形成的砂体一般比较薄,大多为无效储层。

(4)砂组旋回分析

①一砂组。在一砂组中一般有3~4个短期旋回,根据旋回特征可划分为4个小层,分别为I1、I2、I3、I4。从地层的下部到上部,基准面出现了下降到上升,再从下降到上升的周期性振荡过程,由此出现了砂体发育的变化。I4发育于基准面开始下降时期,砂体主要分布于本区的周边地区,所以砂体分布范围小,厚度薄。I3发育于基准面由下降到上升的转换时期,所以砂体发育,分布广,厚度大,侧向连通性好。经过短暂的基准面上升后,基准面又出现了下降,这次下降幅度不如I3发育时期大,所以形成I1、I2的砂体规模也不如I3的砂体大,局部还出现了东西方向的分隔(图3—16)。

平面上,一砂组砂层厚度和地层含砂率由西南到东北减小,反映了储层发育程度和连续性由西南到东北变差。

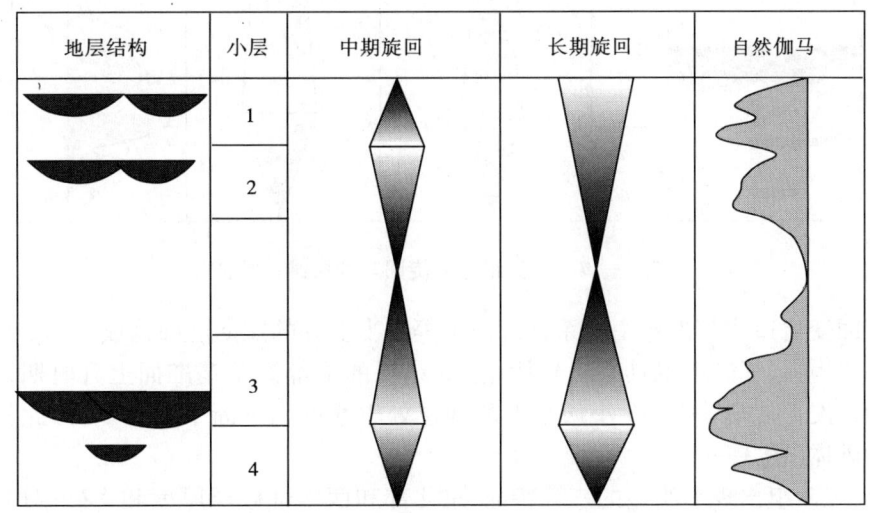

图3—16 一砂组地层结构特征

②二砂组。二砂组中,一般有7~9个短期旋回,大多数为上升半旋回。依据旋回特征可划分9个小层,分别是II1、II2、II3、II4、II5、II6、II7、II8、II9。但这9个小层发育齐全的井较少,一般每口井出现6~7个小层。大多数井中,II5、II6、II7三个小层合并在一起,难以分开。从地层的下部到上部,基准面出现了短暂的下降,然后发生了持续的上升过程(II5+6+7以上地层部分)。在基准面上升过程,又出现了一些小的基准面快速下降和上升的半旋回。

II5+6+7是基准面由下降到上升的转换点,因此总体上二砂组具有二分的特点。同时II5+6+7沉积时期也是砂体最发育、连通性最好的阶段。而II5+6+7之上和之下基准面均处于高的位置,可容纳空间较大,沉积物供给相对不足,因此砂体发育相对较差(图3—17)。

平面上,二砂组与一砂组具有相同的规律,工区西南部砂层厚度普遍较大,而且含砂率高,而东北部则相对较低。相对来说,二砂组的砂体发育程度不如一砂组,这是与其在长期旋回中处于高容纳空间有关。

③三砂组。三砂组中有4~7个短期旋回,主要为上升半旋回。根据旋回特征可划分为8个小层,分别是III1、III2、III3、III4、III5、III6、III7、III8。但这8个小层发育齐全的井较少,一般每口井出现5~6个小层。大多数井中,III6、III7二个小层合并在一起,难以分开。从地层的下部到上部,基准面出现了不断地上升过程,然后发生基准面下降,顶部基准面小的上升。基

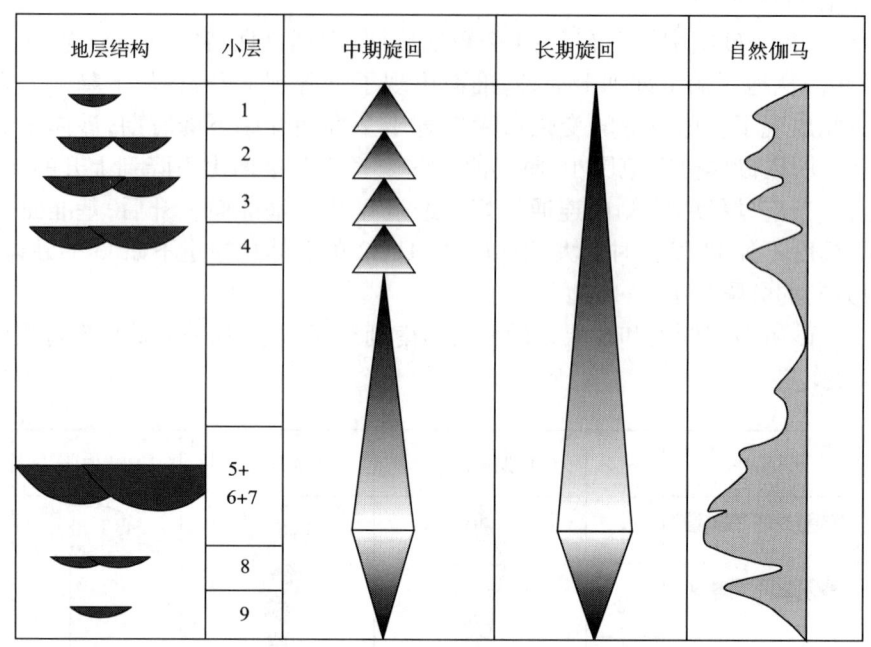

图 3—17 二砂组地层旋回与地层结构特征

准面这种旋回变化造成其内部由一系列规模不等的半上升的短期旋回构成。

以 5 小层为界,三砂组也具有二分特点。5 小层的下部处于基准面上升时期,因此,仅在旋回底部砂体发育规模较大。5 小层之上的地层处于基准面不断下降时期,因此其上部则发育规模大的砂体(图 3—18)。

平面上,三砂组出现了明显的三分特征,东北部和西南部砂层厚度和含砂率均较低,而中间部位则砂层厚度和含砂率较大。这是由于三砂组处于长期基准面上升旋回中的中下部,因此西部和东南部物源相对较发育,从而形成了北西—南东砂体相对发育带。

④四砂组。四砂组中一般有 5~7 个短期旋回。根据旋回特征可划分为 7 个小层,分别为 $Ⅳ_1$、$Ⅳ_2$、$Ⅳ_3$、$Ⅳ_4$、$Ⅳ_5$、$Ⅳ_6$、$Ⅳ_7$。从地层的下部到上部,基准面出现了上升到下降,顶部又出现了上升过程,由此出现了砂体发育的变化。其内部由一些上升半旋回的短期旋回组成。砂体主要发育于地层的底部和顶部,因为那些部位正处于基准面相对较低的时期。因此,$Ⅳ_1$、$Ⅳ_2$ 和 $Ⅳ_5$、$Ⅳ_6$、$Ⅳ_7$ 小层砂体比较发育(图 3—19)。由于四砂组处于长期准面上升旋回中的下部,因此可容纳空间很小,物源供应充足,从而使砂体全区发育,显示不出分异特点。

2. 对比原则

对比工作是油田基础性地质工作。但在河道相背景中,由于缺乏稳定的标志层,使得油层对比工作困难重重。研究中利用高分辨率层序地层学原理,在油层对比过程中遵循如下原则。

①分析单井基准面旋回变化,划分长期、中期、短期旋回。

②根据相分异原理和叠加样式,确定沉积走向的变化趋势。例如,当可容纳空间增大时,砂体会向物源方向退却,而当可容纳空间减小时,砂体向盆地方向延伸。

③沿沉积走向,基准面旋回变化会使砂体在横向上发生变化。例如,上升半旋回所形成的河道砂体,横向会向基准面下降半旋回形成的泛滥平原和决口扇过渡。

④根据 A/S 比率变化,确定不同地层位置砂体发育规模,为横向对比提供依据。A/S 较

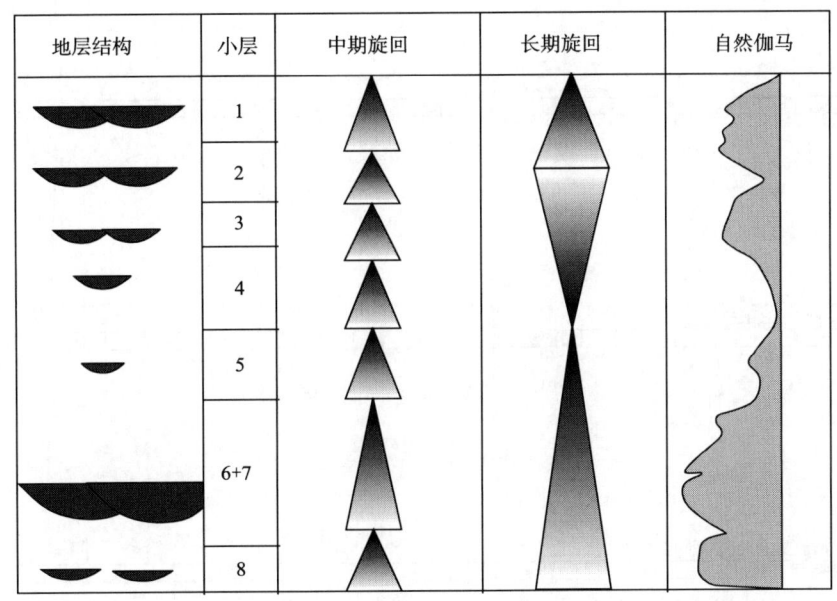

图 3—18 三砂组地层旋回与地层结构特征

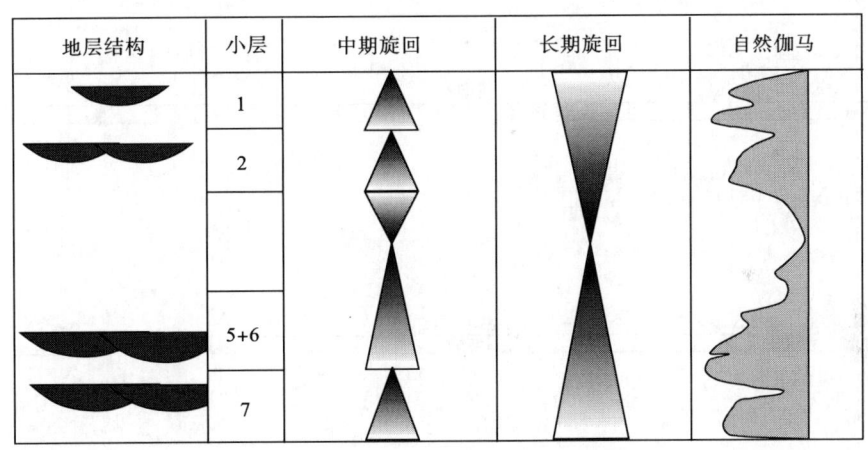

图 3—19 四砂组地层旋回与地层结构特征

小时,砂体规模较大;A/S 较大时,砂体规模较小。

⑤对比过程还应参照准标志层。由于本区主要是河流相为主,所以能够全区对比的稳定的标志层不发育。由于可容纳空间旋回性变化,在纵向上出现了岩相的旋回性变化,特别是在高可容空间常常可形成较多的细粒沉积物,在电性上易于识别。但是由于河流相相分异强,侧向上岩相变化快,岩相差异大,还不能完全成为真正的标志层。同时,由于可容空间变化具有等时性,因此仍具有对比参考价值。在本区如下几个层位值得注意。

一砂组底与二砂组顶之间细粒沉积段:在中期旋回中,处于高可容纳空间,因此,一砂组 4 小层和二砂组 1 小层砂体发育较差,在许多井中出现了明显细粒沉积段,厚度约 3m,钻遇率可达 55%。该沉积段可作为一砂组、二砂组分界线的对比标志,也可以作为相邻小层的对比标志。

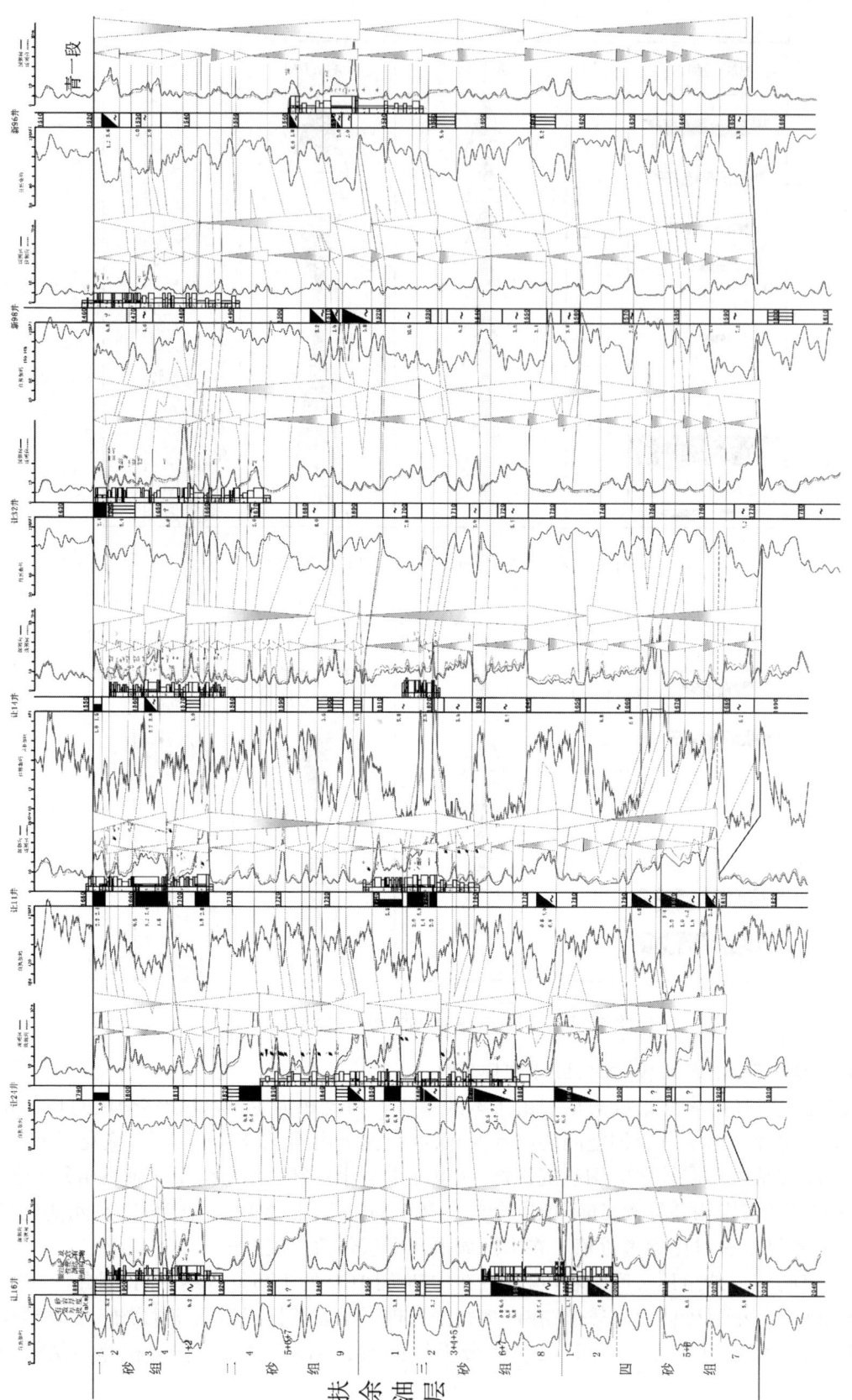

图 3—20 两井油田扶余油层对比剖面（纵）（让 16—让 11—让 32—新 96）

三砂组顶:在中期旋回中,处于高可容纳空间,因此二砂组底部的9小层发育较差,出现了较厚的细粒沉积段。平均厚度5.6m,钻遇率达72%。它可作为二、三砂组界线和相邻小层的对比标志。

四砂组中部:在中期旋回中处于高可容纳空间,因此四砂组3、4小层发育较差,从而形成厚度为5m细粒沉积段,钻遇率可达61%。该细粒沉积段可作为四砂组及其内部细分和对比的依据。对比实例见图3—20。

3. 储层对比结果

在旋回对比的基础上,就可以对储层进行划分和对比。储层常常由基准面转换面如冲刷面和标志基准面迅速上升的扩张面来限定。因此,可以根据基准面旋回变化,把两类型界面作为储层单位划分和对比的依据。

第四章 储层非均质性描述技术

储层非均质性的研究是油藏描述和表征的核心内容。油气储层在漫长的地质历史中,经历了沉积、成岩及后期的构造作用的综合影响,使储层的空间分布及其内部的各种地质属性存在明显的差异,这种差异称为储层的非均质性。

储层的非均质性是绝对的、无条件的、无限的,而均质是相对的、有条件的、有限的。只有在一定的非均质层内,在一定的条件下,有限的范围内才可以把储层近似地看作是均质的。因此,绝对均质是不存在的。当然海相储层非均质程度相对陆相储层弱,我国已发现的油气储层绝大多数来自陆相地层,而且绝大多数为注水开发,储层非均质性将直接影响到储层中油、气、水的运动规律和剩余油的分布及开发效果。

第一节 储层非均质性的分类

储层非均质性的分类方案很多,不同的学者根据不同的研究目的,对非均质性的分类有所不同。具有代表性的如佩蒂庄(Pettijohn,1973)的分类、威伯(Weber,1986)的分类以及裘怿楠(1992)的分类。

一、佩蒂庄(Pettijohn,1973)分类

佩蒂庄(Pettijohn,1973)对河流沉积储层按非均质性规模提出了一个由大到小的非均质分类图谱,划分了油藏、层、砂体、层理、孔隙五种规模的储层非均质性(图4—1)。

上述划分的每个级别(由大到小)的非均质性在油田评价和开发阶段都可逐渐被认识和进行评价。储层非均质性规模的大小在不同层次上起着重要作用。有时构造作用比沉积作用更重要,如断层可以把连续沉积的砂体断开。在一个没有被断层切割的储层成因单元内,渗透体的边界是与储层沉积微相相一致,即与成因单元的边界相一致。成因单元内部存在不同结构单元,发育渗流隔挡层,使渗透率呈条带状、片状、块状分布。渗透率带中的不同类型的沉积构造也对渗透性具有一定的影响,进一步还可以分析有关孔隙类型和孔隙相互连通的微观非均质性。

二、威伯(Weber,1986)分类

威伯(Weber,1986)根据Pettijohn的思路,不仅考虑储层非均质性的规模,同时考虑了非均质属性及其对流体渗流的影响,将储层的非均质性分为七类(图4—2)。

①封闭、半封闭、未封闭断层。这是一种大规模的储层非均质属性,断裂的封闭程度对油区内大范围的流体具有很大的影响。如果断层是封闭的,就隔断了断层两盘之间流体的渗流,起到遮挡的作用;如果断层未封闭,就成为一个大型的渗流通道。

②成因单元边界。成因单元实质上是沉积相边界,亦是岩性变化边界,且通常是渗透层与非渗透层的分界线,至少是渗透性差异的分界线。因此,成因单元边界控制着较大规模的流体渗流。

③成因单元内渗透层。在成因单元内部,具不同渗透性的岩层,它们在垂向上呈带状分布,因而导致了储层在垂向上的非均质性。

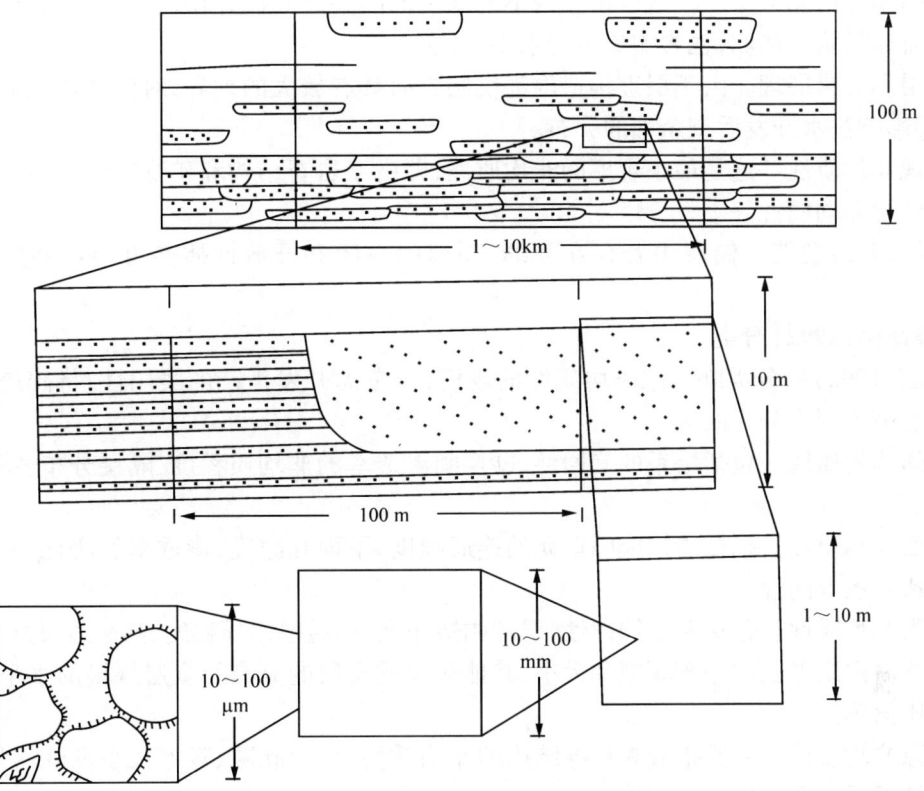

图 4—1 储层非均质级别(以河流相储层为例)

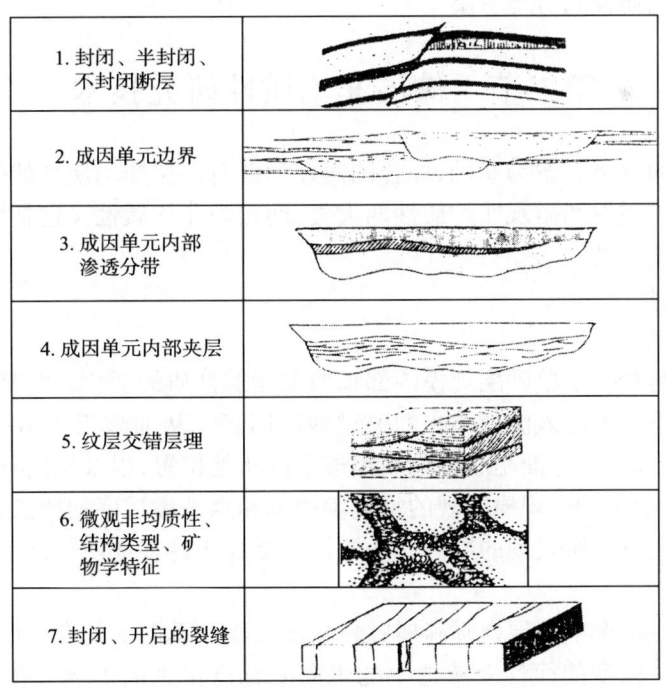

图 4—2 储层非均质性类型分类

④成因单元内隔夹层。在成因单元内不同规模的隔夹层对流体渗流具有很大的影响,它不仅影响流体的垂向渗流,也影响流体的水平渗流。

⑤纹层和交错层理。由于层理构造内部纹层方向具有较大的差异,对流体渗流有较大的影响,从而影响注水开发后剩余油的分布。

⑥微观非均质性。这是最小规模的非均质性,即由于岩石结构和矿物特征差异导致的孔隙规模的储层非均质性。

⑦封闭、开启裂缝。储层中若存在裂缝,裂缝的封闭和开放性质亦可导致储层的非均质性。

三、裘怿楠(1992)分类

裘怿楠(1992)的分类既考虑非均质性的规模,也考虑开发生产的实用性,将碎屑岩的储层非均质性由大到小分为四类。

①层间非均质性。包括层系的旋回性、砂层间渗透率的非均质程度、隔层分布、特殊类型层的分布。

②平面非均质性。包括砂体成因单元的连通程度,平面孔隙度、渗透率的变化,非均质程度以及渗透率的方向性。

③层内非均质性。包括粒度韵律性、层理构造序列、渗透率差异程度、高渗透段分布位置、层内不连续薄泥质夹层的分布频率和大小、其他非渗透夹层的分布及全层规模的水平与垂直渗透率的比值等。

④孔隙非均质性。主要指微观孔隙结构的非均质性,包括孔隙、喉道大小及其均匀程度,孔隙喉道的配置关系和连通程度。

除以上分类外,还有宏观非均质性、中观非均质性、微观非均质性的分类,此外还有人采用大型、中型、小型非均质性的分类方案。

第二节 储层非均质性研究技术

本书以裘怿楠的分类方案为基础,综合国内外学者对储层非均质性的研究成果,将储层非均质性分为宏观非均质性和微观非均质性两大类,而宏观非均质性又包括层内非均层性、平面非均质性和层间非均质性。

一、宏观非均质性

(一) 层内非均质性

层内非均质性是指一个单砂层规模内部垂向上储层性质的变化。它是直接控制和影响一个单砂层储层层内垂向上注入波及体积的关键地质因素。从油藏工程角度分析,储层层内非均质性主要指两大方面:一方面是层内最高渗透率段所处位置,以及层内各段间渗透率的差异程度;另一方面是一个单砂层规模宏观的垂直渗透率和水平渗透率的比值,它们是决定流体串流的重要因素。这两方面所表现的层内非均质性又受控于许多地质特征。

1. 粒度韵律性

粒度韵律性指在一个单砂层内部碎屑颗粒粒度大小在垂向上的变化序列。它受沉积环境和沉积方式的控制。粒度韵律性对渗透率的垂向变化有很大的影响。在成岩变化小的储层中,剖面上粒度的韵律性直接控制着渗透率的韵律性。粒度韵律性分为以下四种。

①正韵律:底部粗,向上变细的粒序。

②反韵律:底部细,向上变粗的粒序。
③复合韵律:上述两者的组合。
④均质韵律:在垂向上粒度变化无规则序列。

2. 最高渗透率段所处位置

主要描述层内最高渗透率段处于底部、顶部或中部。一般情况下与上述粒度一致,分别相应于正韵律、反韵律、复合韵律和均质韵律四种类型。一定的微相有一定的沉积层序。每种沉积层序总能以几种岩石相的垂向组合来表示,掌握了各类微相砂体沉积层序的规律后,渗透率的差异程度和最高渗透率段的位置,就可以通过单砂层内碎屑颗粒粒度在垂向上的变化序列、沉积构造的垂向演变等进行识别,目前所掌握的技术完全可以达到这一要求。

3. 沉积构造的垂向演变及渗透率各向异性

沉积构造中的各种层理类型,是由不同粒度纹层的产状和排列组合的差异组成的,这种差异便导致了渗透率垂向上的变化,也影响渗透率的各向异性。通过岩心观察可以描述:①各类纹层的岩性、产状、组合关系及其分布规律等,有条件时用微渗透率仪测量纹层间渗透率的差异;②垂向上层理构造的变化规律;③泥质层中虫孔的产状及其充填物的性质。

综上所述,沉积构造的垂向演变导致了渗透率的垂向变化,而沉积构造的侧向延伸和演变导致了渗透率在平面上的方向性。在不同的层理构造中,渗透率的各向异性有所差别。

平行层理的渗透率各向异性主要表现在水平渗透率(K_H)与垂直渗透率(K_V)的差异,一般K_H比K_V大得多,因此K_V/K_H比值很小。

斜层理的渗透率各向异性表现在顺层理倾向、逆层理倾向和平行纹层走向方向渗透率的差异。顺层理倾向的渗透率最大,而逆层理倾向的渗透率最小,平行纹层走向的渗透率则介于其间。

交错层理的渗透率各向异性最强。Weber(1982)提出计算槽状交错层理各向异性的方法(图4—3),认为在未固结层中,平行纹层方向的渗透率($K_{/\!/L}$)与垂直纹层方向的渗透率($K_{\perp L}$)之比可达3,而在固结的砂岩中,这一比值更大。Emmett等(1971)对怀俄明州某储层的研究得到$K_{/\!/L}/K_{\perp L}$可达到4,这一渗透率的差异对流体的渗流有较大影响。

4. 层内不连续薄夹(隔)层

层内不连续薄夹(隔)层对流体流动可起到不渗透隔层作用或极低渗透的高阻层作用,因而对驱油过程影响极大,也是直接影响一个单砂层从顶部到底部宏观规模的垂直渗透率和水平渗透率比值的重要因素,有时也可能直接遮挡,造成注入剂段塞使驱油效果变差。

①夹层的类型。一般按岩性划分,主要指泥质、细粉砂质岩类。此外还包括成岩过程中所产生的各种硅质、钙质、高岭土胶结条带和强压实引起的颗粒缝合线等,以及沥青或重质油充填条带。

②各类夹层的厚度、分布范围和产状(尽量与相带建立关系)。

③夹层出现的频率和密度。夹层频率是指单位厚度岩层中夹层的层数,用(层/m)表示;夹层密度是指剖面中夹层总厚度占所统计的砂岩剖面(包括夹层)总厚度的比例,用百分数(%)表示。

碎屑岩储层内部常存在一些不连续的、薄层的泥质、粉砂质夹层以及不渗透的钙质砂层隔层。这些夹(隔)层对整个砂体的垂直或水平渗透率影响极大。然而这些夹(隔)层的变化规律往往是属于数十米、甚至是数米的数量级,一般在数百米的开发井网下很难用井来控制其变化规律,必须根据沉积相分析做出预测。各种沉积环境下的砂体内部,这类夹层因其成因不

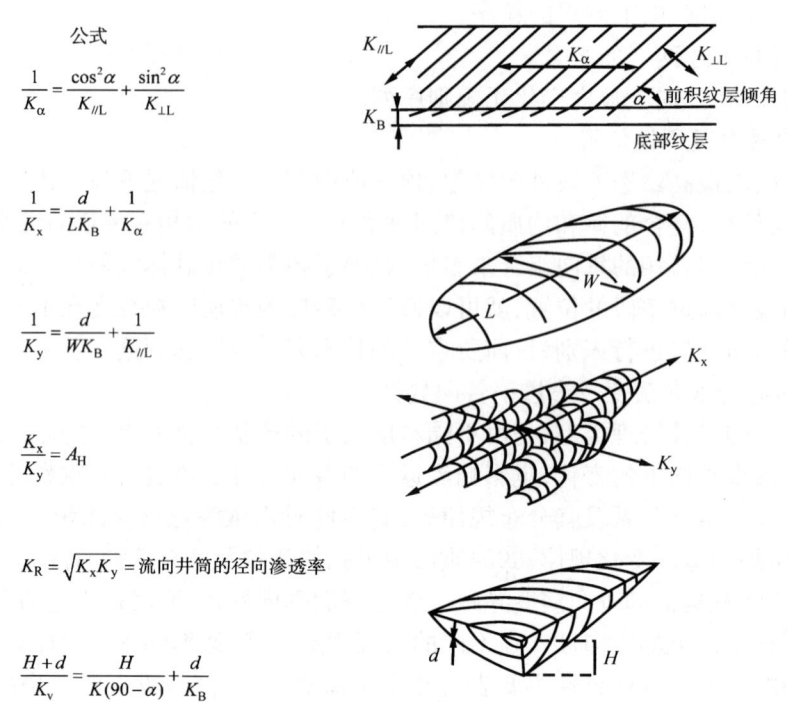

公式

$$\frac{1}{K_\alpha} = \frac{\cos^2\alpha}{K_{//L}} + \frac{\sin^2\alpha}{K_{\perp L}}$$

$$\frac{1}{K_x} = \frac{d}{LK_B} + \frac{1}{K_\alpha}$$

$$\frac{1}{K_y} = \frac{d}{WK_B} + \frac{1}{K_{//L}}$$

$$\frac{K_x}{K_y} = A_H$$

$$K_R = \sqrt{K_x K_y} = 流向井筒的径向渗透率$$

$$\frac{H+d}{K_v} = \frac{H}{K(90-\alpha)} + \frac{d}{K_B}$$

图4—3 槽状交错层理中不同方向渗透率的计算公式（据 Weber,1982）

同,规模上会有一定的差异(图4—4)。如浊流砂体内每次浊流事件的"E"段,即使极薄,也可以有很广泛的分布范围;河道砂体内的废弃充填泥质夹层其宽度不可能超过古河道宽度;三角洲外前缘砂体内泥质夹层比内前缘多而稳定等。但应该说目前还处于定性到半定量水平上,要根据具体油田实例和经验来确定。

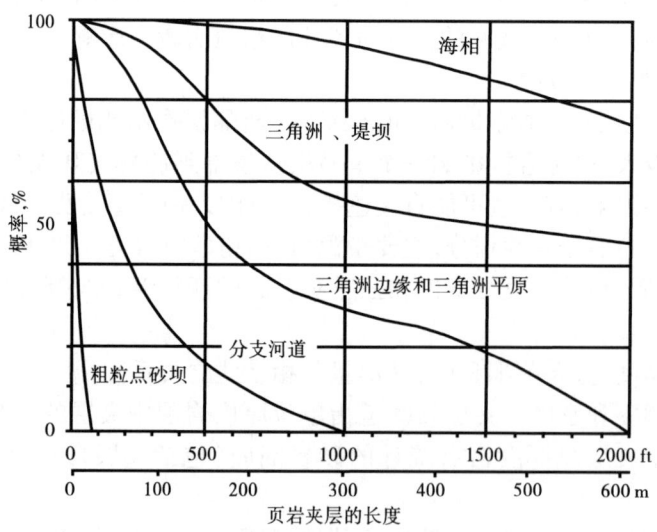

图4—4 页岩(粉砂)夹层的连续性与沉积环境变化函数图（据 K. J. Weber）

鉴于目前对层内夹层预测的水平,在早期油藏评价阶段,可以做出几种可能情况的估计,最差的可能、最好的可能以及出现概率最高的可能,分别建立专门反映层内夹层各种可能的地质模型,再应用数值模拟进行敏感性分析,以此来提供开发战略决策时的依据。

在开发井网已钻成的条件下,尽可能利用测井解释判别层内夹层,应用小井距的井组对比结果,作为沉积相分析预测的旁证。

5. 垂直渗透率与水平渗透率的比值

这一比值对油层注水开发中的水洗效果有较大的影响。垂直渗透率与水平渗透率的比值(K_V/K_H)低,说明流体垂向渗透能力相对较低,反之则较高。

岩心的 K_V/K_H 通过实验室测定求取。层理规模的 K_V/K_H,通过前述的 Weber(1982)提出的一套计算交错层理渗透率各向异性的公式求得。而对于层内夹层对砂体规模垂直渗透率的影响,据 S. H. Begg 等人在 SPE 1985 年年会论文,推算公式如下:

$$K_V = \frac{1 - F_s}{(1 + fd)\left(\frac{1}{K_V} + \frac{fd}{K_H}\right)}$$

式中　K_V——全层垂直渗透率,mD;
　　　F_s——夹层密度(即非渗透性夹层在剖面上的厚度比例数);
　　　f——全层夹层频数(每米夹层数);
　　　K_V——砂岩垂直渗透率,mD;
　　　K_H——砂岩水平渗透率,mD;
　　　d——平均夹层长度之半,m。

夹层长度可以根据沉积相分析之后求取。全层规模的水平渗透率由全层均质段统计得出。

6. 层内渗透率非均质程度

层内渗透率非均质程度通常用一些统计指标来反映,尽量利用岩心分析数据进行统计(对均匀段用单样品值计算;对不均匀段划分相对较小的均质段统计单元进行计算)。若岩心资料不具代表性时,可用测井连续解释的渗透率值(≥5 点/m)进行统计。

(1)渗透率变异系数

$$渗透率变异系数 K_V = \frac{\delta}{\overline{K}}$$

$$\delta = \sqrt{\sum_{i=1}^{n=1}(K_i - \overline{K})^2/n}$$

式中　K_V——渗透率变异系数;
　　　K_i——层内某样品的渗透率值;
　　　$\overline{K}$——层内所有样品渗透率平均值;
　　　n——层内样品个数。

一般情况,当 K_V < 0.5 时,反映非均质程度弱;K_V = 0.5 ~ 0.7 时,反映非均质程度中等;K_V > 0.7 时,反映非均质程序强,即非均质性严重。

(2)渗透率级差

$$渗透率级差 J_K = \frac{K_{max}}{K_{min}}$$

式中　J_K——渗透率级差;
　　　K_{max}——层内渗透率最大值,一般以砂层内渗透率最高的相对均质段的渗透率值表示;

K_{min}——层内渗透率最小值,一般以砂层内渗透率最低的相对均质段的渗透率值表示。

J_K值越接近1.0的储层均质程度越高。

(3)渗透率突进系数

$$渗透率突进系数 T_K = \frac{K_{max}}{\overline{K}}$$

式中　T_K——渗透率突进系数;

K_{max}——层内渗透率最大值;

$\overline{K}$——层内所有样品渗透率平均值。

当$T_K<2$时,表示非均质程度弱;T_K为$2\sim3$时,表示非均质程度中等;$T_K>3$时,表示非均质程度强。

(二)平面非均质性

平面非均质性是指一个储层砂岩体的几何形态、大小尺寸、连续性和砂体内孔隙度、渗透率等参数空间分布,以及孔隙度、渗透率的空间分布所引起的非均质性。这些因素直接关系到注入剂的平面波及程度。

1. 砂体的几何形态和各向连续性

(1)砂体的几何形态

各种环境下沉积的砂体一般都有其相应的几何形态。一般用砂体的长宽比进行分类:席状砂体的长宽比近于1:1,宽厚比>1000;土豆状砂体的长宽比≤3:1,宽厚比>100;鞋带状砂体的长宽比>20:1,宽厚比>30。实际划分中可同时辅以成因意义的几何形态命名,如叶状体、扇体、水道型等。

(2)砂体各向连续性

这是定量描述砂体规模并与开发工程直接关联的主要内容。一般描述:砂体各向长度(m);一定井网下的控制程度(两口井同时钻遇砂体厚度百分数);钻遇率,即钻遇砂体井数占总井数的百分率。当突出侧向连续性时,要描述砂体宽度(m),或宽厚比;砂体实际宽度与既定井距之比。

2. 砂体连通性

各种成因单元砂体在垂向上和平面上相互接触连通所形成的复合砂体称"连通体"。连通体进一步扩大了储层的连续性,这是研究储层平面非均质性的一个重要内容。根据砂体的连通形式可分为:多边式,侧向上相互连通为主(图4—5a);多层式(或称叠加式),垂向上相互连通为主(图4—5b);孤立式,未与其他砂体连通者(图4—5c)。对于连通体的描述通常包括以下几个方面:

①砂体配位数。与一个砂体接触连通的砂体数,如图4—6中,1号砂体配位数为1;2号砂体为2;3号砂体为4。

②连通程度。砂体与另一个砂体连通部分的面积占砂体面积的百分数,或以连通井数占砂体控制井数的百分数表示。

③连通体大小。连通体大小是指一个连通体内包括多少个成因单元砂体,或指连通体的总面积或总宽度。

④砂体接触的渗透能力。近年来,随着储层地质学的深入,发现砂体间相互接触连接,包括切割冲刷式的接触连接,并不一定是流体流动的连通通道,这主要决定于接触位置的渗透能力。由于上覆冲刷面上泥砾或钙砾的富集,或泥岩披覆层的存在,砂体间的冲刷接触面可能形

成不渗透或低渗透界面,目前还没有定量描述方法。实际工作中,发现上述可能破坏砂体接触面连通性的地质现象时,应通过干扰试井加以验证,以定性分类方法加以描述。如Ⅰ类接触连通处渗透率很好;Ⅱ类接触连通处渗透率较差;Ⅲ类接触连通处无渗透能力,等等。

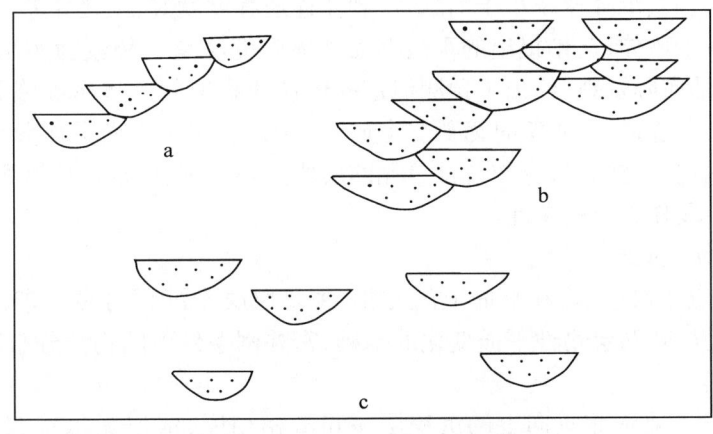

图4—5 砂体连通形式示意图
a—多边式;b—多层式;c—孤立式

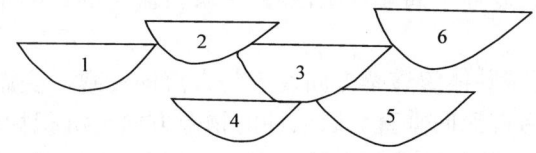

图4—6 砂体配位数示意图

各种沉积环境砂体的几何形态,已建立了许多概念模式。两个属于同一沉积相的储层砂体,其几何形态可以完全相似,然而假如沉积规模有数量级的差别,则实际规模也可以有数量级的差别。因此研究某一储层砂体的连续性时,除了预测其几何形态外,更重要的是要研究其实际的沉积规模。

陆相湖盆中各类沉积体系的搬运营力主要是河流,湖泊水体能力相对较小,因此在陆相沉积盆地中,预测每一沉积体系的古河流规模是很重要的环节。再者,从我国实际情况看,三角洲前缘带(包括河流—三角洲和吉尔伯特型扇三角洲),砂体的连续性都较好,一般都能达到千米级的规模。当砂体达到这样的规模时,确定开发注采井网,连续性已不是主要的控制因素。与此相反,各种河流砂体和水道型砂体包括三角洲平原上的分流河道砂体、扇三角洲的水下分流河道砂体、湖底扇的扇中水道砂体等,其侧向连续性往往是百米级或更小的数量级。这时砂体规模就成为决定注采井网的关键因素。因此,预测这些砂体的沉积规模及连续性,是储层沉积相分析要解决的重要问题。

石油地质领域中遇到的实际问题,必须利用钻孔资料研究沉积砂体的规模,即利用一维剖面上可以描述的沉积现象来预测砂体的三维展布,常用的方法有:①现代沉积建立的经验公式;②本地区同类沉积露头测量实际值或概率值;③同类沉积环境密井网条件下得出的经验公式、经验关系,最好是利用同盆地邻近开发区的经验值;④对水道型条带状砂体,还可以使用不同井距钻遇概率法估计。

在确定各类微相砂体成因单元的规模和大小以后,还需要分析成因单元砂体之间的连通程度和连通方式。通过各种方式连通的砂体,最终组成了油田开发过程中可供流体流动的单元。连通体的连续性是开发决策时必须考虑的储层特性。

成因单元砂体间的连通程度取决于沉积体的沉积速率、沉积体的转移频率和盆地沉降速率之间的相对大小。当沉降速率小于前二者,砂体连通程度就好,反之变差。

对于各种条带状砂体,艾伦提出的垂向剖面砂体密度法是一种较为实用的方法。根据我国中、新生代湖盆的实际资料,给出了预测河道砂体连通程度的砂体密度临界值的经验数字,即:>50%时,大面积连通;<30%时为孤立型砂体;30%~50%要做具体分析,可能有局部连通好的砂体。应用这一方法时,选作统计单元的层段必须合理,应选用同沉积环境下砂体发育程度大体相当的层段作为分析单元。

3. 砂体平面物性差异

储层物性(重点是渗透率)在平面上的变化,主要取决于沉积时高能带和低能带的分布。平面微相展布图是反映储层物性平面变化的基础,密井网条件下的物性分布等值图,通常要参考微相平面分布图。

早期评价阶段主要依靠垂向上的沉积层序和微相相序,依据瓦尔特定律和一般沉积模式进行微相平面展布的预测,进而推测储层平面非均质性。当然砂体规模的预测则是先决条件。

从注水开发考虑,分析砂体平面非均质性时,了解古流向的目的是为了了解是否存在方向性渗透率。

河流砂体和各种水道型砂体渗透率方向性应与古流向一致。受湖泊波浪强烈改造的沿岸坝砂体,其渗透率方向性与古流向垂直。区域性的物源方向与沉积物搬运方向的识别,可以宏观上控制古流向。到每一个具体砂体的古流向方向可以与沉积体系总的古流向偏差很大,在进行开发储层描述时,尽可能恢复小范围内的古流向。

判断古流向的依据包括:①砂体几何形态;②层理倾向,无定向取心时,应依据岩心中地层层面倾向来推断;③倾角测井解释。

(三)层间非均质性

层间非均质性是对一套砂、泥岩间互的含油气层系的总体描述,包括各种环境的砂体在剖面上交互出现的规律性,以及隔层的泥质岩类的发育和分布规律等,是决定开发层系、分层开采工艺技术战略的依据。

层间非均质性主要受沉积相的控制。我国陆相湖盆中大多数沉积体系的流程短、相带窄、相变快,往往形成多种类型的砂体叠加成一套储集层,使层间非均质性变得更加严重。

1. 沉积旋回性

沉积旋回性是不同成因、不同性质的储层砂体和非储层夹层按一定规律排序叠置的表现,是储层非均质性的沉积成因,也是储层层组划分对比的依据。

开发阶段储层描述一般针对三级以下的旋回。除沉积成因命名外,如水进旋回、水退旋回等,还可依据储层粒度、物性参数变化及厚度发育程度等进行描述。

①正旋回:由下向上变细,物性变小,厚度变小。

②反旋回:由下向上变粗,物性变大,厚度变大。

③复合旋回:正、反旋回的不同组合。

2. 分层系数

分层系数指被描述层系内砂层的层数。由于相变原因,在平面上同一层系内的砂层层数会发生变化,以平均单井钻遇砂层层数表示,即钻遇砂层总数与统计井数的比值。一般来说分层系数愈大,层间非均质性愈严重。

3. 砂岩密度

砂岩密度是指垂向剖面上砂岩总厚度与地层总厚度之比,以百分数表示。

4. 层间渗透率非均质程度

在一套储集层内,由于砂体沉积环境和成岩变化的差异,可能导致不同砂体渗透率有较大的差异。层间渗透率非均质程度是划分开发层系和决定开采工艺的关键。

层间渗透率非均质程度通常用下列指标来描述。

①层间渗透率分布形式。主要描述各砂层的平均渗透率在剖面上的分布情况,表现各砂层平均渗透率的差异程度及最高渗透率层在剖面上的分布位置。

②层间渗透率变异系数。

③渗透率级差。

④单层突进系数。

这些指标的计算方法与层内非均质性相同,但应考虑厚度权衡值。

5. 主力油层与非主力油层在剖面上的配置关系

特别要注意特高渗透层——"贼层"在剖面上的位置与其地质成因。

6. 层间隔层

层间隔层条件是储层层间非均质性的另一侧面,它对流体运动能起隔挡作用。碎屑岩储层中的隔层以泥质岩类为主,也包括少量蒸发岩和其他岩类。主要描述内容包括:①隔层的岩石类型(岩性);②隔层在剖面上的分布(位置);③隔层的厚度及在平面上的变化。

二、微观非均质性

储集岩的基本储集空间可以划分为孔隙和喉道。一般地说,岩石颗粒包围着较大的空间称为孔隙,而在两个较大孔隙空间连通的狭窄部分称为喉道。孔隙是流体赋存于岩石中的基本储集空间,而喉道是控制流体在岩石中渗流的通道。显然,流体在复杂的孔隙系统中流动时,都要经历一系列交替着的孔隙和喉道。在油田开发过程中,油气从孔隙介质中被驱替出来时,受流动通道中最小的断面(喉道直径)所控制。

微观非均质性主要描述内容有孔隙、喉道的大小、分布及其几何形状,黏土基质及砂粒组构等。这些因素直接影响注入流体驱替原油的效率。

(一) 孔隙喉道的形态

孔隙喉道大小和形状是控制储层储集性能的重要因素。它主要取决于颗粒的大小、形状、接触关系和胶结类型。喉道大小和形状的差异导致毛细管压力不同,影响岩石的储集性质。砂岩中常见的喉道类型有以下五种:喉道是孔隙的缩小部分;可变断面收缩部分是喉道;片状喉道;弯片状喉道;管状喉道(图4—7)。

(二) 孔隙喉道分布

孔隙喉道分布是指各种大小孔喉的频率分布、均质程度和孔喉比、孔喉配位数等。

1. 反映喉道大小的参数

一般以毛细管压力资料为基础,用有关的参数来表征喉道的分布特征。测定毛细管压力的方法有半渗透隔板法、离心机法、水银注入法、动力毛细管压力法及蒸汽压力法等。不同测定方法会有不同的测量结果,对每个油田应以一种最佳方法的测量数据为准,其他方法测得的数据要经过统一换算后采用。

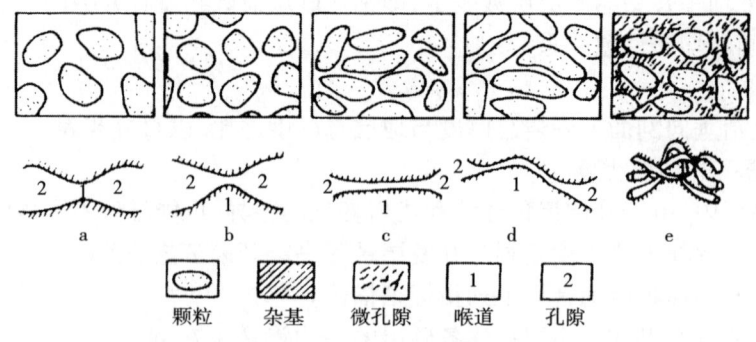

图 4—7 孔隙喉道类型图
a—喉道是孔隙的缩小部分；b—可变断面收缩部分是喉道；
c—片状喉道；d—弯片状喉道；e—管状喉道

半渗透隔板法是经典方法，能比较近似地模拟实际油层条件。但由于该方法测定的压力较低，所需平衡时间较长，不能大量采用，因此各油田选用有代表性的岩样作半渗透隔板法做一组代表性曲线以便其他方法与其进行对比校正。

目前测定孔喉分布常采用水银注入方法（压汞法），利用压汞资料计算孔喉特征值的方法有正态概率曲线图解的方法和矩值法。由于各类储层的孔喉分布不完全按正态形式分布，再者常遇到水银在压汞仪器最高压力下压入岩石孔喉体积的水银饱和度值达不到95%，甚至达不到84%，因此计算参数误差较大。矩值法计算孔喉特征参数所需数据可直接由分析数据中求取，全部孔隙区间均参加计算，同时还可以把原始数据直接输入计算机进行计算，因此目前油田主要采用此方法。

以下为以压汞法测得的毛细管压力资料为基础，用矩值法表征孔喉分布特征及其参数计算的详细方法介绍。

（1）常用孔喉大小及分布图

常用的方法有三种方式，根据不同需要可以任选一种使用。

①喉道孔隙的柱状频率直方图。

一种是不均匀的分布形式见图4—8。按相同间隔沿毛细管压力曲线作横的平行线，横线与毛细管压力曲线相交处的饱和度减去前一条横线与毛细管压力曲线相交处的饱和度，即为该两条横线所相应间隔的喉道孔隙体积占总孔隙体积的百分数。

另一种是等值划分的喉道孔隙大小的柱状频率分布图（图4—9）。将喉道大小的间隔划分成 10μm、6.3μm、4.0μm、2.5μm、1.6μm、1.0μm、0.63μm、0.4μm、0.25μm、0.16μm、0.1μm、0.063μm，小于0.04μm 等13个间隔。把喉道孔隙半径作为横坐标，并从毛细管压力曲线上对应这13个间隔的压力值分别查出其水银饱和度，每一间隔的饱和度差值，就是该间隔喉道孔隙体积占总孔隙体积的百分数。

这种图具有直观、便于对比的优点，将每一间隔的渗透率贡献同时绘在图中，就能判别出哪一等级的喉道孔隙在渗流中是最主要的。

②喉道孔隙的频率分布曲线及累计频率分布曲线。

与上述直方图基本相同，只是把柱状表示改用柱状中心点连成平滑的曲线来表示。累计频率曲线只是将前面间隔的喉道孔隙体积叠加起来，见图4—10。

③喉道孔隙的体积分布曲线及分布函数曲线。

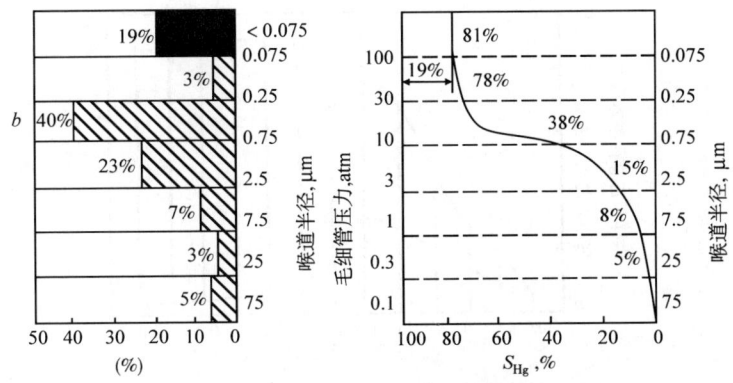

图4—8 喉道孔隙大小的柱状频率分布图
横坐标为各等级孔喉体积占总孔隙体积的百分数

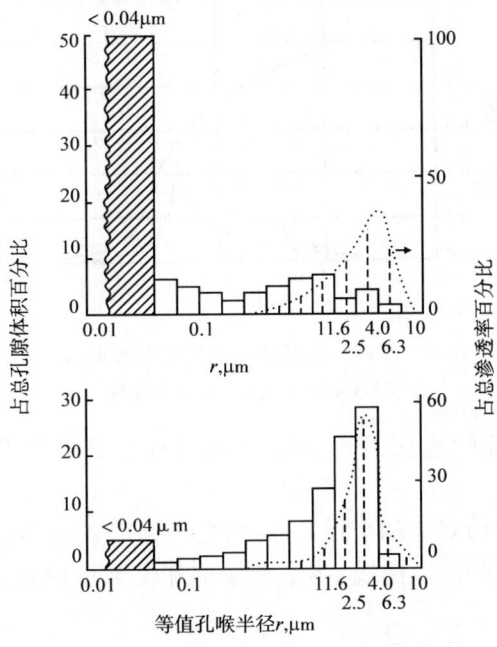

图4—9 等值划分的喉道孔隙柱状频率分布图
上图为道尔吉—赛他砂岩：$\Phi=24.0\%$，$K=2.4\text{mD}$；
下图为二叠系毫勃特白云岩：$\Phi=14.1\%$，$K=5.3\text{mD}$，(Rieckmann,1963)

图4—11为喉道孔隙体积分布频率曲线和累计体积分布频率曲线，其纵坐标为注入水银的体积以及水银饱和度百分数。累计频率曲线上的某一点所相应的横坐标是喉道半径大小，而该点所相应的纵坐标则为该喉道半径以上的所有喉道孔隙体积的总和。在频率曲线上的某一点则是指该喉道半径所控制的孔隙体积占总孔隙体积的百分数。

（2）定量表征孔喉分布特征的基本参数

①最大连通喉道半径（r_d）：指孔隙系统中最大的连通喉道半径，即非润湿相在排驱压力时开始进入岩样测得的喉道半径，单位 μm。

如图4—12，在毛细管压力曲线上沿着曲线平坦部分作一切线BA，该切线与纵轴相交的

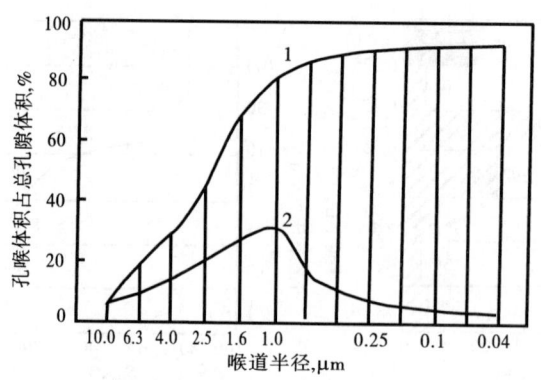

图4—10 喉道孔隙的频率分布曲线及累积频率分布曲线
1—累积频率分布曲线；2—间隔频率分布曲线

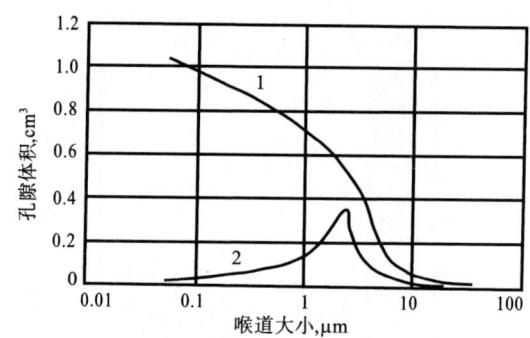

图4—11 喉道孔隙的体积分布曲线
1—累积频率曲线；2—频率曲线

压力值为排驱压力 p_d（或称门槛压力），该压力值相对应的孔喉半径 r_d 即为最大连通孔喉半径。

②孔喉中值（饱和度中值对应的半径 r_{50}）：非润湿相（汞）饱和度50%时所对应的喉道半径，如图4—12，曲线Ⅰ为汞的注入曲线。a点是汞饱和度50%的点，其相对应喉道半径为该块岩样的孔喉中值 r_{50}。

③喉道平均值（$\bar{r}$）：是喉道大小的平均值。

$$\bar{r} = \sum_{i=1}^{n} \Delta S_i r_i / 100$$

式中　r_i——喉道半径分布函数中某一区间喉道半径，μm（下同）；

ΔS_i——对应 r_i 的某一喉道区间非润湿相饱和度，以百分数表示（下同）；

④峰值喉道半径：喉道孔隙频率分布图上最大百分数值的喉道半径。图4—12上孔喉频率分布直方图上b对应的喉道半径，即为该岩样的峰值喉道半径。

⑤最大非流动孔喉半径：渗透率贡献值趋近于零（实际工作中常采用大于99%）时对应的喉道半径。

2. 反映喉道分选程度的参数

①标准偏差（分选系数）δ：反映喉道大小的分选程度，分选越好，其值越小。

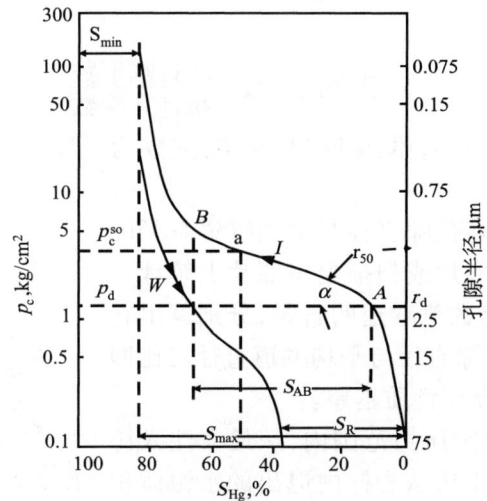

图 4—12 毛管压力曲线的三个定量特征值
I—注入曲线;W—退出曲线

$$\delta = \left[\sum_{i=1}^{n}(\gamma_i - \bar{r})^2 \times \Delta S_i\right]^{1/2}$$

②变异系数(相对分选系数)C_s:反映喉道大小分布的相对均质程度。数值愈小,喉道分布愈均匀。

$$C_s = \delta/\bar{r}$$

③均质系数 α:表征储层孔隙系统中每一个喉道半径(r_i)与最大连通喉道半径(r_d)偏离程度的总和。其值变化范围在 0~1 之间,越接近 1,喉道分布越均匀。

$$\alpha = \frac{\sum_{i=1}^{n}\dfrac{r_i \Delta S_i}{r_d}}{\sum_{i=1}^{n}\Delta S_i}$$

④喉道分布偏态或称歪度 S_{KP}:表示喉道分布相对于平均值来说是偏于大喉或是偏于小喉,一般在 +2~-2 之间。好的储集体其孔隙歪度为正值,大都在 0.25~1.0 之间,而差的储集体则都是负值。

$$S_{KP} = \frac{1}{100}\delta^{-3}\sum_{i=1}^{n}\Delta S_i(\gamma_i - \bar{r})^3$$

⑤喉道分布峰态 K_P:表示喉道频率分布曲线陡峭程度的参数,也是度量频率曲线分布两个尾部(前、后尾部)孔隙喉道直径的展幅与中央部分展幅的比值的。

$$K_P = \frac{1}{100}\delta^{-4} \times \sum_{i=1}^{n}(r_i - \bar{r})^4 \Delta S_i$$

正态曲线 K_P 等于 1;平峰(双峰型)分布的 K_P 可能低于 0.6;高而窄的尖峰曲线 K_P 可能从 1.5~3.0。

3. 反映孔喉连通性及控制流体运动特征的参数

①孔喉配位数:连接孔隙的平均喉道数量。方法是在铸体薄片上统计一定数量(50 个或

者 100 个)孔隙,并统计与它们连接的喉道数量,然后计算出平均值,即为孔喉配位数。配位数越高,储层性质越好。

$$孔喉配位数 = \frac{统计喉道数}{统计孔隙数}$$

如图 4—13,孔隙数为 6,喉道数为 19,配位数为 19/6 = 3.17。

②孔喉比:样品中平均孔隙直径与平均喉道直径的比值。具体方法:在铸体薄片或扫描电镜照片上统计一定数量孔隙的直径和一定数量喉道的直径,分别算出它们的平均直径。该平均孔隙直径与平均喉道直径之比即为孔喉比。孔喉比越大,储层性质越差。

③退出效率 W_e:在限定压力范围内,从最大注入压力降至最小压力时,用压汞法从岩样内退出的水银体积占降压前注入水银总体积的百分比。可由下式计算:

$$W_e = \frac{S_{max} - S_R}{S_{max}} \times 100\%$$

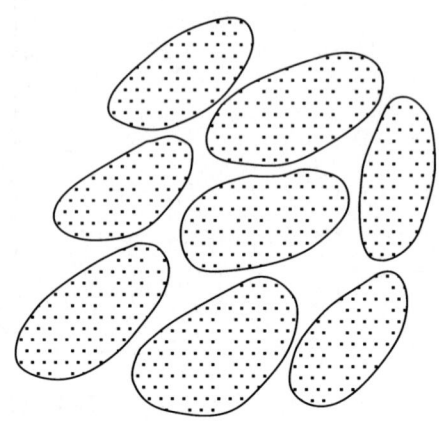

图 4—13 孔喉配位数示意图

式中 W_e——退出效率,%;

S_{max}——注入水银最大饱和度,%;

S_R——退出结束后残留在孔隙中的水银饱和度,%;

S_{max}、S_R 数值可以从水银注入、退出曲线读得,见图 4—14,也可以从该曲线相应的实验数据中得到。

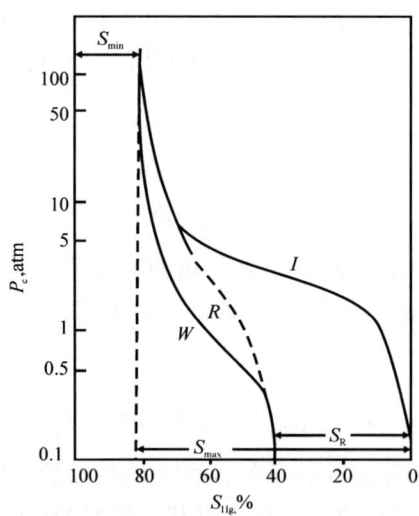

图 4—14 水银注入、退出和重新注入曲线(Wardlaw,1976)
I—注入曲线;R—退出曲线;W—重新注入曲线

(三)黏土杂基

充填于碎屑岩储层孔隙内的黏土杂基矿物,包括碎屑黏土矿物和自生黏土矿物。由于有很大表面积和极强的活性(如吸附能力、对外来流体的敏感性等),对各种注入剂的注入能力、注入剂的吸附以及改性等都有很大影响,加上它本身的变化,极大的影响驱替效果。

1. 黏土含量

在粒度分析中粒径小于 $5\mu m$ 者称为黏土,其含量称为黏土总含量。

2. 黏土矿物类型

黏土矿物类型较多,常见的有蒙脱石、高岭石、绿泥石、伊利石,以及它们的混层黏土。不同物源、不同沉积环境出现的黏土矿物类型和含量不同,不同类型的黏土矿物对流体的敏感性不同,因此要分别测定储层中不同类型的黏土矿物及其相对含量。

采用的黏土矿物分析方法有 X 射线衍射、差热、红外光谱、电子显微镜等分析方法。国内各油田常采用 X 射线衍射分析黏土矿物。

3. 黏土矿物产状

黏土矿物产状对储层内油水运动影响较大。黏土矿物产状一般分:分散状(充填式)、薄层状(衬垫式)和搭桥状(图 4—15)。

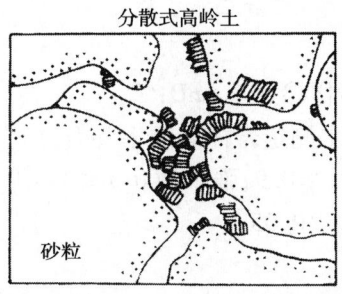

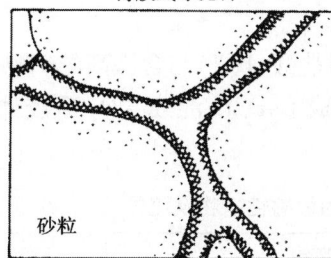
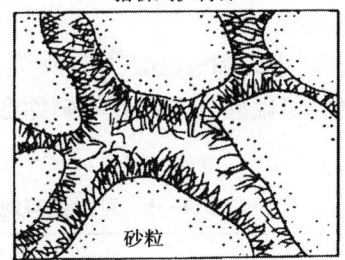

图 4—15 孔隙内黏土矿物的产状典型图版

4. 黏土矿物对流体敏感性研究

黏土矿物与原始油层中的流体通常处于平衡状态,当不同流体进入时,它们的平衡会遭受破坏。由于这些外来流体与储层流体和储层矿物不匹配而导致储层渗流能力下降,这就是黏土矿物对流体的敏感性。

黏土矿物对流体敏感性的研究包括速敏、水敏、酸敏、盐敏、碱敏等方面。

(1)速敏性

因流体流动速度变化引起地层微粒运移,堵塞喉道,导致渗透率下降。

速敏性强弱用岩样渗透率损害率(D_K)表示:

$$D_K = \frac{K_{max} - K_{min}}{K_{max}}$$

式中 D_K——速敏性导致渗透率损害率;

K_{max}——临界流速前岩样渗透率的最大值,mD;

K_{min}——岩样渗透率的最小值,mD。

速敏性评价指标:强速敏 $D_K>0.7$;中等偏强速敏 $0.5<D_K<0.7$;中等偏弱速敏 $0.3<D_K<0.5$;弱速敏 $0.05<D_K<0.3$;无速敏 $D_K\leq0.05$。

(2)水敏性

储层中黏土矿物在接触低盐度流体时可能产生水化膨胀,从而降低储层的渗透率。水敏性是指与储层不配伍的外来流体进入储层后引起黏土膨胀、分散、运移,从而引起渗透率下降的现象。

大部分黏土矿物具有不同程度的膨胀性,常见黏土矿物中,蒙脱石的膨胀能力最强,其次是伊/蒙和绿/蒙混层矿物,而绿泥石膨胀力弱,伊利石很弱,高岭石则无膨胀性。

水敏性采用水敏指数 I_W 进行评价:

$$I_W = \frac{K_i - K_W}{K_i}$$

式中 I_W——水敏指数;

K_W——用蒸馏水测定的岩样渗透率,mD;

K_i——用标准盐水或地层水测定岩样渗透率,mD;

水敏性评价指标:极强水敏 $I_W\geq0.9$;强水敏 $0.7\leq I_W<0.9$;中等偏强水敏 $0.3<I_W\leq0.5$;弱水敏 $0.05<I_W\leq0.3$;无水敏 $I_W\leq0.05$。

(3)酸敏性

酸敏性是指酸液进入储层后与储层中酸敏性矿物发生反应,产生沉淀或释放出微粒,导致储层渗透率下降的现象。

酸液中包括盐酸(HCl)和氢氟酸(HF)两类。对盐酸(HCl)与含铁高的矿物会生成 $Fe(OH)_3$ 沉淀或 SiO_2 凝胶体;氢氟酸与含钙高的矿物会生成 CaF_2 沉淀或 SiO_2 凝胶体。常见的酸敏性矿物见表4—1。

表4—1 可能损害地层的敏感性矿物及流体

敏感性类型		敏感性矿物	损害形式
水敏性		蒙脱石、伊/蒙混层、绿/蒙混层、降解伊利石、降解绿泥石、水化白云母	晶格膨胀 分散迁移
速敏性		高岭石、毛发状伊利石、微晶石英、微晶长石等	微粒分散迁移
酸敏性	HCl	蠕绿泥石、鲕绿泥石、绿/蒙混层、铁方解石、铁白云石、赤铁矿、黄铁矿、菱铁矿	化学沉淀 $Fe(OH)_3\downarrow$ SiO_2 凝胶↓ 释放微粒
	HF	方解石、白云石、钙长石、沸石类(浊沸石、钙沸石、斜钙沸石、片沸石、辉沸石)	化学沉淀 $CaF_2\downarrow$ SiO_2 凝胶↓

酸敏性指数 I_a:

$$I_a = \frac{K_i - K_{ia}}{K_i}$$

式中 K_i——酸化前用标准盐水测定的岩样渗透率,mD;

K_{ia}——酸化后用标准盐水测定的岩样渗透率,mD。

酸敏性评价指标：强酸敏 $I_a>0.7$；中等酸敏 $0.3≤I_a≤0.7$；弱酸敏 $0.05<I_a<0.3$；无酸敏 $I_a≤0.05$。

酸敏性的预测比较复杂，只能根据酸溶试验中残酸中的酸敏性离子含量的变化定性预测其酸敏性。

(4) 盐敏性

盐敏性评价是了解储层岩样在系列盐溶液中盐度不断变化的条件下渗透率变化的过程和程度，找出其渗透率明显下降的临界盐度，以及各种工作液在盐度曲线中的位置。

盐敏性是地层耐受盐度流体的能力的度量。临界盐度 S_C 为表征盐敏性程度的参数。临界盐度 S_C 指岩样渗透率随着注入流体盐度下降开始较大幅度下降时对应的盐度。

盐敏性评价指标适用于絮凝法盐敏性实验及岩性驱替法盐敏性试验。盐敏性评价指标如下：

①用标准盐水（复合盐）评价盐敏性（单位：ppm）：

无盐敏　　$I_W≤0.05$

弱盐敏　　$S_C≤1000$

中等偏弱盐敏　　$1000<S_C<2500$

中等盐敏　　$2500≤S_C<5000$

中等偏强盐敏　　$5000<S_C<10000$

强盐敏　　$10000≤S_C<30000$

极强盐敏　　$S_C≥30000$

②用 NaCl 盐水（单盐）评价盐敏性（单位：ppm）：

无盐敏　　$I_W≤0.05$

弱盐敏　　$S_C≤5000$

中等偏弱盐敏　　$5000<S_C<10000$

中等盐敏　　$10000≤S_C≤20000$

中等偏强盐敏　　$20000<S_C<40000$

强盐敏　　$40000≤S_C<100000$

极强盐敏　　$S_C≥100000$

(5) 碱敏性

碱敏性是指碱性液体进入地层后与地层中的碱敏性矿物及地层流体发生反应而导致渗透率下降的现象。

采用碱敏指数 I_b 评价岩样的碱敏性。

$$I_b=\frac{K_s-K_{sb}(\min)}{K_s}$$

式中　I_b——碱敏指数；

　　　K_s——KCl 盐水测定的岩样渗透率，mD；

　　　$K_{sb}(\min)$——不同 pH 值碱溶液测定的岩样渗透率最小值，mD。

碱敏性评价指标：无碱性 $I_b<0.05$；弱碱敏 $0.05<I_b<0.3$；中等碱敏 $0.3<I_b<0.7$；强碱敏 $I_b>0.7$。

第三节　储层非均质性对注水油田开发的影响

陆相油藏储层非均质性主要表现为层间、平面和层内三个方面的差异。这三个方面的差异导致了油藏注水开发过程中层间、平面和层内油水运动状态的差异性。全面了解这种差异性，研究并掌握油水运动状态的变化特点和规律，搞清剩余油的分布，采取相应的调控措施，可以最大限度地提高油层动用程度，扩大注水波及体积，再配合各种提高驱油效率的强化采油技术方法，最终达到提高油藏水驱采收率，改善油藏开发效果。

一、层间差异

层间差异是注水开发油藏最普遍、最主要的差异。一套开发层系要开采几个甚至更多的油层。各个油层的性质不同，就形成了层间差异。表示层间差异程度的主要储层物性参数是渗透率级差（指开发层系中最高单层平均渗透率与最低单层平均渗透率的比值）。陆相油藏开发层系的渗透率级差一般在 5~10 之间，最大的可到几十。如胜坨油田二区沙二上油组，小层渗透率最高 10400mD，最低 375mD，级差达 28。

（一）注水井中的层间差异和干扰

注水井中的层间差异主要表现在，同一压力笼统合注条件下，由于各油层的性质不同，其吸水能力相差十分悬殊。造成单层吸水状况不同的原因除油层本身性质差异外，还有在笼统注水条件下层间干扰的影响。

注水井的层间干扰也是压力干扰，压力干扰与管道摩阻有密切关系。在一定管径和长度的油管及配水设备条件下，注水井管道摩阻的大小，与流量的平方成正比，也就是随着井口压力的提高，注水量的增加，管道摩阻呈平方关系增大。现场经验表明，日注水量在 200m³ 以下的井，层间干扰现象不明显；超过 300m³ 后，层间干扰明显增大。

在油层性质不同和层间干扰的双重影响下，注水井中层间吸水差异十分悬殊，甚至有相当数量的油层不吸水。各油区都进行了大量的吸水剖面测试工作，取得了丰富的吸水资料，为研究注水井中层间吸水状况提供依据。根据濮城油田和文留油田 130 口井资料统计，一口注水井中随射开层数的增加，其吸水厚度百分比显著下降。例如一口井射开 4~5 层时，不吸水层厚度占 35.6%；射开 10~11 层时，不吸水层厚度增至 42.5%；射开 16~17 层时，不吸水厚度高达 58%。

注入水单层突进是注水井受层间差异影响的另一个表现。由于各油层注水量不同，造成注入水线推进状况的差异，表现为油水接触前沿不均匀推进。高渗透层水线推进速度要比低渗透层快几倍到几十倍，形成严重的单层突进现象。

在相同井网、井距条件下，水线推进速度与油层单位厚度注水量成正比，单位厚度吸水量又与其渗透率成正比。这样，在同一油藏稳定注水条件下，可以根据油层渗透率的高低，预测水线推进速度的快慢。如萨尔图油藏中区资料，在 500m 井距条件下，渗透率为 100mD 的油层，其单位厚度注水量约 6.5m³/d，水线推进速度约 0.36m³/d；渗透率为 800mD 的油层，其单位厚度注水量约 45.5m³/d，水线推进速度约 2.5m³/d，相差 7 倍。

（二）生产井中的差异和干扰

由于储层性质和注采条件的影响，生产井中层间差异和干扰也比较突出。往往有 20%~30% 的油层不能生产，有的油藏不产液层厚度达到 40%~50%。

1. 一口井中开采层数越多，不出液层比例越大一口生产井中射开油层越多,层间差异越明显,层间干扰越严重,因而不产液的层数越多。喇嘛甸油藏产液剖面资料统计表明,在多层合注合采时,不产液层厚度的比例高达66.6%,采取分层注水和分层开采措施后,不产液层的比例才逐步减少。

多数油藏的产液剖面是主产液层、次产液层和不产液层厚度各占有一席之地,约1/3左右,而1/3主产液层的产量比例则要占80%以上。如文明寨油田1990~1992年产液剖面资料显示,主产液层厚度占32.3%,产液量则占81.8%。不产液层厚度占31.9%。

2. 多层合采产量小于分单层开采产量之和

实际井资料显示,多层合采产量往往小于分单层开采产量之和,表明层间干扰现象比较明显。如胜坨油田3-10-17井,3个层分别单采时,分层日产油量29~47t,合计122t。而3层合采后,日产量只有47t,相当于3层合计产量的38%。

3. 生产井的流动压力越高,层间干扰越严重

油井见水后,随着含水上升,井筒液柱密度不断加大,在不改变油井生产制度的条件下,流压不断上升,层间干扰明显增大。

4. 油藏高含水期,层间干扰更为严重

油田生产资料充分说明了这一现象。如胜坨2-0-326井,沙二4^1~5^5层合采,日产液33m^3,含水94%,产油2t;卡堵水层后,单独开采沙二4^4层,日产液66m^3,含水降至85.1%,日产油达到9.8t,提高了4倍。不同油层含水差别越大,干扰越严重。

5. 倒灌现象

油藏注水开发中,许多现象表明油层存在倒灌现象,如用流量计测分层产量时,有少数测点出现负值;测分层压力时,发现有些层的地层压力比全井流压还低,甚至有些高压水层倒灌入低压油层中去。

6. 随主力层产液比例增高,不出油层数增多

据大庆杏北油藏北部地区统计,含水从30%提高到50%,不出油层厚度增加了10%。

(三)层间差异对开发效果的影响

层间差异对油田注水开发影响最严重的是降低油层动用层数和水淹厚度。通常以层间干扰程度来表述这种影响的大小。

注采井网与油层的匹配程度表示为水驱控制程度A,油层实际动用程度为ξ,则层间干扰程度$\triangle = A - \xi$。它表示了除注采井网因素影响外,层间干扰对水驱开发效果的影响。

层间干扰影响油藏开发效果的实例如喇嘛甸油藏。该油藏由萨尔图、葡萄花和高台子三套油层组成,共100多个单油层。初期开发方案确定除特高渗透的葡Ⅰ1-2层单独注水外,其他所有油层全部合注合采。采用反九点法井网,井距300m。投产8年后,采出程度仅10.08%,含水高达60.7%,开发效果较差。该油藏水驱控制程度达到80%以上,但分层测试资料表明油层实际动用程度只有40%左右,层间干扰程度高达40%。

层间干扰程度与油层渗透率级差关系也比较密切。根据萨尔图油田南二、三区面积注水井网中38口井资料统计,渗透率级差小于5时,不出油的油层厚度只占13.5%,但当级差大于5时,则不出油的油层厚度比例可达61.2%。

根据油藏注水开发实践经验,初步认为,在一套开发层系中,油层渗透率级差控制在5左右比较合适。

二、平面差异

储层非均质性不仅表现在纵向上层位之间,即使是同一层位,在平面上不同方向、不同部

位的非均质性也很严重。在油藏注水开发中,表现为平面差异。

(一)注入水沿高渗透条带突进形成局部舌进

储层为河流相沉积的河道砂体,特别是河流下切带物性较好,渗透率较高,一般注入水总是首先沿河道砂体突进。油藏注入实践表明,注入水受储集层沉积相带和非均质性的控制十分强烈,不论采用何种措施,如在注水井控制注水量或是在生产井上控制采油量,甚至关井,一般都不能改变河道砂体下切带上油井先见水、先水淹的特点。

(二)双重渗透率方向性

双重渗透率方向性是指砂体内高能条带状展布所引起的方向性渗透,以及由于层理倾向和颗粒排列等组构引起的渗透率各向异性。两者同方向的重合即形成双重渗透率方向性,从而加剧了储层的平面非均质性。这种现象在河道砂体中相当普遍,不同方向储层物性和渗流特性显著不同,使平面矛盾更为突出。

大庆喇萨杏油田储层自北向南为河流沉积的砂体,双重渗透率方向性明显。开发初期采取东西向横切排行列注水,南北向驱油方式。平面上方向性十分突出,从注水井排向南面生产井排是顺沉积方向驱油,水线推进和含水上升速度较快,效果较差;向北面的生产井排是逆沉积方向驱油,水线推进和含水上升速度较慢,驱油效果较好,见表4—2。

表4—2　喇萨杏油田北部注水井排两侧生产状况对比表

组序	注水井北侧生产井排			注水井南侧生产井排		
	无水采收率 %	相近含水程度		无水采收率 %	相近含水程度	
		含水,%	采出程度,%		含水,%	采出程度,%
1	2.41	4.12	9.8	5.37	4.14	7.28
2	5.48	9.61	8.26	4.55	9.45	6.60
3	7.03	21.1	14.47	4.63	21.41	9.70
4	8.16	21.3	15.81	5.7	20.21	11.66

从上表看出,在相近含水条件下,注水井排北面的生产井排无水采收率要比南面的井排高35%。因而对同一排注水井,南边生产井因含水上升快要求控制注水,而北边生产井排由于注水见效慢,需要加强注水。在处理这一矛盾时,以照顾多数、高效井为原则,对个别照顾不到的井则需采取其他措施。

(三)井间干扰现象

处于不同位置的生产井经常会出现井间干扰现象,造成平面差异。主要表现在三个方面:同一注水井组中,有一口油井见水,产液量上升,其他油井产液量则下降;油井调整生产压差,相邻井就要受到影响,当油井从自喷转抽或由普通抽油转为电泵举升时,表现得最为明显;油井见水后,见水方向水线推进速度加快,平面舌进现象加剧。

(四)断层遮挡和井网控制程度差,增加平面差异性

受断层遮挡和井网控制程度差的影响,平面差异性更突出,油藏开发即使到高含水期,水淹体积已经很大,但水淹程度不均匀,仍有剩余油相对比较富集区。如胜坨油田1983年综合含水达到70%以上,根据三个区块的176口井的统计,初期含水小于60%的井有96口,占总井数的54.6%,其中含水很低,日产油量达30t/d的高产井有71口,占总井数的40%。通过对71口高产井所处位置分析,可以归纳出含水较低、剩余油富集的五种情况,见表4—3。

表4—3 高产井情况分类表

项目	断层和尖灭线附近	无井控制动用差	非主流线区	局部构造高部位	注水线的位置	其他	合计
井数,口	21	25	12	5	5	3	71
百分数,%	29.6	35.3	16.9	7.0	7.0	4.2	100

从以上情况分析,前三种是主要的,占统计井数的81.8%,这些部位属于注采井网控制程度差的部位,表明油藏开发需要合理的井网密度和相应的调整措施。

三、层内差异

层内差异是指一个单油层内部垂向上的非均质所形成的油水渗流的差异性。层内非均质包括三个方面:一是沉积韵律性控制的非均质;二是由沉积层理形成的非均质;三是岩石孔隙结构的非均质。前两者是较宏观的非均质,后者为微观非均质。

(一)层内差异在厚油层内表现比较突出

有效厚度大于4m的油层称厚油层。厚油层内不同部位在开采中吸水、产液等差异十分明显。

1. 不同部位吸水强度不同

注水井吸水剖面资料反映,厚油层内的不同部位吸水状况差别很大,如杏树岗油田杏7—2—21井葡 I_3 层的吸水剖面(图4—16)。

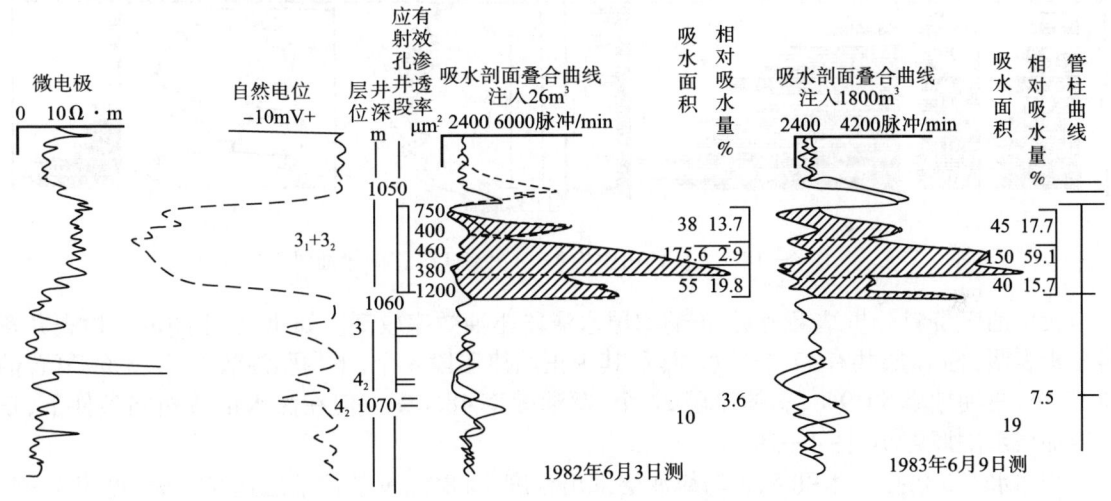

图4—16 杏7—2—21井吸水剖面解释图

2. 不同部位产液情况差别悬殊

在厚油层内,往往高产液段只是一小部分,其他段产量较低,甚至不产液,这可以从产液剖面得到证实。如图4—17喇嘛甸油田喇6—27井萨Ⅲ 4—7层的产液剖面,在深度998~999m附近是产液量最多的井段,说明不同部位产液量的差异十分悬殊。

(二)不同韵律性油层的水驱油特征

为了研究储层内部水驱油规律,应进行密闭取心、分析化验和分层测试,有些油区还做物理模拟和数值模拟,根据大量资料的综合分析,对油层内部的水驱特征才能有比较清楚的认识。

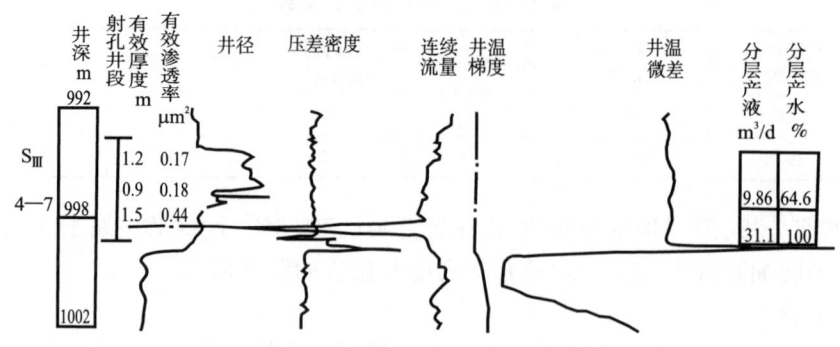

图 4—17　喇 6-27 井萨 III_{4-7} 层产液剖面

1. 正韵律沉积的油层底部水驱油效率高，但波及体积增长慢，总的开采效果差

正韵律油层底部渗透率高，再加上油水重力分异作用，使油层底部进水多、水线推进快、水驱油效率高，但水驱波及体积增长慢，利弊相抵。总体上，水驱效果较差。如大庆油田萨中检 4-4 井密闭取心（图 4—18），葡 I_{2+3} 层是正韵律油层，底部水驱油效率已达 80%，而顶部尚未见注入水，也是剩余油富集场所。

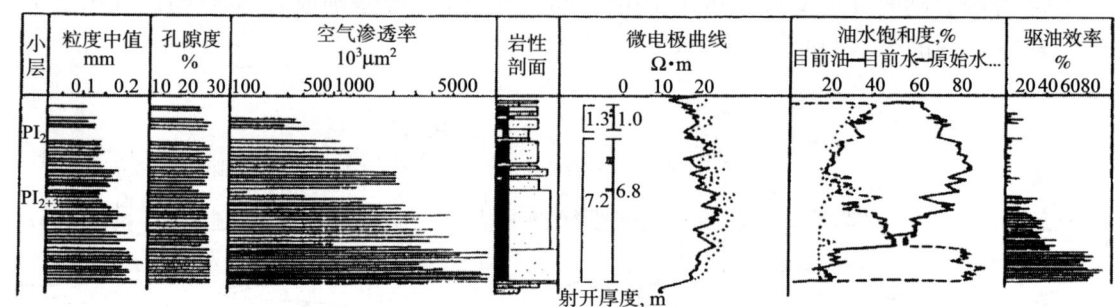

图 4—18　大庆油田中检 4—4 井葡 I_{2+3} 正韵律油层

大庆油区资料分析结果表明，正韵律层水淹段驱油效率较高。如 40 口密闭取心检查井资料分析表明，葡 I_2 层共有 47 个见水层段，其中正韵律层段 8 个，平均驱油效率 57.3%，复合韵律 17 个，驱油效率 50.9%，多韵律层 22 个，驱油效率 48.0%。但在注水倍数相同条件下，正韵律油层水洗厚度小（图 4—19）。

当注水 1.5 倍孔隙体积时，正韵律油层采出程度 43.8%，反韵律油层达 57.2%，见表 4—4。说明正韵律油层开采效果较差。

表 4—4　不同类型厚油开采效果对比表

项目 油层类型	无水期		注水 0.6 倍孔隙体积		注水 1.0 倍孔隙体积		注水 1.5 倍孔隙体积	
	注水倍数	采出程度,%	含水率,%	采出程度,%	含水率,%	采出程度,%	含水率,%	采出程度,%
正韵律	0.130	15.5	83.8	32.9	90.5	33.9	93.4	43.8
多段多韵律	0.156	18.6	82.6	36.9	90.0	43.1	94.1	47.7
反韵律	0.263	31.5	83.7	46.2	92.7	51.3	96.6	57.2

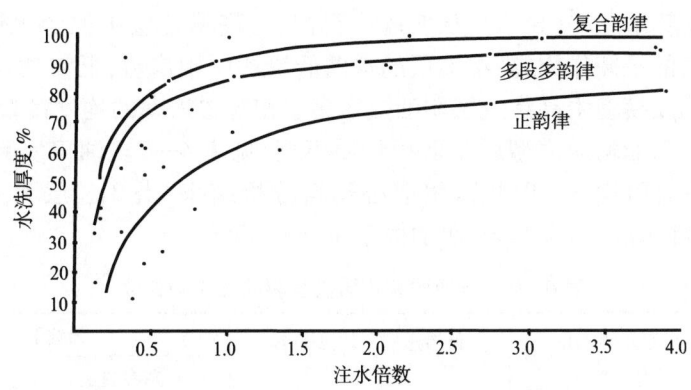

图 4—19　不同类型油层水洗厚度与注水倍数关系

胜利油区曾做过数值模拟,设计一个分9个渗透率段(8~22mD)的正韵律地质模型,模拟结果与上述水淹特点基本一致,见表4—5。含水达90%以后,中上部有较多剩余油。

表 4—5　正韵律油层不同含水阶段产出状况表

项目	含水 90%		含水 98%	
	驱油效率,%	剩余油饱和度,%	驱油效率,%	剩余油饱和度,%
上部	0.8	70.4	9.5	64.2
中部	8.5	71.5	52.1	38.5
下部	60.3	35.4	74.7	22.5

2. 反韵律油层水驱波及体积大,开采效果好

反韵律油层上部渗透率高,自然吸水量多,水线推进速度快,但由于油水重力分异作用,特别在岩石偏亲水条件下,使注入水下沉,可以减缓上部的推进速度和水淹程度,扩大下部的水淹厚度,从而提高波及体积,改善开采效果。

从表4—6数值模拟资料看出,当注水0.6倍孔隙体积,含水率83.21%时,反韵律波及体积已达100%,继续提高驱油效率,到含水率达到97.71%,水驱基本结束时,采出程度达到37.74%,比正韵律油层高出12.7%。

表 4—6　不同韵律模型水淹过程数值模拟数据表

油层类型	注水 0.6 倍孔隙体积			注水 1.0 倍孔隙体积			注水 1.5 倍孔隙体积			
	含水率 %	波及体积 %	采出程度 %	含水率 %	波及体积 %	采出程度 %	含水率 %	波及体积 %	采出程度 %	注水效率 %
正韵律	83.21	100.0	27.08	95.48	100.0	34.88	97.71	100.0	37.74	15.72
复合韵律	95.05	64.2	21.4	95.93	75.1	26.83	97.43	79.4	29.73	12.38
反韵律	90.58	45.5	15.89	95.46	60.3	21.67	96.91	65.6	25.4	10.43

复合韵律沉积的油层,其不同层段有不同的水淹特征。其总的驱油效率和开采效果,介于正、反韵律油层之间。

3. 均匀油层水淹厚度和驱油效率都比较好

为了进一步对比纵向非均质和均质层水驱油特征的差异,进行了物理模拟实验研究。模

型分 2～4 层,渗透率差为 4～8 倍。从实验中得出,当高渗透层中的含水饱和度超过 6.5% 后,由于毛细管压力的平衡作用,高渗透层的水向低渗透层中渗流,低渗透层中的油向高渗透层渗流,从而使非均质模型中高渗透层驱油效率高于相等渗透率的均质模型。但是,对于整个模型的驱油效率而言,非均质模型还是低于均质模型,见表 4—7。油田实际资料也说明这一结论。如江汉王场油田检 3-9 井密闭取心资料分析结果,潜 3_{3+4}^1 层为比较均匀的油层, 14.8m 厚的油层全部水洗,水洗均匀,驱油效率 40%～50%。

表 4—7　非均质和均质模型驱油效率对比表

模型类型	高渗透层平均渗透率 mD	低渗透层平均渗透率 mD	最终驱油效率,%	
			高渗透层	整个模型
两层模型	1715	565	52.4	35.4
均质模型	1879	—	46.0	46.0

4. 厚油层水淹状况的平面变化

不同类型油层水线推进状况数值模拟结果见图 4—20。正韵律油层(模型 A)注入水沿底部推进快,2416d 时整个油层剖面上尚有 40% 的面积未见水,反韵律油层(模型 C)水线推进比较均匀,波及体积较大,2416d 时达到 80% 以上,但在采油端,仍出现底部先见水现象。

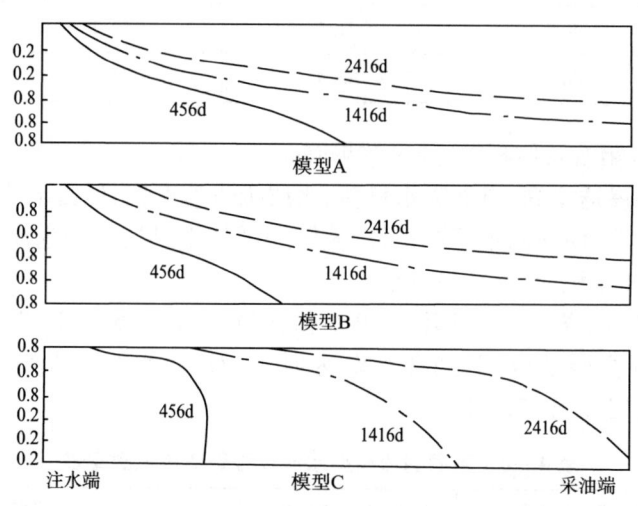

图 4—20　不同非均质类型油层水线推进图

(三)沉积层理对水驱油的影响

层理结构发育是陆相河流储层沉积的一个重要特征,对水驱油状况具明显的影响。从天然岩心平面物理模型实验结果看,层理结构不同、水驱方向不同,驱油特点和效果也显著不同。

1. 不同类型层理构造水驱油试验

实验结果表明,在直线斜层理模型中,水沿层理成条带状窜进,驱油效果差,见图 4—21。在交错层理和弧形斜层理中,水的推进比较均匀,驱油效果较好,见图 4—22、图 4—23 及表 4—8。

表4—8　不同层理类型驱油效率对比表

层理类型	渗透率,mD	无水驱油效率,%	最终驱油效率,%	注水倍数
直线斜层理	723	2.82	21.3	1.07
微细弧形斜层理及部分交错层理	540	21.6	42.2	1.56
交错层理	221	30.6	42.7	0.688

  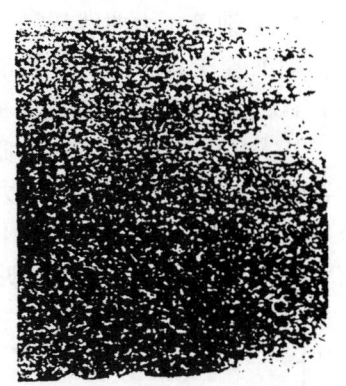

图4—21　直线斜层理见水时水淹状况　　图4—22　交错层理见水时水淹状况　　图4—23　微细弧形斜层理见水时水淹状况

2. 不同水驱方向试验

不同方向注水驱油的效果相差相当悬殊。顺层理注水,水容易沿层面窜进,驱油效果最差;逆层理注水,驱油状况显著改善,驱油效率提高1倍多,见图4—24。垂直层理方向注水,驱油效果进一步得到改善,见图4—25。实验数据见表4—9。

表4—9　不同注水方向驱油效果对比表

注水方向	无水驱油效率,%	最终驱油效率,%	注入孔隙体积倍数
顺层理方向	2.82	21.3	1.07
逆层理方向	19.4	48.5	2.5
垂直层理方向	34.6	53.2	1.0

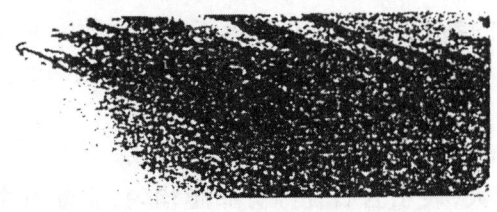 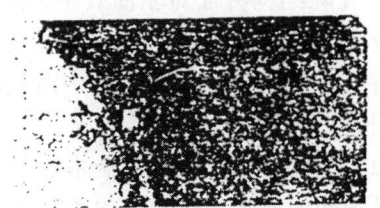

图4—24　逆层理沉积方向注水时水淹状况　　图4—25　垂直层理方向注水时水淹状况

四、微观非均质性对石油采收率的影响

油层岩石的微观非均质性取决于岩石颗粒大小、磨圆度、分选系数、胶结物的含量及分布、孔隙结构特征等。研究表明,微观非均质性对水驱油效率具有较大的影响。

（一）岩石孔隙结构对水驱油的影响

陆相油藏岩石孔隙结构极其复杂,与水驱油特征的关系十分密切。采用压汞法取得岩石孔隙结构特征的资料,得出下列认识。

1. 孔隙结构特征

陆相沉积储层的孔隙结构充分反映其非均质特点,表现为孔隙大小不均,孔隙半径分布范围宽广,峰值分布不集中。如大庆喇萨杏油田葡Ⅰ组油层的孔隙分布图所示(图4—26),孔隙半径从 $0.04\mu m$ 到 $22\mu m$,每个区间的孔隙体积达到5%,最高区间达到14.36%。这种大小不均的孔隙结构对水驱油会产生不利的影响。

2. 毛细管压力曲线特征

毛细管压力曲线是计算油藏油水界面以上的含水饱和度和孔隙大小分布的一项重要资料,当缺乏实测的相对渗透率曲线时还可以用来计算相对渗透率。

从大庆油区不同油层毛细管压力曲线(图4—27)看出,渗透性较好的萨尔图油田中区主力油层——葡 I_2 的毛细管压力曲线(线1)水平段平长,位置最低,反映出葡 I_2 层孔喉比较粗大、集中。低渗透的朝阳沟油田扶余油层的毛细管压力曲线(线5)特征则不同,曲线斜陡,没有水平段,且位于右上方,说明该油层孔喉细小,分布零散。

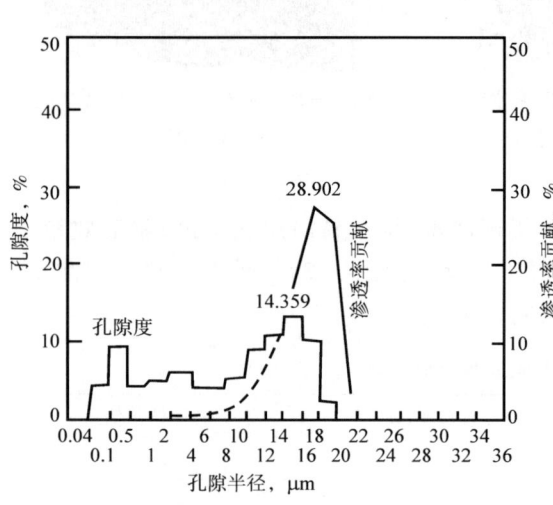

图4—26 不同油层孔隙分布图

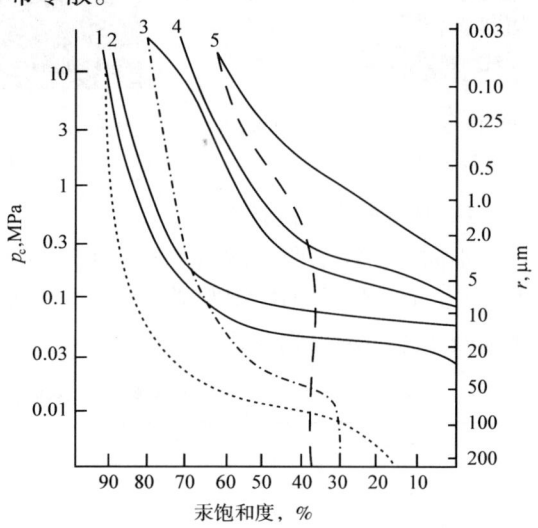

图4—27 大庆油田的典型毛细管压力曲线

3. 孔隙结构特征对驱油效率的影响

应用毛细管压力资料描述岩层孔隙结构特征的参数有数十项,与渗流和驱油效率有关系的也有十多项,经对比分析,其中微观的均值系数和特征结构系数两项参数与驱油效率的关系最为明显。

(1) 微观均值系数 α 与驱油效率关系

微观均值系数 α 值介于0和1之间。α 值越大,表示岩石孔隙分布越均匀,驱油效率越高,见图4—28。

(2) 特征结构系数与驱油效率关系

特征结构系数是孔隙大小相对分选系数(D)及结构系数(G)乘积之倒数($1/DG$)。

相对分选系数 D 表征孔隙的均匀程度,D 值越小,孔隙越均匀,驱油效率越高,结构系数 G 反映孔喉迂曲度的大小,G 值越小,孔喉的迂曲度越小,驱油效率越高。因此,特征结构系数,即 $1/(DG)$ 越大,说明岩石孔隙结构越好,驱油效率越高(图4—29)。

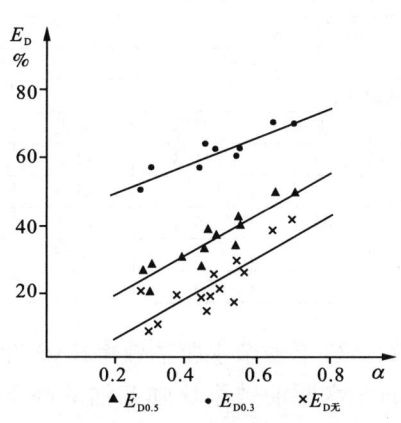 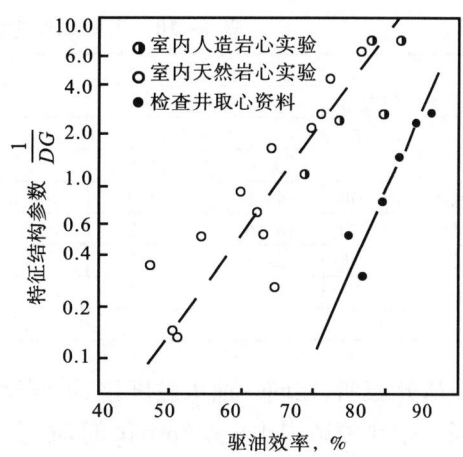

图 4—28 微观均质系数与驱油效率关系图　　图 4—29 特征结构参数与驱油效率的相关关系

(二)岩石表面润湿性与驱油效率的关系

岩石润湿性指流体系统在分子力的作用下在固体表面的展布能力。它是各相流体在孔隙介质中的微观分布及流动能力的主要影响因素之一。通常把储集层岩石表面对水和烃的亲合展布能力分为水润湿、中性润湿、油润湿(或称亲水性、过渡性、亲油性)。润湿性不仅影响岩石中油水的微观分布和渗流特征,而且还影响剩余油饱和度和水驱油效率。

1. 油藏岩石表面润湿性

各油田测定表面润湿性的方法主要采用自动吸入法,即用吸油量与吸水量的差值来判断润湿性,从各油田测定资料看,同一油区,不同油藏、区块,或同一油藏不同层位的润性不尽相同,出现多样性的特点。如胜利油区,储层岩石表面润湿性自上而下为馆陶组亲水性(孤岛、埕东等油田);沙一段到沙二段上油组为亲油性(胜坨、王家岗等油田);沙二段下油组4~7砂层组为亲油—亲水过渡性(胜坨油田);沙二段下油组8~15砂层组为偏亲水性;沙三段到沙四段为亲水性(胜坨、滨南、纯化和广利油田等)。又如大庆油区,喇嘛甸油藏自上而下萨尔图油层为偏亲油润湿性,葡萄花油层为偏亲水性,高台子油层基本为偏亲水性。同时葡萄花油层,在北部喇嘛甸油藏为偏亲水,中部萨尔图油藏为偏亲油,到南部葡萄花油藏基本为偏亲水润湿性。

2. 影响润湿性的因素

影响润湿性的因素从两个方面考虑:一方面是矿物成分的影响,石英和长石表面是带负电场的,易于亲水,而绿泥石和高岭石易于亲油;另一方面是原油性质的影响,原油中胶质、沥青质和非烃类是具偶极的极性物质,其含量愈高,岩石表面亲油性愈强。

3. 润湿性对水驱油效率的影响

普遍认为,亲水性岩样的水驱油效率要比亲油性高,但国外也有个别学者认为中性润湿性岩样及混合润湿性岩样的水驱采收率最高。

大庆油区所做的物理模拟实验表明,强亲水油层比强亲油油层的无水驱油效率提高较多,但最终驱油效率提高较少(表4—10)。

表4—10 不同润湿性驱油实验数据表(非胶结管式模型)

润湿性	润湿角(°)	界面张力,10^{-5}N/cm							
		45.0		30.0		16.5		4.6	
		驱油效率,%							
		无水	最终	无水	最终	无水	最终	无水	最终
强亲水	10~38	44.6	64.0	48.6	66.6	45.0	71.3	39.8	71.9
弱亲水	55~70	39.6	63.2	—	62.9	—	—	45.3	64.2
中性	95~105	37.3	63.3	37.7	62.1	42.2	65.4	18.1	63.7
弱亲油	135	23.5	52.9	—	58.4	—	—	20.7	57.3
强亲油	153	14.3	43.7	20.2	53.0	31.4	54.3	—	—

研究表明,在同一油水黏度比、不同微观均质系数条件下强亲水驱油效率比强亲油驱油效率高。在孔隙结构比较差($\alpha=0.3$)时,强亲水岩样的无水驱油效率比强亲油的高17.6%,而孔隙结构较好($\alpha=0.7$)时的强亲水岩样比强亲油高11.8%,表明亲水岩样水驱效率比强亲油要高,在孔隙结构越差时,这一特征更为明显。

(三)油水黏度比与水驱油效果的关系

陆相原油含蜡量、凝固点均高,而且含胶质、沥青也多,黏度也高,多数油藏的地层原油黏度在5mPa·s以上,研究表明,原油黏度对水驱油特征和效果有明显的影响。

1. 不同油水黏度比的含水上升规律

当其他条件相同时,注入水驱替不同的原油黏度,其黏滞阻力不同,含水上升规律和驱油效果也不同。油水黏度比不同,含水上升规律和驱油效果也不同。稠油油藏注水开发时,含水上升速度快,无水采收率低,中低含水期采出程序度也低,大部分可采储量要在高含水期采出。

按照实验研究,含水上升曲线形态分为凸型、S型及凹型三种类型,有时还增加凸—S型和S—凹型等过渡类型,见图4—30。

按照理论分析,高黏度原油其含水上升曲线是凸型(Ⅰ型),随原油黏度降低,其含水上升曲线凸出程度逐渐减小,成为S型(Ⅲ型),当原油黏度很低时,变成凹型(Ⅴ型)。

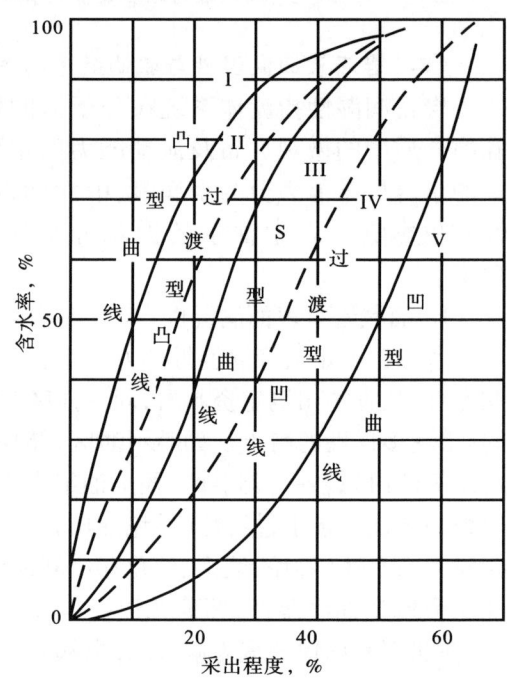

图4—30 采出程度与含水率关系曲线类型图

2. 油水黏度比对驱油效率的影响

孤岛油田室内研究结果见图4—31,随着油水黏度比的增大(即原油黏度的增大),无水采收率大幅度下降。低黏度油藏的无水和低含水阶段采收率高,而高黏度油藏的无水和低含水期采收率很低。说明中高含水采油期,是高黏度油藏的主要开发阶段。

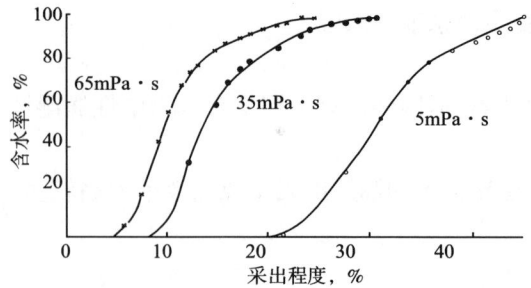

图4—31 含水与采出程度关系曲线(数值模拟)

第五章 随机模拟技术

随机模拟技术是在地质统计学基础上发展起来的储层建模技术。所谓随机模拟就是利用一个地质体的某一属性已知的结构统计特征,通过一些随机算法来模拟未知区这一属性的分布,使其与已知的统计特征相同,从而达到模拟储层非均质性、预测井间储层参数分布的目的。

地质统计学一般包括三个基本组成部分:空间函数的相关性分析、克里金估计和随机模拟。空间函数的相关性分析是指对变异函数和协方差函数的分析,是克里金估计和随机模拟的基础。

第一节 克里金估计

在确定性储层参数建模中,对井间参数的预测,多采用插值方法。目前采用的插值方法大致可分为传统的统计学估值方法和地质统计学克里金估值方法。由于传统的数理统计学插值方法(如三角剖分法、距离平方反比加权法、三次样条等)只考虑观测点与待估点之间的距离,而不考虑已知点位置之间的相互联系,即忽略了地质规律造成的储层参数在空间上的相关性,因此插值精度相对较低。为了提高对储层参数的估值精度,人们广泛应用克里金方法进行井间插值。

一、概述

克里金估计是以南非矿业工程师 D. G. Krige 名字命名的一项实用空间估计技术,是地质统计学的重要组成部分。

克里金估计主要应用变异函数和协方差来研究在空间上既有随机性又有相关性的变量(即区域化变量)的分布。从井孔中获取的储层参数,如孔隙度、渗透率、流体饱和度、泥质含量均为区域化变量。克里金估值是根据待估点周围的若干已知信息,应用变异函数特有的性质,确定待估点周围的已知数据点的参数对待估点的贡献(即加权值),然后对待估点的未知值作出最优(即估计方差最小)、无偏(即估计误差的数学期望为0)的估计,即最佳线性无偏估计。

二、基本原理

克里金技术属于应用统计学的范畴,它应用于地球科学中对空间变异性的分析和建模。从理论上说,它利用了随机函数理论。克里金技术通常可解释为区域化变量理论在研究空间数据方面的应用,其重要工具为变异函数。

(一)区域化变量理论

能用其空间分布来表征一个自然现象的变量叫区域化变量。区域化变量是克里金技术应用的理论基础。它的内容在于利用随机函数理论来分析和处理观测数据,建立统计关系,求取估计方差。

常规手段所获取资料(如钻井、测井或地震)的处理结果可作为区域变量的观测值。这些观测值在一定程度上可以表示出区域化变量在区域上的变化特征和趋势,再加上所表征的自然现象所具有的某种连续性,因此区域化变量具有空间结构特征。另一方面,由于观测数据本身特性各异以及观测过程的误差及随机因素,所以区域化变量具有随机性的特点。因此,区域化变量是结构性和随机性的有机结合。

在统计模式的建立过程中,需要把空间一点 x_i 处的观测值 $Z(x_i)$ 解释为在空间该点处的一个随机变量 $Z(x_i)$ 的一个随机实现。这样,在空间各点处定义的随机变量的集合就可以构成一个随机函数 $Z(x)$。因此,表征 $Z(x)$ 的空间变异性的问题就转化为研究随机函数 $Z(x)$ 在各点处的各个随机变量 $Z(x_i)$ 和 $Z(x_j)$ 之间的相关关系的问题。

①如果随机函数 $Z(x)$ 的分布函数有一个期望值,这个期望值是 X 的函数,则为 $Z(x)$ 的一阶矩,记为:

$$E[Z(x)] = m(x) \tag{5—1}$$

②如果 $Z(x)$ 的方差存在,就将随机变量 $Z(x)$ 对于其期望值 $m(x)$ 的中心二阶矩定义为方差,即:

$$Var[Z(x)] = E[(Z(x) - m(x))^2] \tag{5—2}$$

③如果随机变量 $Z(x_1)$ 和 $Z(x_2)$ 都有方差,那么其协方差函数也存在,它作为 $Z(x)$ 的混合二阶矩是两个位置 x_1 和 x_2 的函数,可记为:

$$C(x_1, x_2) = E[(Z(x_1) - m(x_1))(Z(x_2) - m(x_2))] \tag{5—3}$$

④当随机函数 $Z(x)$ 满足如下条件时,称之为是二阶平稳:

1)它的数学期望存在且与 x 无关:

$$E[Z(x)] = m \tag{5—4}$$

式中 m——一个与 x 无关的常数。

2)对每一个随机变量 $Z(x)$ 和 $Z(x+h)$,其协方差存在且平稳,仅依赖于两个点间的距离 h,而与 x 无关:

$$C(x+h, x) = C(h) = E[Z(x+h)Z(x)] - m^2 \tag{5—5}$$

式中 h——三维空间的一个向量。

⑤如果随机函数不满足二阶平稳假设,在实际应用中可适当放宽条件。若随机函数满足以下条件,称之为满足内蕴假设或称本征假设(intrinsic hypothesis):

1)在整个研究区内满足:

$$E[Z(x+h) - Z(x)] = 0 \tag{5—6}$$

2)对三维空间的向量 h,增量 $[Z(x+h) - Z(x)]$ 具有一个与 x 无关的有限方差:

$$Var[Z(x+h) - Z(x)] = E[(Z(x+h) - Z(x))^2] = 2r(h) \tag{5—7}$$

有些随机函数的协方差无限大,不满足二阶平稳假设,但能满足内蕴假设。

(二)变异函数

1. 基本概念

变异函数是区域化变量空间变异性的一种度量,反映了空间变异程度随距离变化而变化的特征。变异函数强调三维空间上的数据构形,从而可定量地描述区域化变量的空间相关性,即地质规律所造成的储层参数在空间上的相关性。它是克里金技术以及随机模拟中的一个重要工具。

设 $Z(x)$ 是一个随机函数,如果差函数 $Z(x+h) - Z(x)$ 的一阶矩和二阶矩仅依赖于点 $x+h$ 和点 x 之差 h(即 $Z(x)$ 为二阶平稳或满足内蕴假设),那么定义这一差函数的方差之半为变异函数 $r(h)$,或称半变异函数(为简明起见,后文均称变异函数):

$$r(h) = \frac{1}{2} Var[Z(x+h) - Z(x)] \tag{5—8}$$

$$r(h) = \frac{1}{2}E\{\{[Z(x+h) - Z(x)] - E[Z(x+h) - Z(x)]\}^2\} \quad (5-9)$$

式中　x——空间中的一个点；

　　　h——其中的一个向量。

当 $Z(x)$ 是一阶平稳时，变异函数可写成：

$$r(h) = \frac{1}{2}E\{[Z(x+h) - Z(x)]^2\} \quad (5-10)$$

变异函数 $r(h)$ 随滞后距（lag）h 变化的各项特征，表达了区域化变量的各种空间变异性质。这些特征包括影响区域的大小、空间各向异性的程度，以及变量在空间的连续性。这些特征可通过变异图（变异函数 $r(h)$ 随 h 的变化图）的各项参数，即变程（range）、块金值（nugget）、基台值（sill）来表示（图5—1）。其物理意义如下。

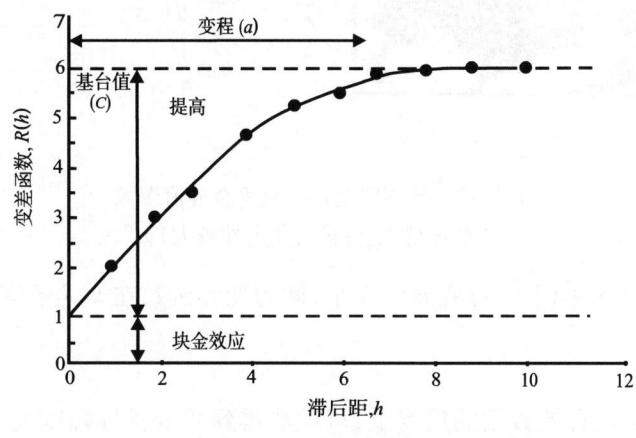

图 5—1　变异函数图

（1）变程

变程指区域化变量在空间上具有相关性的范围。在变程范围之内，数据具有相关性；而在变程之外，数据之间互不相关，即在变程以外的观测值不对估计结果产生影响。具体来说，假如某种属性在空间上是各向同性的，也就是说在各个方向上的变化一致，那么，以某一观测点为球心，以变程为半径画一个球体，该观测点和球体内的所有其它数据相关；反之，超出这个范围的数据与这点无关。因此，变程的大小反映了变量空间相关性的大小，变程相对较大，意味着该方向的观测数据在较大范围内相关；反之，则相关性较小。如图5—2所示，图中三幅图像的变程不同，则图像的空间相关性也不同，如图像（a）变程最小，其空间相关性也最小，图像（c）变程最大，其空间相关性也最大。在对区域化变量进行克里金估计时，变程把所有的观测值分为两类：观察点与待估点距离小于变程的观测值能对估计提供信息，变程之外的观测值不为估计提供信息，即和待估点是不相关的。由此可见，变程是地质统计学中一个十分重要的参数。

（2）块金值

变异函数如果在原点间断，这在地质统计学中被称为"块金效应"，表现为在很短的距离内有较大的空间变异性，它可以由测量误差引起，也可以来自矿化现象的微观变异性。在取得有效数据的尺度上，这种微观变异性是不可得到的。在数学上，块金值相当于变量纯随机性的部分。如果无论 h 多么小，两个随机变量都不相关，这种情况称为纯块金效应。

（3）基台值

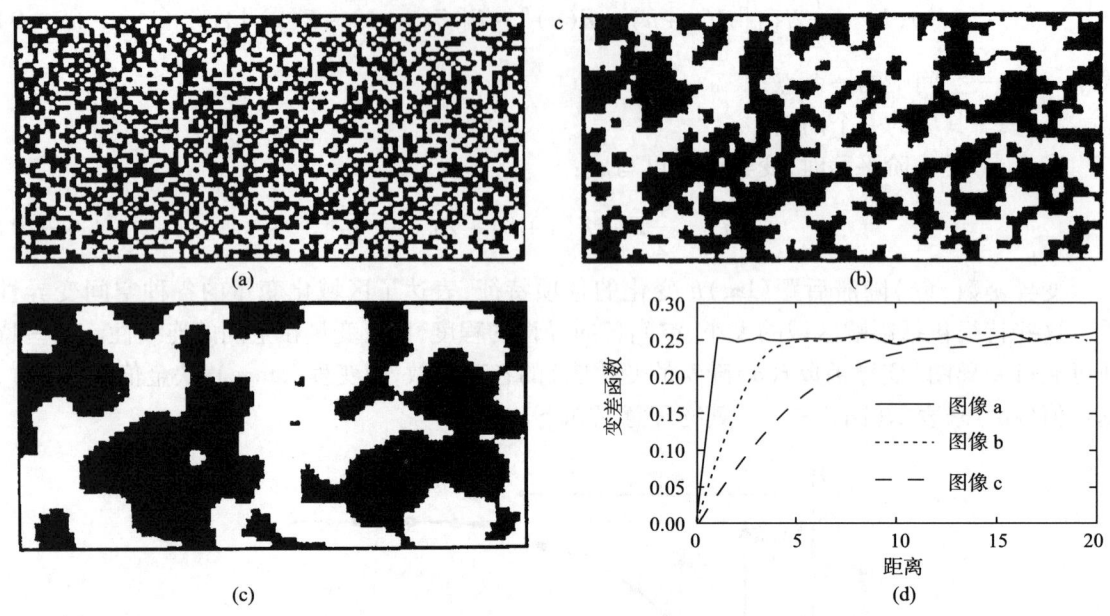

图 5—2　具不同变程的克里金插值图像
（变程越大，变量的相关性越大）

基台值代表变量在空间上的总变异性大小，即为变异函数在 h 大于变程的值，其为块金值和拱高之和。

（4）拱高

所谓拱高，是在取得有效数据的尺度上，可观测得到的变异性幅度大小。当块金值等于 0 时，基台值即为拱高。

2. 变异函数在近原点的形状

变异函数在近原点的形状，提供了区域化变量的空间连续性和规律性的度量。按变异函数在原点处的形状可分为四种类型，每种类型反映了变量的不同程度的空间连续性。

（1）抛物线型

亦称连续性。变异函数在原点处趋向为一条抛物线（图 5—3a），反映变量具有高度的连续性，如地层厚度。

（2）线性型

变异函数在原点处趋向为一条直线，或者说在原点处有斜向的切线存在（图 5—3b），反映变量具有平均的连续性，表现了一种较连续的空间变异性的特点。

（3）间断型

变异函数在原点间断，不连续，具有块金常数（图 5—3c），表现为在很短的距离内具有较大的空间变异性。当滞后距变大时，变异函数又可变得慢慢连续了。

（4）随机型

或称"纯块金效应型"。无论 h 多么小，h 总大于 α，即无论 h 多么小，$Z(x)$ 与 $Z(x+h)$ 总不相关（如图 5—3d）。这种纯块金效应型反映了变量在空间上完全不相关，或者说反映了变量是经典的随机变量。

3. 变量的各向异性

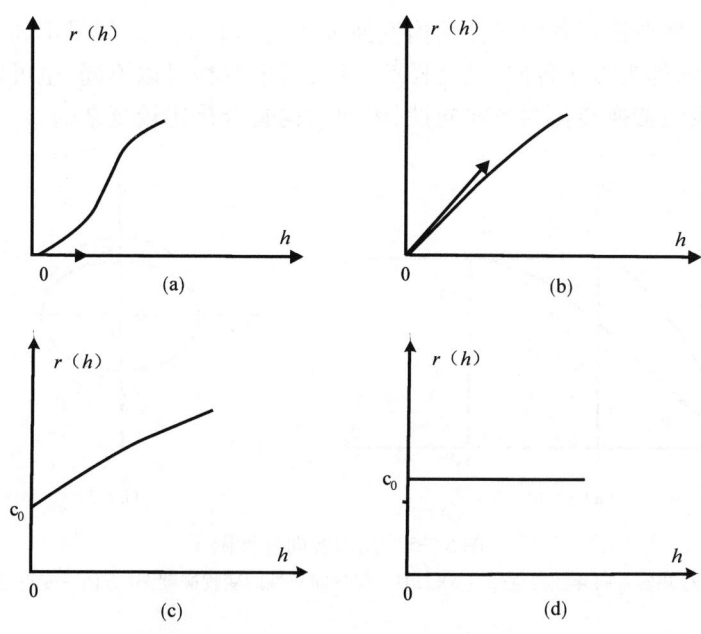

图 5—3　变异函数在原点处的形状
(a)抛物线型;(b)线性型;(c)间断性型;(d)随机型

不同方向的变异函数可反映变量的各向异性特征,包括有无各向异性及各向异性的类型。如果各个方向的变异图基本相同,则为各向同性,否则为各向异性。各向异性的特征主要通过变程和基台值来反映。如图 5—4 所示,由于两个图像在垂向和水平方向上的变程均有差异,导致图像形态有很大的差别,其中图像 a 的水平变程小于图像 b,其垂向变程又大于图像 b,导致两个图像的目标物体的几何形态截然不同。

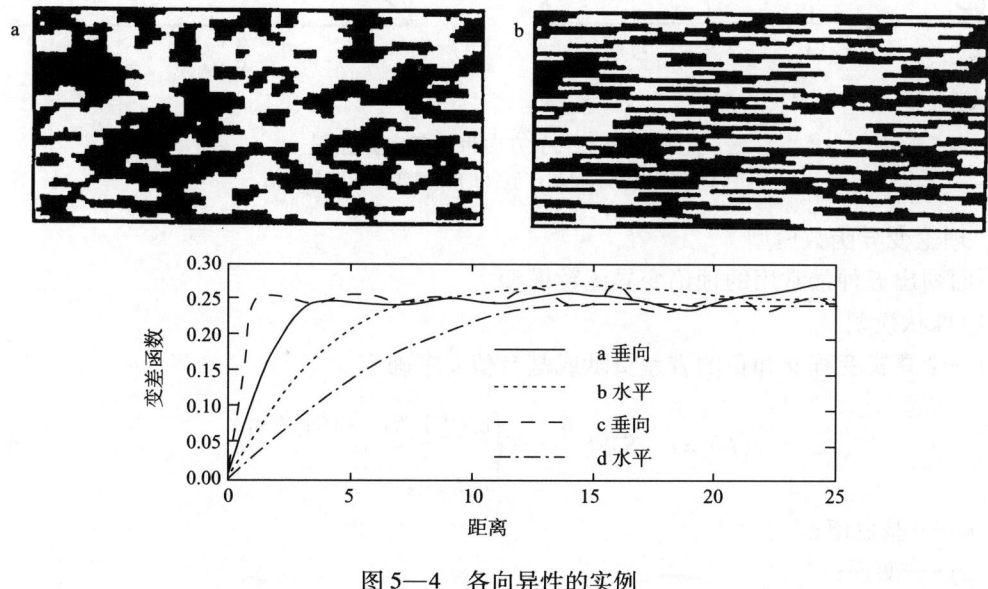

图 5—4　各向异性的实例

各向异性又可分为几何各向异性和带状各向异性。如果变异函数在空间各个方向上的变程不同,但基台值不变(即变化程度相等),则称其为几何各向异性(图 5—5),这种情况能用一个简单的几何坐标变换将各向异性结构变换为各向同性结构。如果不同方向的变异函数具有不同的基台值,则称为带状各向异性(图5—6),其中变程可以不同,也可以相同。这种情况不能通过坐标的线性变换转化为各向同性,因而结构套合是比较复杂的。

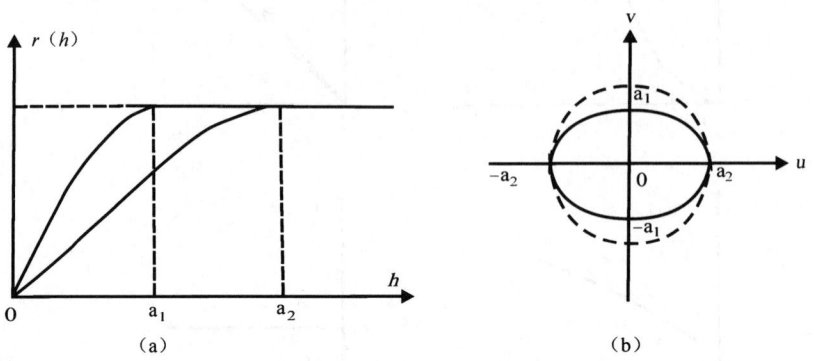

图 5—5 几何各向异性图
(a)几何各向异性变程图;(b)二维几何各向异性的变程椭圆图(方向—变程图)

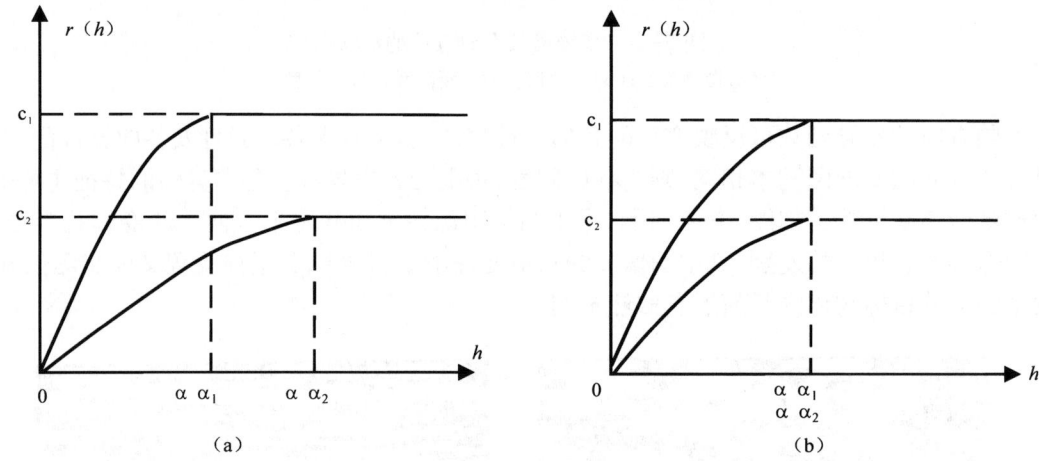

图 5—6 二个方向带状各向异性图
(a)不同变程不同基台值;(b)相同变程不同基台值

4. 理论变异函数模型

下面列出五种最常用的理论变异函数模型。

(1)球状模型

由一个真实变程 a 和正的方差贡献或基台值 c 来确定。

$$r(h) = c \cdot Sph\left(\frac{h}{a}\right) = \begin{cases} c \cdot [1.5(\frac{h}{a})^3], & h \leqslant a \\ c, & h \geqslant a \end{cases} \tag{5—11}$$

式中　c——基台值;
　　　α——变程;
　　　h——滞后距。

接近原点处,变异函数呈线性形状,在变程处达到基台值。原点处变异函数的切线在变程的 2/3 处与基台值相交(图5—7)。

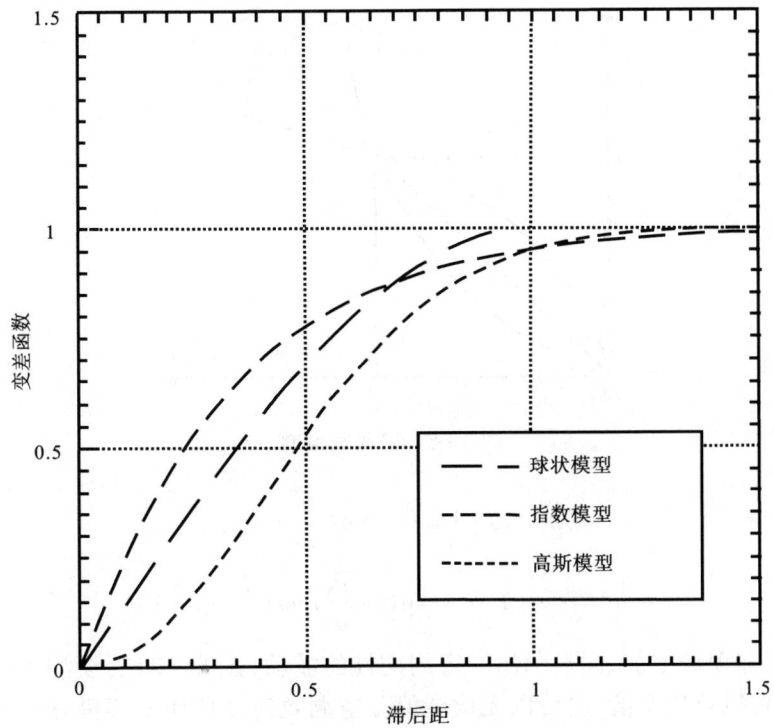

图 5—7　三种有基台值的理论变异函数模型

(2)指数模型

由一个真实变程 a(有效变程 $a/3$)和正的方差贡献 c 来确定。

$$r(h) = c \cdot \exp(\frac{h}{a}) = c \cdot [1 - \exp(-\frac{3h}{a})] \tag{5—12}$$

变异函数渐近地逼近基台值。在实际变程 a 处,变差函数为 $0.95c$。模型在原点处为直线(图 5—7)。

(3)高斯模型

由一个真实变程 a 和正的方差贡献 c 来确定。

$$r(h) = c \cdot [1 - \exp(-\frac{(3h)^2}{a^2})] \tag{5—13}$$

变异函数渐近地逼近基台值。在实际变程 a 处,变异函数为 $0.95c$。模型在原点处为抛物线(图 5—7)。为一种连续性好但稳定性较差的模型。

(4)幂模型

由一个幂值 $0 < w < 2$ 和正的斜率 c 确定。

$$r(h) = c \cdot h^w \tag{5—14}$$

幂模型为一种无基台值的变异函数模型。这是一种特殊的模型。当参数 w 改变时,它可以表示原点附近的各种形状(如图 5—8)。当 $w = 1$ 时,变异函数为一直线,即为线性模型,这一模型即为著名的布朗运动(其随机函数的理论模型为随机行走过程)的变异函数模型 $r(h) = c \cdot h$;当 $w \neq 1$ 时,变异函数为抛物线形状,为分数布朗运动(fBm)的变异函数模型。

(5)空洞效应模型(hole effect):由到首项的距离 a(旋回特征的大小)和正的方差贡献 c 值来确定。

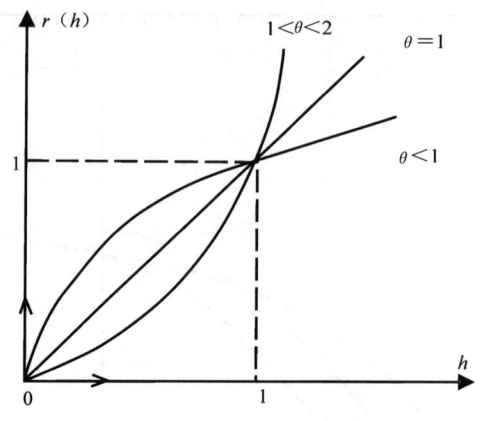

图 5—8 幂函数模型

$$r(h) = c \cdot [1.0 - \cos(\frac{h}{a} \cdot 2\pi)] \tag{5—15}$$

$$r(h) = c \cdot [1.0 - \exp(-\frac{3h}{a})\cos(\frac{h}{a} \cdot 2\pi)] \tag{5—16}$$

变异函数并非单调增加,而显示出一定周期性的波动(图5—9)。模型可以有基台值,也可以无基台值;可以有块金值,也可以无块金值。空洞效应在地质上多沿垂向上出现,如富矿层与贫矿层互层、砂岩与泥岩频繁薄互层等。

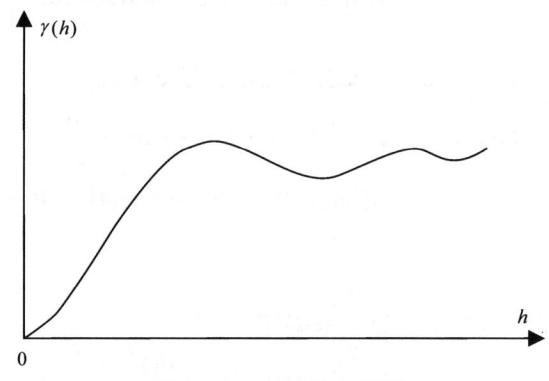

图 5—9 空洞效应模型

5. 结构分析

通过区域化变量有限的空间观测值来构建相应的理论变异函数模型,以表征该变量的主要结构特征,即为区域化变量的"结构分析"。结构分析不仅需要对所研究的区域化变量的地质特征有基本的认识,而且要求在选用各种地质统计学工具方面有一定的技巧和经验。结构分析一般包括以下几个方面。

(1)数据准备

包括区域化变量的选取、数据质量检查及校正、数据的变换(如对渗透率进行对数变换)、数据的统计(如分相对储层参数计算平均值、方差,作直方图、相关散点图等)、丛聚数据的解串等。

(2)实验变异函数的计算

实验变异函数 $r^*(h)$ 是指应用观测值计算的变异函数。对于不同的滞后距 h,可算出相应的 $r^*(h)$。在 $h - r^*(h)$ 坐标图上标出点 $(h, r^*(h))$,再将相邻各点用线段连接起来,便可得到实验变异函数图。在 $r^*(h)$ 的计算中,可利用的数据对越多,则算出的变异函数的代表性越强,可靠性也越大;如果可利用的数据对太少,则算出的变异函数值不太可靠。一般规定,沿某一个方向的滞后距最小为点间的平均最小距离,最大不能超过列线长度的一半,以保证计算时有足够的数据对。

(3) 理论变异函数的最优拟合

在实验变异函数图中,$r^*(h)$ 点相对较离散,因而需要拟合出一条最优的理论变异函数曲线。在最优拟合时,应选择合适的理论变异函数模型,同时还需进行结构套合,从而得到一条反映不同层次(或不同空间规模)结构的、统一的、最优的理论变异函数曲线。

(4) 变异函数参数的最优性检验

变异函数是否符合实际,应该进行检验。一种实用的检验方法为"交叉验证法"(cross-validation),检验标准是在各实测点根据周围点计算的克里金估计值与该实测值的误差平方平均最小。估计误差的平方与克里金估计方差之比越接近1,则说明变异函数与实际的符合程度越高。实际上,这种方法在检验变异函数的同时,也在检验所使用的克里金估计方法的适用性。

在结构分析过程中,应充分考虑研究区的地质特征。在计算实验变异函数之前,应首先了解地质情况;在构建出理论变异函数之后,应对其进行初步的地质解释。一般地,对于同一区域化变量来说,相似的变异函数表明相似的地质成因,而完全不同的变异函数则说明其地质成因截然不同。较长的变程和较小的基台值意味着地质变量具有较大的空间连续性,而且变化平缓。

(三) 克里金估计

克里金估计是一种进行局部估计的方法。它所提供的是区域化变量在一个局部区域的平均值的最佳估计量,即最优(即估计方差最小)、无偏(估计误差的数学期望为0)的估计。

克里金估计所利用的信息,通常为一组实测数据及其相应的空间结构信息。应用变异函数模型所提供的空间结构信息,通过求解克里金方程组计算局部估计就充分考虑了空间数据的结构性和随机性,从而使克里金方法优越于其他的一些传统的统计方法,如距离平方反比加权和三次样条等。下面以普通克里金为例说明克里金的估值方法。

设 $x_1, \cdots, x_n$ 为区域上的一系列观测点,$Z(x_1) \cdots Z(x_n)$ 为相应观测点处的随机变量。区域化变量 $Z(x)$ 在 x_o 处的随机变量 $Z^*(x_o)$ 可采用一个线性组合来估计:

$$Z^*(x_o) = \sum_{i=1}^{n} \lambda_i z(x_i) \tag{5—17}$$

式中　λ_i——权系数。

从上式可知,求取 $Z^*(x_o)$ 的关键是利用统计模型确定 λ_i 的值。无偏性和估计方差最小被作为选取 λ_i 的标准:

$$\begin{aligned} &E[Z^*(x_o) - Z(x_o)] = 0 \\ &E\{[(Z^*(x_o) - Z(x_o)) - E(Z^*(x_o) - Z(x_o))]^2\} \\ &= E[(Z^*(x_o) - Z(x_o))^2] = \min \end{aligned} \tag{5—18}$$

从这两个关系式可推导出求取 λ_i 的克里金方程组。

首先,从二阶平稳假设出发,可知 $E[Z(x)]$ 为常数,有:

$$E[Z^*(x_o) - Z(x_o)]$$
$$= E[\sum_{i=1}^{n} \lambda_i Z(x_i) - Z(x_o)]$$
$$= (\sum_{i=1}^{n} \lambda_i)m - m = 0$$

可得到关系式：
$$\sum_{i=1}^{n} \lambda_i = 1$$

从估计方差最小出发，可利用拉格朗日乘数法得到：
$$\frac{\partial}{\partial \lambda_j}[E[(Z^*(x_o) - Z(x_o))^2] - 2\mu \sum_{i=1}^{n} \lambda_i] = 0, \qquad j = 1, \cdots, n$$

进一步推导可得到 $n+1$ 阶的线性方程组，即克里金方程组：
$$\begin{cases} \sum_{i=1}^{n} C(x_i - x_j)\lambda_i - \mu = C(x_o - x_j) \\ \sum_{i=1}^{n} \lambda_i = 1 \end{cases} \qquad j = 1, \cdots, n \qquad (5\text{—}19)$$

当随机函数不满足二阶平稳，而满足内蕴假设时，可用变异函数 $r(h)$ 来表示克里金方程组如下：
$$\begin{cases} \sum_{i=1}^{n} r(x_i - x_j)\lambda_i - \mu = C(x_o - x_j) \\ \sum_{i=1}^{n} \lambda_i = 1 \end{cases} \qquad j = 1, \cdots, n \qquad (5\text{—}20)$$

通过求解上述方程组，可得到一系列 $\lambda_i(i = 1, \cdots, n)$，据此可求解估计点的克里金估计值。最小的估计方差，即克里金方差可用以下公式求解：
$$\delta_k^2 = C(x_o - x_o) + \mu - \sum_{i=1}^{n} \lambda_i C(x_i - x_o) \qquad (5\text{—}21)$$

或用变异函表示：
$$\delta_k^2 = \sum_{i=1}^{n} \lambda_i r(x_i - x_o) + \mu - r(x_o - x_o) \qquad (5\text{—}22)$$

三、克里金基本方法介绍

克里金基本方法比较多，主要包括简单克里金(SK)、普通克里金(OK)、具有各种趋势模型的克里金(泛克里金、具有外部漂移的克里金)，以上各种克里金方法中，所有的估计方法都是单变量的估计。协同克里金则是多个变量的估计。指示克里金方法属于一种非参数统计方法。下面只选单变量的简单克里金和多变量的协同克里金方法进行简单介绍。

（一）简单克里金(SK)

在实际应用，简单克里金是一切克里金方法的基础，在此主要介绍其数学原理。

如果 $E[Z(x)] = m$ 为已知常数，令：

$Y(x) = Z(x) - m$，则 $E[Y(x)] = 0$，其协方差 $E[Y(x) \cdot Y(y)] = C(x,y)$，所以，求对 Z_V 估计值现已转化为对 Y_V 的估计，且有：

$$Y_V = \frac{1}{V}\int_V Y(x)\mathrm{d}x = \frac{1}{V}\int_V Z(x)\mathrm{d}x - m = Z_V - m \qquad (5\text{—}23)$$

其估计量为：
$$Y_v^* = \sum_{i=1}^n \lambda_i Y_i$$

其中
$$Y_i = Z_i - m \quad (i=1,2,\cdots,n)$$

因此，只要求得 Y_v 的估计值 Y_v^*，就能得到 Z_v 的估计值 Z_v^*。Y_v^* 是 Y_v 的无偏估计量，且不需要任何条件，这是因为：

$$E(Y_v^*) = \sum_{i=1}^n \lambda_i E(Y_i) = \sum_{i=1}^n \lambda_i E(Z_i - m) = 0$$

因此：$E(Y_v^*) = E(Y_v)$，即 Y_v^* 是 Y_v 的无偏估计量。

为了求出使估计方差 $\sigma_E^2 = E[Y_v - Y_v^*]^2$ 为最小时的权系数 $\lambda_i (i=1,2,\cdots,n)$，首先要求出估计方差的表达式：

$$\sigma_E^2 = E[Y_v - Y_v^*]^2$$
$$= E[Y_v^2] - 2E[Y_v \cdot Y_v^*] + E[Y_v^{*2}]$$
$$= \frac{1}{v^2}\iint_{vv} E[Y(x)Y(y)]dxdy - 2\sum_{i=1}^n \lambda_i \cdot \frac{1}{v}\int_v E[Y(X_i) \cdot Y(x)]dx$$
$$+ \sum_{i=1}^n \sum_{j=1}^n \lambda_i \lambda_j E[Y(x_i) \cdot Y(x_j)]$$
$$= \frac{1}{v^2}\iint_{vv} C(x,y)dxdy - 2\sum_{i=1}^n \lambda_i \frac{1}{v}\int_v C(x_i,x)dx + \sum_{i=1}^n \sum_{j=1}^n \lambda_i \lambda_j C(x_i,x_j)$$

所以，
$$\sigma_E^2 = \overline{C}(V,V) - 2\sum_{i=1}^n \lambda_i \overline{C}(x_i,v) + \sum_{i=1}^n \sum_{j=1}^n \lambda_i \lambda_j C(x_i,x_j) \tag{5—24}$$

其中 $\overline{C}(v,v)$ 表示协方差函数在待估域 V 上的平均值。

为了使 σ_E^2 达到最小，按照求极值的方法，对 (5—24) 式的各个 λ_i 求偏导数，并令其为 0，则有：

$$\frac{\partial \sigma_E^2}{\partial \lambda_i} = -2\overline{C}(x_i,v) + 2\sum_{j=1}^n \lambda_j C(x_i,x_j) = 0 \quad (i=1,2\cdots,n)$$

于是得到简单克里金方程组：

$$\sum_{j=1}^n \lambda_j C(x_i,x_j) = \overline{C}(x_i,V) \quad (i=1,2,\cdots,n) \tag{5—25}$$

从这个方程组中解出 $\lambda_j(j=1,2,\cdots,n)$，即为所求的简单克里金权系数，它必定满足最小方差无偏估计的要求。

将式 (5—25) 两端均乘以 λ_i，并对 i 从 1 到 n 求和，则有：

$$\sum_{i=1}^n \sum_{j=1}^n \lambda_i \lambda_j C(x_i,x_j) = \sum_{i=1}^n \lambda_i \overline{C}(x_i,V) \tag{5—26}$$

将方程 (5—26) 代入方程 (3—33)，则得到简单克里金方差的计算公式：

$$\sigma_k^2 = \overline{C}(v,v) - \sum_{i=1}^n \lambda_i \overline{C}(x_i,V) \tag{5—27}$$

在方程 (5—24) 与方程 (5—27) 中，估计方差的记号不一样。方程 (5—24) 表示无偏估计量的估计方差，不能保估计方差最小，故用记号 σ_E^2。方程 (5—27) 是在确保估计方差最小的前提下推导出来的，它是克里金方差，故用记号 σ_K^2。同时方程 (5—24) 与方程中的 $\lambda_i (i=1,2,$

…,n)的意义也不一样。方程(5—24)的 λ_i 是未确定的,而(5—27)中的 λ_i 是确定的。

从方程(5—25)中解出 λ_i 之后,即得到 Y_v 之后,即得到 Y_v 的简单克里金估计值:

$$Y_k^* = \sum_{j=1}^{n} \lambda_j Y_j \tag{5—28}$$

此时 Z_v 的简单克里金估计量为:

$$Z_k^* = m + Y_k^* = m + \sum_{j=1}^{n} \lambda_j Y_j = m + \sum_{j=1}^{n} \lambda_j (Z_j - m)$$

所以,$Z_k^* = \sum_{j=1}^{n} \lambda_j Z_j + m(1 - \sum_{j=1}^{n} \lambda_j) \tag{5—29}$

这就是简单克里金法的基本数学原理,在这个基础上,为了适应不同的问题,根据不同的假设,逐渐发展起来多种克里金方法。

(二)协同克里金(CK)

协同克里金的估计方法利用几个变量之间的空间相关性,对其中的一个或几个变量进行空间估计,可以提高估计的精度。采样点的数目不足的情况在油藏描述中的是经常遇到的,并比较少,资料不全不准都是造成这种情况的原因。在被估计变量的观察数据较少的情况下,可利用协同克里金的方法用其相关变量的信息进行弥补,以保证其估计精度。下面讨论一个初始变量一个二级变量的协同克里金的估计形式。

协同克里金估计的初始变量和二级变量的线性组合形式如下:

$$Z_0^* = \sum_{i=1}^{n} \alpha_i x_i + \sum_{j}^{m} \beta_j y_j \tag{5—30}$$

式中　Z_0^*——随机变量 Z 在位置 0 处的估计值;

$x_1,\cdots,x_n$——初始变量的 n 个样本数据;

$y_1,\cdots,y_m$——二级变量的 m 个样本数据;

$\alpha_1,\cdots,\alpha_n$ 和 $\beta_1,\cdots,\beta_m$——需要确定的协同克里金加权系数。

对于估计误差可用下式进行表示:

$$R = Z_0^* - Z_0 = \sum_{i}^{n} \alpha_i x_i + \sum_{j}^{m} \beta_j y_j - Z_0 \tag{5—31}$$

式中　Z_0^*——随机变量 Z 在位置 0 处的估计值;

Z_0——随机变量 Z 在位置 0 处的取样值。

协同克里金估计系统的建立和其他克里金系统的建立方法是大同小异的。利用克里金估计的无偏性和最小二乘法可推导出传统的普通协同克里金估计的方程组如下:

$$\begin{cases} \sum_{i=1}^{n} \alpha_i Cov(x_i x_j) + \sum_{i=1}^{m} \beta_i Cov(y_i x_j) + \mu_1 = Cov(x_0 x_j) & j = 1,2,\cdots,m \\ \sum_{i=1}^{n} \alpha_i Cov(x_i y_j) + \sum_{i=1}^{m} \beta_i Cov(y_i y_j) + \mu_2 = Cov(x_0 y_j) & j = 1,2,\cdots,m \\ \sum_{i=1}^{n} \alpha_i = 1 \\ \sum_{j=1}^{m} \beta_j = 0 \end{cases}$$

式中　$x_1,\cdots,x_n$——初始变量的 n 个样本数据;

$y_1, \cdots, y_m$——二级变量的 m 个样本数据;

$\alpha_1, \cdots, \alpha_n$ 和 $\beta_1, \cdots, \beta_m$——协同克里金加权系数。

μ_1 和 μ_2——拉格朗日因子;

$C_{ov}(\cdot)$——协方差。

协同克里金的统计学推导和计算十分繁琐,而且与 Z—未知量相关性较好的数据(往往是 Z—数据)对相关性较差的数据(往往是 Y—数据,即二级变量)存在屏蔽效应,因而这种方法在实际中并未被广泛应用。于是,人们发展了具有外部漂移的克里金和同位协同克里金。

同位协同克里金是协同克里金的一种简化形式,即如果二级变量密集取样时,只保留与估计点同位的二级变量。

同位协同克里金的估计值为:

$$Z(u) = \sum_1^n \lambda_i(u)Z(u_i) + \lambda_j(u)Y(u)$$

对应的协同克里金方程组只要求知道 Z—协方差函数 $C_z(h)$ 和 Z—Y 互协方差函 $C_{ZY}(h)$,后者可以通过以下的模型来近似:

$$C_{ZY}(h) = \beta \cdot C_Z(h) \qquad \forall h$$

其中 $\beta = \sqrt{C_Y(0)/C_Z(0)} \cdot P_{ZY}(0)$,$C_Z(0)$ 和 $C_Y(0)$ 是 Z 和 Y 的方差函数,$P_{ZY}(0)$ 是同位的 Z—X 数据的线性相关系数。

四、克里金估值法的应用

克里金估值法是一种有效的插值方法。它优于传统的数理统计,在于它不仅考虑到被估点位置与已知数据位置的相互关系,还考虑到已知点位置之间的相互联系,更能反映客观地质规律,估值准确度和精度相对提高,是定量描述储层有力的手段。

(一)各种克里金方法的应用范围

各种克里金方法的原理不一样,在估值时,会产生不同的效果和作用。因此,各种克里金方法有其应用范围。

简单克里金和普通克里金方法是最基本的法,基于平稳假设,对于变化不大的地质数据能给出较为满意的光滑结果。对于简单克里金,需预先知道目标区的平稳均值(m),而普通克里金无需预先知道平稳均值(通过限制克里金的权值之和为 1 而把均值从简单克里金估计值中"过滤"掉)。

泛克里金考虑到区域化变量的空间漂移性,所形成的网格化数据能显示局部异常,这样的处理结果更能被地质人员可接受。

协同克里金能利用空间变量的相关性,应用多种信息(如井数据、地震数据等)协同进行估值,能极大程度地利用各种资料,但其数学推导和计算复杂。

指示克里金方法是一种非参数统计方法,它在不需要舍弃特异值数据的条件下进行有效的空间估计。由于不需要考虑原始数据的空间分布使其应用范围极为宽广。这种方法的特点是它以概率的形式考虑了特异值的存在,其他的克里金方法由于加权平均的原因,整体估计结果有一种光滑的性质。指示克里金有助于克服这一缺点。另一方面,由于指示克里金方法的结构模型由指示变换数据而不是原始数据计算而来,所以这种方法不受特异值的影响,结果非常稳健,因此比较适合于处理空间变化比较大的物性参数如渗透率的空间估值,估计结果能绘制出比较光滑的图形。另外,在数据不满足某种分布假设时,还可以采用另外一些非线性克里金方法。如原始数据服从对数正态分布可采用对数正态克里金,对不服从正态分布的数据进行标准正态变换的多元高斯克里金,对原始数据进行秩变换的秩克里金,以及析取克里金等。

(二)克里金估值法应用的局限性

总的来说,克里金方法是一种实用的、有效的插值方法。但是,在实际应用中,也要注意克里金方法应用的局限性:

①在某些情况下,变异函数很难求准,这就影响到克里金方法的预测精度。

在观测点的距离大于实际变程时,由于观测尺度太大而出现块金效应,即块金效应的尺度效应。这样,很难了解观测点之间的变化。如在200m井网内,储层孔隙度的横向变化的实际变程为100m,这时便难于得到井间孔隙度的变化,其变异函数在200m的尺度上出现块金效应。

在井点较少时,如在某一方向只有2~3口井时,可利用的数据对太少,所计算出的变异函数点太少而难于拟合理论变异函数曲线,计算出的变异函数值也不可靠。

②克里金插值为局部估计方法,对该估计值的整体空间相关性考虑不够,它保证了数据的估计局部最优,却不能保证数据的总体最优,因为克里金估值的方差比原始数据的方差要小。因此,当井点较少且分布不均时,可能会出现较大的估计误差,尤其是在井点之外的无井区误差更大。

第二节 随机模拟

随着计算机技术的迅速发展,地质统计学已发展成为一套较完整的理论体系,由于它具有实践性较强的优点,而被作为一种解决问题的重要工具得到广泛的重视和应用,特别是以此为基础形成的随机模拟技术,因其在分析油藏储层的非均质性和空间不确定性方面表现出巨大优势而受到极大的关注。

一、随机模拟概述

地下储层本身是确定的,在每一个位置点都具有确定的性质和特征。但地下储层又是很复杂的,它是许多复杂地质地过程(沉积作用、成岩作用和构造作用)综合作用的结果,具有复杂的储层结构(储层相),储层参数空间变化大。在进行储层描述过程中,由于用于描述储层的资料总是不完备的,因此人们难于掌握任一尺度下储层确定的且真实的特征或性质。特别是对于连续性较差且非均质性强的陆相储层来说,更难于精确表征储层的特征。这样,由于认识程度的不足,储层描述便具有不确定性。这些需要通过"猜测"而确定的储层性质,即为储层的随机性质。

由于储层的随机性,储层预测结果便是具有多解性。因此,应用确定性建模方法作出的唯一的预测结果便具有一定的不确定性,以此作为决策基础便具有风险性。为此,人们广泛应用随机模拟方法对储层进行建模和预测。

油气储层随机建模是20世纪80年代后期兴起的一项油藏描述高新技术。它是为适应油气田开发的深入,应用先进的二次采油和三次采油技术进一步提高油气采收率的需求应运而生的。这就为储层地质工作者提供了一个既是定量化、精细化的,又能实事求是地反映"不确定性"的储层地质模型。随机建模技术既尊重油气储层固有的地质规律,反映某些客观存在的随机性,又能定量地描述由于资料信息的不足和人们认识的局限给储层地质模型带来的不确定性。它为油气田开发战略决策中的风险分析提供了一个重要依据,这正是该技术刚刚出现就受到石油工业界高度重视的原因所在。

Haldorson(1990)提出将随机模拟技术应用于描述确定性储层的六个原因：
①储层空间展布、内部(几何)结构和岩石性质在各个尺度下的信息不完备；
②储集体和相的复杂空间排列；
③难以掌握相对于空间位置和方向上岩石性质的变化和变化形式；
④不了解岩石物性与用来求取平均值的岩石体积的关系(比例问题)；
⑤静态资料比动态资料要多；
⑥方便快捷。

采用随机建模方法所建立的储层模型不是一个，而是几个，即一定范围内的几种可能实现，以满足油田开发决策在一定风险范围内的正确性，这是与确定性建模方法的重要差别。对于每一种实现(即模型)，所模拟参数的统计学理论分布特征与控制点参数值统计分布特征是一致的，即所谓等概率。各个实现之间的差别则是储层不确定性的直接反映。如果所有实现都相同或相差很小，说明模型中的不确定性因素少；如果各实现之间相差较大，则说明不确定性大。由此可见，随机建模的重要目的之一便是对储层不确定性的评价。

在实际应用中，利用多个等概率随机模型进行油藏数值模拟，可以得到一簇动态预测结果，据此可对油藏开发动态预测的不确定性进行综合分析，从而提高动态预测的可靠性。

随机模拟是以随机函数理论为基础的。随机函数由一个区域化变量的分布函数和协方差函数(或变异函数)来表征。一个随机函数 $Z(X)$ 有无数个可能的实现 $(A_s(X), s=1,2\cdots,\infty)$。模拟的基本思想是从一个随机函数抽取多个可能的实现。在模拟中可进行条件限制，即是用观测点的实验数据对模拟过程进行条件限制，使得采样点的模拟值与实测值相同，即为条件模拟。

随机模拟与克里金等插值方法有较大的差别，主要表现在以下三个方面。
①插值只考虑局部估计值的精确程度，力图对估计点的未知值做出最优(估计方差最小)的和无偏(估计值均值与观测点值均值相同)的估计，不考虑估计值的空间相关性(离散性)。而随机模拟首先考虑的是结果的整体性质和模拟值的统计空间相关性，其次才是局部估计值的精度。
②插值法给出观测值间的平滑估值(如给出研究对象的平滑曲线图)，而削弱了观测数据的离散性，忽略了井间的细微变化。条件随机模拟通过在插值模型中系统地加上了"随机噪音"，这样产生的结果比插值模型真实得多。"随机噪音"正是井间的细微变化，虽然对于每一个局部的点，模拟值并不完全是真实的，估计方差甚至比插值法更大，但模拟曲线能更好地表现真实曲线的波动情况(图5—10)。
③插值法(包括克里金法)只产生一个储层模型，在随机建模中，则产生许多可选的模型，各种模型之间的差别正是空间不确定性的反映。

随机建模对于储层非均质的研究具有更大的优势，因为随机模型更能反映储层性质的离散性，这对油田开发生产尤为重要。而克里金插值法实际上是一种线性平滑的低通滤波器，是一种对条件数学期望的估计，从而具有平滑效应。插值法掩盖了非均质程度(即离散性)，特别是离散性明显的储层参数(如渗透率)的非均质程度，因而不适用于渗透率非均质的表征。

二、随机模拟原理

随机模拟以随机函数理论为基础的，基本思想是从一个随机函数 $Z(u)$ 中抽取多个可能的实现，即人工合成反映 $Z(u)$ 空间分布的可供选择的、等概率的高分辨率实现，记为 $\{Z^{(l)}(u), u \in A\}, l=1,\cdots,L$，代表变量 $Z(u)$ 在非均质场 A 中空间分布的 L 个可能的实现。若

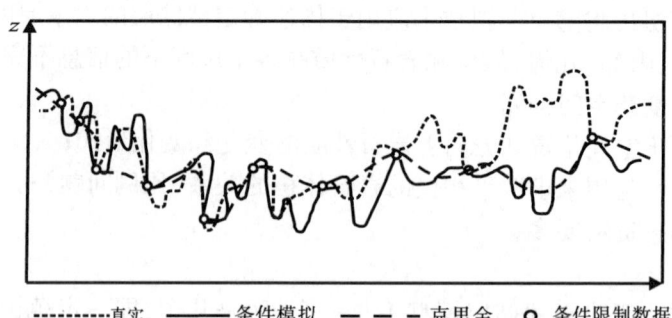

······ 真实　——— 条件模拟　— — — 克里金　○ 条件限制数据

图 5—10　随机模拟与克里金插值的比较

用观测的实验数据对模拟过程进行条件限制,使得采样点的模拟值与实测值相同(即忠实于硬数据),就称为条件模拟;否则为非条件模拟。

变量 $Z(u)$ 可以是类型变量,如岩石类型的变化,也可以是储层中的孔隙度、渗透率等连续性变量。大多数基于随机函数的模拟方法可以用于联合模拟几个变量,但问题在于推断和模拟交互协方差在计算机上难以实现,其中一个简单替代方法是先模拟最重要、自相关性最好的变量(主要变量),然后通过它们的相关关系来模拟其他它相关性的变量。例如在油藏描述中,可以先模拟给定岩相的孔隙度分布,因为孔隙度在空间的变化幅度小、自相关性好,然后在给定孔隙度的条件下,再模拟渗透率的分布。这种变量相关关系可直接从样品的渗透率和孔隙度的散点图中推断出。应用同样的方法,可再模拟其他变量的分布。

三、随机模拟算法

目前已经形成了多种随机模拟算法,这里重点介绍以下几种主要方法。

(一)布尔模拟(Boolean simulation)

布尔模拟方法是随机建模技术中最简单的一种方法。麦德隆(G. Matheron,1996)最先将布尔模拟方法用于地质建模。该方法的基本思路是根据一定的概率定律按照空间中几何物体的分布统计规律,产生这些物体的中心点的空间分布,并通过多个随机函数的联合分布,确定中心点处的几何物体形状、大小和方向等。实际上布尔模拟是一个"逐步逼近的过程",即用各参数分布及其组合迭代,直到最终获得满意的图像。

1. 模拟步骤

①用一些背景岩相填充储层模型;
②在储层模型中随机地选择一些点;
③随机地选择其中的一种岩相形态,抽取合适的大小、各向异性和方位;
④检查这种形态是否与条件信息或已模拟好的其他形态相矛盾。如果不相互矛盾,就保持这种形态;如果相互矛盾,则拒绝这种形态,返回到上一步骤中;
⑤检查各种不同形态的总体百分比是否达到,若没有达到则返回到步骤②。

2. 方法评价

该方法的主要优点:

①容易用于二维和三维建模;
②所用的参数较少;
③灵活,计算速度快。

主要缺点:

①统计推导复杂且困难；

②井数据对模拟结果的限制作用小，可能会导致人为地低估砂体连续性；

③目标形状是高度简化后的结果，往往与实际情况相差甚远。近年来，为了使布尔方法适合于多井情况，许多学者对布尔模拟算法做了种种改进，以忠实于条件数据。

3. 应用范围

布尔模拟目前主要用于非条件模拟，用来建立离散型模型，适用于建立砂体格架模型或隔（夹）层分布模型，如砂体格架平面、剖面或者三维空间分布模型，适用于油田勘探阶段及开发早期井间砂体和非渗透隔夹层的描述。

（二）示性点过程模拟（Marked point processes simulation）

该方法的基本思路是，根据点过程的概率定律按照空间中几何物体的分布规律，产生这些物体的中心点的空间分布，然后将物体性质（如物体几何形状、大小、方向等）标注于各点之上，即通过随机模拟产生这些空间点的属性信息，并与已知条件信息进行匹配。从地质统计学角度来讲，示性点过程模拟即是要模拟物体点及其性质在三维空间的联合分布。

1. 基本原理

设 U 为空间坐标的一个矢量，X_K 为描述类型 K 的几何尺寸（形状、大小、方向）的一个随机变量，几何尺寸可以由一个参数化的解析表达式来定义。通过 $X_K(u)$，$I_K(u,k)$（$k=1,2\cdots,K$）的联合分布，确定中心点在此处的几何形状、大小等属性。其中，$I_K(u,k)$ 是表示第 K 类几何属性在位置 U 处出现与否的随机函数。当 U 属于 X_K 则为 1，反之为 0。这样，通过在空间上先模拟目标的位置，再模拟目标的相关属性，在已知条件信息满足的情况下，能得到一次模拟实现。

根据不同的点过程理论，物体中心点在空间上的分布可以是独立的，也可以是相互关联的或排斥的。在实际应用中，目标点位置通过以下规则确定：

①密度函数（各相比例和分布趋势），目标点密度在空间上的分布可以是均匀的，也可以根据地质规律赋予一定的分布趋势；

②关联函数（井间是否连通）；

③排斥原则（同相或不同相物体之间不可接触的最小距离）；

④相递变原则（不同相之间的递变关系）。示性点过程的确定是一个"逐步逼近过程"，用各种参数分布和相互作用的多种组合进行迭代，直至最终得到一个满意的图像为止。

2. 模拟步骤

以分流河道砂体的模拟为例，如图 5—11。

①确定一种岩相作为背景相，如在模拟三角洲平原的岩相时，可选择分流河道间泥岩作为背景相，将分流河道砂体作为模拟目标体；

②对于待模拟的目标体，随机地选择一些位置点，并给定其形态满足适当的大小、各向异性和方向；

③检查各位置点，并通过多次增加、取消或替换的过程模拟形态与先前条件信息（如井数据或地震数据）相吻合；

④检查各种相分布是否达到已知比例（或目标函数），如果达到已知比例，则认可此次模拟过程；否则，回到上一步继续进行。

示性点过程模拟方法独有的优点是使用灵活，对一些地质数据（如相百分比、砂体宽厚比、各种相空间分布规律等）可以容易地作为条件信息加入到模型中去，最大限度地综合地质家的认识,这相当于人机交互式的建模过程。另外,从数学上来说,空间数据不要求服从某种分布。

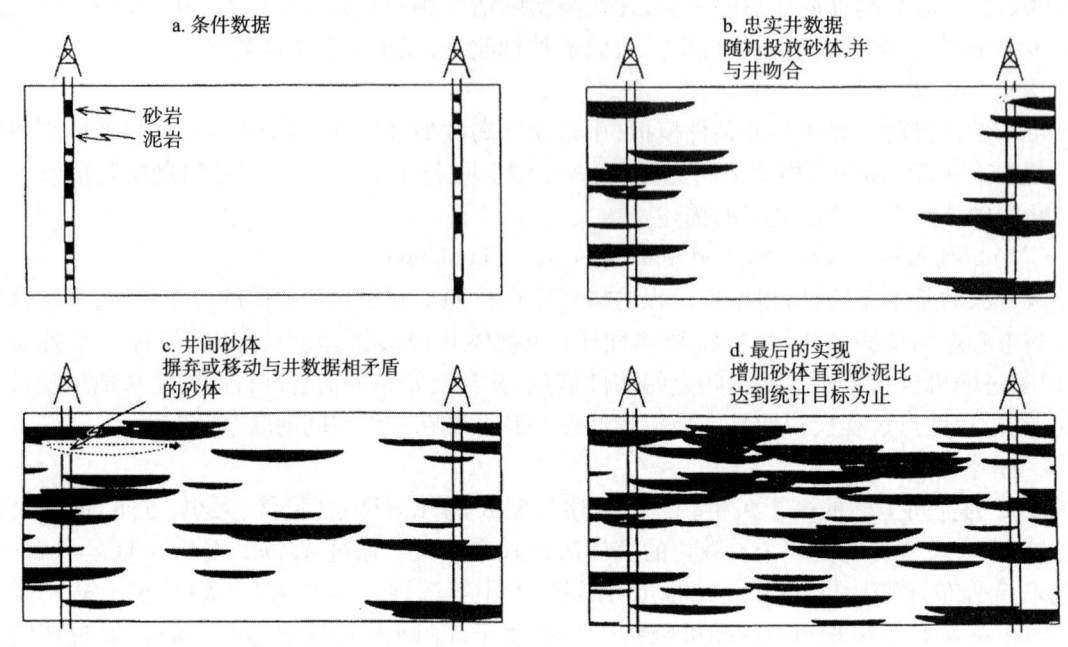

图 5—11 示性点过程模拟的简单图示(据 Srivastava,1994)

3. 应用范围

这种方法适合于具有背景相的目标模拟,如冲积体系的河道和决口扇(其背景相为泛滥平原),三角洲分流河道和河口坝(其背景相为河道间和湖相泥岩)。另外,砂体中的非渗透泥质夹层、钙质胶结带、断层、裂缝均可利用此方法来模拟。

20 世纪 80 年代中期以来,该模拟方法主要应用于开发早期很少的油田,描述储层的连续性及其连通性,为做好油田开发方案设计提供依据。20 世纪 90 年代,以挪威计算中心为代表进行深入研究,克服该方法的缺点,即难于忠实井资料、目标物体开头简单化、仅适合于稀井网等,经过不断改进,终于开发和推出随机模拟软件"STORM"的河道和一般岩相的模块,适用于油田开发中后期注水的需要而建立多井条件的精细地质模型。到 90 年代中期,西安石油大学王家华教授为首的研究小组,用示性点过程模拟方法对我国东部地区 GD 油田注水开发后期确定剩余油分布获得成功。

(三)模拟退火(Simulated annealing)

该方法不同于其他随机建模方法,主要特点是它把模型需满足的原数据点的单元及多元统计关系、变异函数关系以及地质认识等因素做成一个组分优化问题,通过求解这个非线性优化问题的解来获得建模结果。

模拟退火最初是用于组分优化问题,要在很多成分的系统中找出最优的排序,使得系统整体能量或目标函数最小。模拟退火与热动力平衡类似。

1. 基本原理

在高温状态下,分子能自由运动,分布紊乱而无序,随着温度缓慢下降,分子有序排列形成晶体(代表系统的最低能量状态)。波尔兹曼(Boltzman)的概率分布 $P\{E\} \sim e^{-E/(k_b^T)}$。表达了

在温度为 T 的热平衡状态系统下所具有的能量呈概率形式分布。K_b 为波尔兹曼常数,它是把温度和能量关联起来的常数。

默特罗波利斯等(Metropolis)把这一原理用来模拟分子的运动。一个系统从能量状态 E_1 到能量状态 E_2 变化的概率 $p = e^{-(E_2-E_1)/K_b T}$。如果 $E_2 < E_1$,则系统总在变化,一般是取有利的方向,有时也取不利的方向。这种原理叫默特罗波利斯(Metropolis)原理。任何类似于退火热动力过程的优化方法均可称模拟退火方法。

模拟退火的基本思路是对于一个初始的图像,连续地进行扰动,直到它与一些预先定义的、包含在目标函数内的特征相吻合。在模拟退火中,有两个关键问题:其一为目标函数;其二为如何决定接受还是拒绝某一次扰动。

目标函数类似于真实退火过程中的吉布斯(Gibbs)自由能量,称能量函数,它表达每次模拟实现的空间特性与希望得到的空间特性之间的差别。空间特性可以是:①单变量分布图(如直方图);②变异函数或指示变异函数;③主变量和二级变量(如地震资料)的相关关系或它们之间的条件分布;④岩相(或其他离散变量)的几何形态、体积含量、垂向层序、交错层理等,以及上述各项任意组合。目标函数是模拟实现的变异函数和模型变异函数之间的差,表达式:

$$O = \sum_h \frac{[r^*(h) - r(h)]^2}{r(h)^2}$$

式中　$r^*(h)$——模拟实现的变异函数;

　　　$r(h)$——预先定义的变异函数;

　　　O——表达它们的差别,即能量。当能量为 0 时,表示模拟实现忠实预先定义的变异函数。

模拟退火的第二个关键问题是如何决定接受还是拒绝某一次扰动。接受扰动的概率分布由波尔兹曼概率分布给出:

$$P\{accpt\} = \begin{cases} 1 & O_{new} \leq O_{old} \\ e^{-(O_{new} - O_{old})/t} & O_{new} > O_{old} \end{cases}$$

在该分布中,所有理想的扰动($O_{new} \leq O_{old}$)都被接受,对于不理想的扰动($O_{new} > O_{old}$),则以一个指数分布的概率接受。指数分布中的参数 t 类似退火中的"温度"。越高,接受一次并不理想的扰动的概率越大。温度 t 不能降得太快,否则会使模拟实现陷入局部优化中,而且不再收敛;但也不能降得太慢,否则造成收敛速度过慢,确定如何控制温度 t 的过程被称为"制定退火计划"。合适的温度 t 的选择由狄龙史(C. V. Deutsh)等提出了一种经验方法。

2. 模拟步骤

①产生一初始的参数场,它可以用其他模拟方法产生,或从单变量分布函数上随机取值放在网络节点上形成的。如果有二级变量,也可由散点图的条件分布中提取数值作为初始值。

②建立目标函数,设置初始温度和退火计划。

③扰动初始的参数场,如交换两个不同的网络节点上的参数值。

④如果目标函数降低的话,接受扰动;如果目标函数增加,则以一定的概率接受扰动(真实退火过程的波尔兹曼概率分布)。

⑤持续扰动过程,并降低接受不理想扰动的概率(降低波尔兹曼概率分布的温度参数),直到目标函数足够低,在以后的迭代中没有任何改进为止。

模拟退火的优点是可以将所期望的任何统计量组合进入能量函数。缺点是刚发展起来不久,还不甚成熟。当能量函数比较复杂时,算法收敛很慢,且理论上缺乏统一的数学工具。

3. 应用范围

在储层描述和建模中,模拟退火方法可直接用于随机模拟,也可用于模拟实现的后处理。

(四)序贯模拟(Sequential simulation)

序贯模拟的总体思路是沿着随机路径序贯地求取各节点的累积条件分布函数(ccdf),并从 ccdf 中提取模拟值,用于提取 ccdf 的条件数据不仅包括原始的样品点,还包括已模拟过的点,这一模拟算法的目的是充分利用更多的条件数据来恢复变量的空间相关性,由于该方法能够估计局部条件概率分布,是一种很灵活的方法,应用较广。

1. 序贯原理

从模拟步骤中得到一个模拟实现 $Z^{(1)}(u)$。其中,在 $u=1$ 处,变量的 ccdf 由 n 个原始样品数据求取,然后从 ccdf 中随机地提取一个分位数作为该节点的值 $Z_1^{(1)}$,在下一个节点($u=2$)处,将上一个节点的模拟值加到原始条件数据中,使得求取 ccdf 的条件数据由原来的 n 个增加到 $n+1$ 个;从 ccdf 中取 $Z_2^{(1)}$,再将该值加入到下一个节点的模拟,条件信息容量又增加了 1,从而变为($n+2$)。

这样按顺序对所有 N 个节点进行随机模拟,可得到一个模拟实现 $Z^{(1)}(u)$。在这种序贯模拟过程中,需要确定 N 个累积条件分布函数:

$$P\{Z_1 \leq z_1 \mid (n)\}$$
$$P\{Z_2 \leq z_2 \mid (n+1)\}$$
$$P\{Z_3 \leq z_3 \mid (n+2)\}$$
$$\ldots$$
$$P\{Z_N \leq z_N \mid (n+N-1)\}$$

序贯模拟方法可用于高斯随机模拟和指示随机模拟,其差别主要是 ccdf 的求取方法不同。在序贯高斯模拟方法中,所有的 ccdf 假设为高斯分布,其均值和方差由简单的克里金方程组给出,主要用于连续变量(如孔隙度)的随机模拟;而在序贯指示模拟中,ccdf 直接由指示克里金方程组给出,主要用于渗透率的随机模拟。另外,马尔柯夫—贝叶斯模拟方法和指示成分模拟方法也应用了序贯模拟思路。

2. 模拟步骤

所有的"序贯"模拟方法采用如下的步骤(图5—12):

①随机地选择一个待模拟的节点;
②估计该节点的累积条件分布函数(ccdf);
③随机地从 ccdf 中提取一个分位数作为该节点的模拟值;
④将该新模拟值加到条件数据组中;
⑤重复①~④步,直到所有网格节点都被模拟到为止。

3. 应用范围

在计算机实现中,严格按照序贯模拟原理,确定 ccdf 的数据会越来越多,因为条件信息容量从 n 增加到($n+N-1$),计算过程将越来越复杂。在实际应用中,由于较近的数据往往屏蔽了较远的数据的影响,因此只保留较近的数据作为求取 ccdf 的条件信息。但是搜寻半径不能过小,条件数据的范围必须大到足以体现变异函数。一种解决方法是采用多级网格的概念,即用两步或多步来模拟 N 个节点。第一步,用粗网格来体现大变程的变异函数;第二步,对余下的网格,用小的条件数据的范围进行模拟。在序贯模拟中,模拟 N 个节点的顺序最好是随机

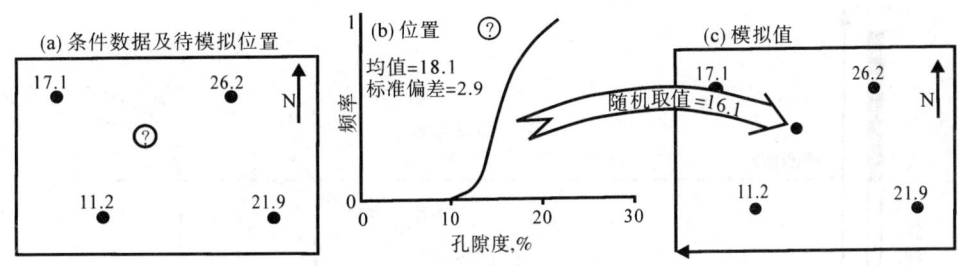

图 5—12 序贯模拟的简单图示(据 Srivastava,1994,有修改)

的。如果 N 个节点是按行访问时,将会沿行出现人为的效应。

(五)截断高斯模拟(Truncated gaussian simulation)

截断高斯域属于离散随机模型,用于研究离散型变量或类型变量。模拟过程是通过一系列门槛值及截断规则对三维连续变量进行截断而建立类型变量的三维分布。

三维连续变量分布是通过高斯域模型来建立,其中,连续变量(如粒度中值)首先转换成高斯分布(正态分布),然后应用某一连续高斯模拟方法(如序贯高斯模拟)建立三维连续变量的分布。在这一高斯域分布的建立过程中,可以应用地质趋势,使三维连续变量的分布能体现地质规律。门槛值可通过实际资料的统计取得。门槛值可以是常数,或根据地质规律给出的门槛趋势,如门槛值与深度的函数,或门槛值与平面的函数。

截断规则:设 n 种岩相可用每一种岩相的一个指示函数来描述。对于第 i 种岩相,其指示值可用高斯随机函数 $Y(x)$ 定义:

$$I(a_{i-1} < y(x) \leq a_i) = \begin{cases} 1 & 如果\ y(x) \in (a_{i-1}, a_i) \\ 0 & 其它 \end{cases}$$

因此,点 X 属于第 i 种岩相且 $y(x) \in (a_{i-1}, a_i)$。其中,a_i 为截断值,则可定义函数:

$$F(x) = \sum_{i=1}^{n} cod(i) I(a_{i-1} < y(x) \leq a_i)$$

因此 $y(x)$ 在位置 x 处取值 i,当且仅当位置属于相 i,即 $I(a_{i-1} < y(x) \leq a_i) = 1$

$F(u) = i$ 如果 $t_{i-1}(u) < z(u) < t_i(u)$

式中 $F(u)$——类型变量(或相);

$Z(u)$——高斯域;

$t_i(u)$——位置 u 处的门槛值。

截断高斯域可扩展到多元截断高斯域,其离散性质由 N 个高斯域截断线性组合来定义,因此可以模拟几何形态复杂的类型变量的分布。

在截断高斯模拟中,由于目标物体的分布取决于一系列门槛值对连续变量的截断,因此,模拟实现中的相分布将是排序的,即被模拟类型变量的顺序是固定的。如图 5—13 所示,相 1、相 2 和相 3 依次分布。相 1 与相 2 接触,相 2 与相 3 接触,而相 1 不可能与相 3 直接接触。由此可见这一方法适合于相带呈排序分布的沉积相模拟,如三角洲(包括三角平原、前缘和前三角洲)的随机模拟。

(六)分形条件模拟(Fractal simulation)

由孟得勒伯特(Mandelbrot,1983)提出的用于描述自然界许多复杂和不规则形态的数学方法。任何一个无限复杂的、不可微分的形态或结构,在其内部存在某种自相似性,即局部与

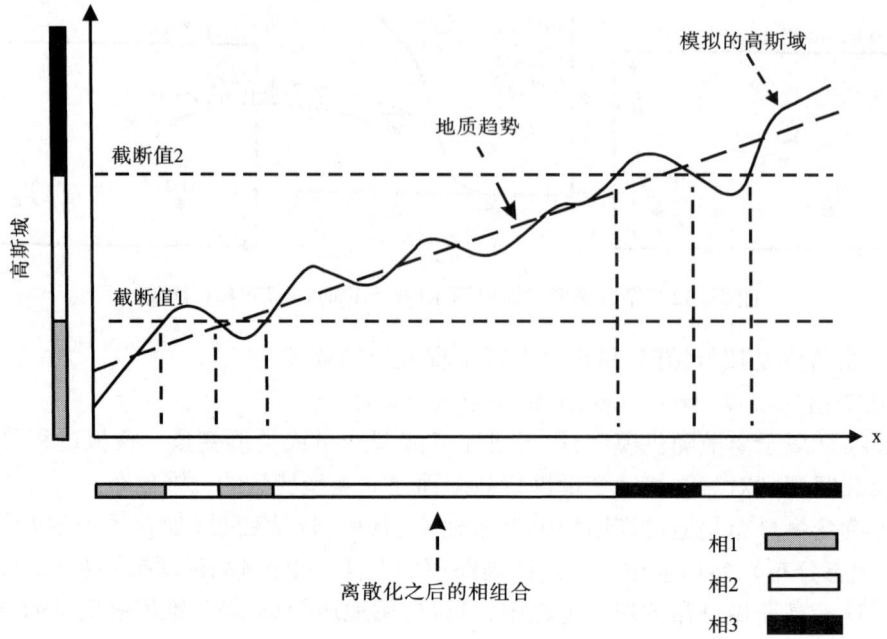

图 5—13 截断高斯模拟中连续高斯域的截断

整体相似。利用分形几何方法确定井间储层参数分布的主要方法是分形条件模拟方法。通常要满足在井点有测量值的地方模拟值要与真值一致；在井间参数变化主趋势上要与克里金等光滑插值的趋势一致；在井间参数的非均质特征要求其预测值与真值一致。

1. 模拟理论

在生成分形几何参数场时，必须使生成的参数场满足在测量点上等于给定的真值，而在统计意义上要满足给定的分形几何特征。为实现上述目标，提出下述随机场与克里金场的迭加方法。

①首先生成一个分形随机场 $R(X,Y)$，$R(X,Y)$ 满足由赫斯特(Hurst)指数 H 及噪声(音)方差 $O(L)$ 规定的分形特征。

②用克里金插值生成一个修正场 $U(X,Y)$，最终的分形克里金场定义为：

$$U(x,y) = R(x,y) + V(x,y)$$

在井点 $u(x,y)$ 处，分形克里金场要求等于给定的井点值 $u_j(j=1,2,\cdots,n)$，即 $U(x_j,y_j) = u_j(j=1,2,\cdots,n)$。

按以上定义可知，在井点处 $V(x,y)$ 场的值可先求出为 $V_j = v(x_j,y_j) = u_j - R(x_j,y_j)(j=1,2,\cdots,n)$。

从而可用如下克里金插值求得任意点 $v(x_o,y_o)$ 处的值：$V(x_o,y_o) = \sum_{j+1}^{n} \lambda_j y_j$

其中 v_j 是 n 个邻近井的已知值。权系数 λ_j 满足下述方程：

$$\sum_{j+1}^{n} r(L_{ij})\lambda_j + a = r(L_{io}) \qquad i=1,2\cdots,n \qquad \sum_{j+1}^{n} \lambda_j = 1$$

式中 $r(L_{ij})$ 为 i,j 两点间的变异函数。

上述方程还可以扩展到更多数据源的加入和更多已知条件的加入。

③分形随机场的生成方法，主要介绍傅立叶(Fourier)滤波法，其效果最好，实现步骤如下：

1)产生高斯噪声系列(即高斯分布系列);
2)做傅立叶变换;
3)对每个频率子波的系数乘以 $\dfrac{c}{f^{\frac{\beta}{2}}}$, $\beta = \begin{cases} 2H+1 & \text{对 } f\beta m \\ 2H-1 & \text{对 } fGn \end{cases}$;

式中　$f\beta m$——分数布朗运动;
　　　fGn——分数高斯噪声。

4)取傅立叶逆变换。

在应用中可适当剪去边界部分以减少边界效应。上述方法可以简单地推广到二维或三维。

2. 应用范围

分形条件模拟具有灵活性的特点,应用领域十分广泛。

①砂岩油层孔隙结构具有较强的自相似性,是一种分形结构。由沈平平等人提出利用压汞毛细管曲线计算分形维数的 MIFA 的方法既简单又准确,能够较好地定量描述砂岩孔隙结构的特征及非均质性。

②多数砂岩油田样品的孔隙可分为三部分:不具有分形特征的孔隙;具有分形特征的大孔隙,其分形维数与无水期采收率有较好相关性;具有分形特征的小孔隙,其分形维数与束缚水饱和度有较好的关系。

③用谱分析法先确定分形曲线类型,再结合 R/S 分析或变异函数分析法确定赫斯特(Hurst)指数,是测定储层参数非均质性的有效方法。

④大多数油田的孔隙度、渗透率具有分形特征,它们的赫斯特指数分别为 0.9 及 0.8。用分形条件模拟方法对储层参数建模,在反映储层参数的非均质分布与统计特征方面比传统克里金方法要优越,在为数值模拟准备参数场使模拟结果更接近于实际,使历史拟合更加方便。

⑤应用分形方法研究裂缝网络分布,有学者认为三维裂缝的分形维数在 2.5 左右(Hewett,1994),裂缝的分布维数一般采用"盒子计数法"。

(七)人工神经网络(Neuron network model)

人工神经网络是近年来得到迅速发展的一个前沿技术,广泛应用于油气领域储层多参数预测。人工神经元是生物神经元特性及功能的数学抽象,神经网络通常指由大量简单神经元互连而构成的一种计算结构,它可以模拟生物神经系统的工作过程,用于解决实际问题的能力。神经网络优化算法是利用神经网络中神经元的协同并行计算能力构成的优化算法,它将实际问题优化解与神经网络的稳定状态相对应,对实际问题的优化过程映射神经网络的优化过程。

在油气储层多参数的预测中,神经网络具有以下特点:较强的收敛性及自适应学习能力;较强的容错性;预测稳定性好。神经网络预测,实际上是通过对现有的由多参数及对应目标值组成的样本学习集的学习,来建立某种非线性模型,通过该模型对具有同样参数的预测集进行定量预测。可见,样本学习集中的参数与对应目标值之间是否有良好的相关性,就成为神经网络预测是否成功的首要问题。

1. 研究方法

首先立足于应用逐步多元线性回归对样本集中各参数与对应目标值之间的关系进行研

究,从而筛选参数,组成新的样本学习集,然后交与神经网络学习,以提高神经网络预测精度。筛选参数方法如下。

(1) 多元线性回归

设随机变量(称目标值)y 及 m 个变量(称参数)$X_0, X_1, \cdots, X_{m-1}$。给定 n 组观测数据(称样本集)$(X_{0i}, X_{1i}, \cdots, X_{m-1i}, y_i)(i = 0, 1, \cdots, n)$ 用线性表达式:

$$y = a_0 x_0 + a_1 x_1 + \cdots + a_{m-1} x_{m-1} + a_m$$

对观测数据进行回归分析。式中 $a_0, a_1, \cdots a_{m-1}, a_m$ 为回归系数。

根据最小二乘原理,使

$$q = \frac{1}{n} \sum_{i=0}^{n-1} [y_i - (a_0 x_{0i} + a_1 x_{1i} + \cdots + a_{m-1} x_{m-1i} + a_m)]^2$$

达到最小,从而求出回归系数 $a_0, a_1, \cdots, a_{m-1}, a_m$。这里 q 为 m 个自变量对应的平均偏差平方和。

(2) 逐步多元线性回归及参数筛选 逐步的含义是,由于随机变量 y 有 m 个自变量,则进行 m 步回归。各步回归所得的 $q_0, q_1 \cdots \cdots, q_{m-1}$ 平均偏差平方和,其结果存在两种变化趋势,先减小后增大或逐渐减小。对于第一种情况,保留使平均偏差平方和减小的自变量,并将它们与对应的目标值形成新的样本学习集。对于第二种情况,说明所有自变量与目标值存在良好的相关性,则全部保留,即保持原有样本学习集不变,说明本方法所筛选的最佳自变量组合并非数学意义上的最佳自变量的组合,但它符合工程应用的精度要求。

2. 优选算法

(1) 人工神经元模型

每个神经元从邻近它的神经元接受信息,也向邻近于该单元的其它神经元发出信息。整个网络信息处理是通过这些神经元的相互作用完成的(图5—14)。

设 $X = (X_1, X_2, \cdots\cdots, X_n)$ 为该神经元接受来自其他神经元的输入矢量,$(W = W_1, W_2, \cdots\cdots, W_n)$ 为相应的权值,θ 是该神经元本身具有的阀值。输出 Y 可以表示为:

$$y = f\left(\sum_{j=1}^{n} w_j x_j - \theta\right) = f(w \cdot x - \theta)$$

作用函数 $f(x)$ 经常采用 S 形函数:$f(x) = 1.0 / [1.0 + e^{(-x)}]$

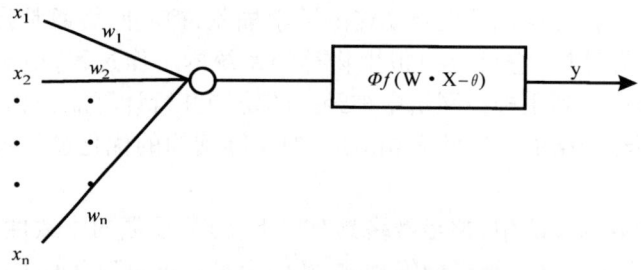

图5—14 人工神经元模型示意图

(2) 神经网络基本结构

神经网格基本结构有三层:输入层、输出层和连接二者的隐层。每一层均由神经元组成,层与层之间的神经元相互连接。输入层接受外界的输入,而输出层则把处理信息传送到外界,隐层可以视为一个存储规则、数学模型的大脑。其结构如图5—15所示。

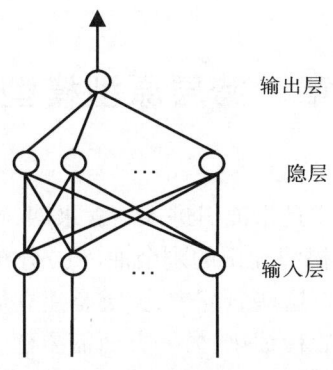

图 5—15 神经网络示意图

网络通过对训练样本的学习,经过权值和作用函数运算后,得到一个输出,让它与期望的样本进行比较,若有偏差,则从输出开始反向传播,调整权值,使网络输出与期望的样本尽量一致,直到网格收敛,学习阶段结束。在神经网络训练完成后,将预测集送入该网络中,即可得到预测值。

3. 应用范围

利用人工神经网络的非线性最优化技术来提高渗透率解释图版的精度,还可以应用在压裂酸化等采油工艺措施的决策等。

第六章 储层原型模型技术

储层精细研究或精细油藏描述是指油田进入高含水期、特高含水期后,为了使油田经济有效地开发,提高油(气)采收率,以搞清油田的剩余油(气)分布特征、规律及其控制因素为目标所进行的储层定量化精细研究。在这些研究中,关键是建立储层预测模型。要完成这项工作,一方面需要油田实际资料和技术的精细化;另一方面需要建立比预测的储层更加精细的参照物或模板,即要有各类储层的原型模型和地质知识库,还要有一套切实可行的数学预测方法和软件。

第一节 储层原型模型

一、概述

原型模型和地质知识库是储层精细预测或随机建模预测井间参数的重要基础。

所谓原型模型就是一个与模拟目标储层沉积类似,并具有足够密集的数据控制点,得到过详细描述的储层地质模型。从原型模型中可以总结出地质规律,用于指导相似沉积类型的储层预测;获得各种参数的统计特征,如变异函数、砂体密度及宽厚比等,作为模拟及约束条件来进行目标砂体随机建模,从而保证其非均质性特征的可靠性。原型模型研究是目前精细建模的主要研究方向之一。

所谓储层地质知识库是指经大量研究,高度概括和总结出的能定性或定量表征不同成因类型储层地质特征,且具有普遍意义的储层地质参数。它能用来指导未知储层的研究、预测和地质建模。地质知识库的获得主要靠露头、现代沉积和密井网区等的精细研究和解剖,其中露头储层的精细研究特别重要。地质知识库主要包括岩性岩相库、沉积环境和沉积微相库、几何形状库、物性参数库、成岩库等等。

原型模型的研究在提高石油采收率方面主要有两个方面的应用。

一方面是详细描述储层的空间分布结构,指导储层预测,主要包括:储层成因单元的组成,各成因单元的空间几何形态、规模,各成因单元的非均质性特征,各成因单元空间组合关系和砂体的连通性等。通过对这些地质规律定量化的总结,可以在现有的井网条件下对剩余油挖潜的主要对象和主要部位有更加清晰的认识。

另一方面是总结出一套储层精细建模方法,提高储层预测精度,主要包括:地质参数统计模型的建立、不同建模算法的优选、模拟实现结果的优选等。重点是建立更加精细准确的地质统计模型。通过这些研究,可以建立更加符合实际情况的三维地质模型,提高储层的预测精度。

二、建立原型模型的方法

建立储层原型模型和储层地质知识库的方法很多,其中人们研究最多的是野外露头、现代沉积物理模拟和密井网精细解剖,以及地震资料确定性建立模型方法。

(一)野外露头和现代沉积建立原型模型

野外露头和现代沉积研究所建立的原型模型具有直观性、完整性、精确性、便于大比例尺研究的特点。通过对储层进行精细的地质描述和测量,然后通过室内分析、统计来确定储层原型模型的参数,其理论研究意义十分重大。但是受限于沉积环境、沉积条件的不确定性,该方法具有一定的局限性。

近几十年,欧美各国改变了传统的以区域地质勘探为目的的工作方法,而花费巨资从事为油田开发服务的精细露头储层研究工作。如美国能源部在怀俄明州粉河盆地的陆架砂脊露头调查(Tomutsa,et al.,1986);英国、法国、荷兰、挪威等国组成的专家组(Heresim 小组)在英格兰约克郡(Yorkshire)研究三角洲露头,为建立北海 Brent 组的地质模型提供了知识库(Archer And Hancock,1980;Rudkiewiz,1990)。Mayer 等(1993)对美国科罗拉多 Muddy J 砂岩的地表露头和地下储层地质特征的对比;Dreyer 等(1993)利用美国加利福尼亚 Ridge 盆地的露头资料对比挪威中部陆架部分河控扇三角洲 Tilje 组地层进行岩相分析和流体流动单元分析;Lowry 等(1993)对犹他州中东部地区 Mancos Shale 组 Ferron 砂岩段的河控三角洲前缘层序露头研究进行储层模拟等等。其中最有影响的是由 BP 投资在美国俄克拉何马州吐尔萨附近对 GYPSY 砂岩所开展的露头调查工作。研究经费耗资数百万美元,整个研究工程包括:露头调查、覆盖带浅井数十口、地震与雷达勘探、钻深部实验井 5 口。这些露头研究工作一方面是为了建立含油层系规模的地质模型,另一方面是为了建立砂体规模地质模型。

国内开展以建立储层地质模型为目的,为油田开发应用的露头和现代沉积研究始于 20 世纪 80 年代,如青海油砂山辫状河三角洲和分流河道砂体露头调查(林克湘等,1995;雷卞军等,1998);阜新盆地辫状河三角洲露头调查(王建国、王德发,1995);永定河辫状河现代沉积、岱海现代辫状河沉积、扇三角洲露头调查和拒马河曲流河现代沉积点坝研究等等,都对不同类型储层非均质的宏观和微观描述做出了贡献。目前国内开展露头研究最新最精细的是中国石油勘探开发研究院承担的中国石油天然气集团公司"九五"重点科技攻关项目"储层露头精细描述及应用研究",是国内第一个有关扇三角洲和辫状河储层露头的综合解剖研究项目,穆龙新和贾爱林等人(2000)通过对山西大同辫状河露头和滦平桑园营子扇三角洲沉积露头的研究,建立了辫状河和扇三角洲沉积体系的详细的储层地质知识库和露头原型,对于研究相似沉积环境的储层分布预测有很好的理论借鉴意义。

(二)物理模拟建立原型模型

物理模拟也是一种非常可靠的原型模型建模方法,比如,通过湖盆水槽模拟实验,可以得到大量的关于不同沉积类型的储层砂体模型。这种模型与露头是类似的,其最大的优势在于测量方便(可以随意切片、取样),对沉积过程记录详细,成因机理明确。对沉积学的研究和确定储层宏观分布规律的参数意义重大,但对储层评价参数(物性、含流体特征)和在具体油田建模上的应用非常局限。

(三)密井网条件建立原型模型

充分利用开发成熟区块的静态、动态资料,进行精细的油藏地质研究(包括地层学研究、构造学研究、沉积学研究、储层评价研究等),是针对油田覆盖区建立储层原型模型的经济有效的方法。大量的实践证明:高分辨率层序地层学划分与对比、沉积微相的精细研究、详细的开发动态分析、小层段和大比例尺的工业制图等方法和技术的广泛应用,足以获得可靠的储层原型地质模型。

密井网区所建原型模型,其优点是可以根据密井网具有大量的动、静态资料,便于对地下情况进行详细的研究,但受井距的限制,对于井间储层预测需要结合其他信息。

(四)地震资料建立确定性模型方法

随着地震技术,尤其是三维地震、开发地震等技术的迅速发展,可以对地下储层进行连续信息的采集、分析与成像,加深了对地下储层的认识程度。在以往的油藏描述中,各种地震储层横向预测技术实际上是一种确定性的储层建模技术,不仅可以对一个油区的储层进行预测与评价,同样还可以获得储层的原型地质模型。

利用地震资料所建立的原型模型,提供了一个比较确定性的储层宏观分布模型,具有储层横向信息丰富的优势,可以在储层横向分布上进行很好的预测,但垂向分辨率低一直是其一大缺陷。

第二节 利用地质露头资料建立储层原型模型

随着石油勘探开发的深入,勘探开发工作的难度越来越大。勘探上如何在尽量少钻井,甚至在一口发现井的条件下,便对油藏做出基本正确的描述,建立油藏概念模型。开发阶段如何在老油田建立三维精细地质模型,搞清高含水期地下剩余油分布规律,已成为世界级的攻关难题。这一切的关键是如何更加精细地预测储层,因此必须建立精细预测储层的基础和方法。仅从传统的地质研究方法和油田现有资料已不足以解决这样的问题。由于野外地质露头和现代沉积具有直观性、完整性、精确性等优势特点,所以把它作为认识地下地质体的最重要的研究资料之一。

一、储层露头选型标准

露头的选点是原型模型建立的关键。我国以陆相沉积储层为主,据统计不同沉积类型储层中剩余油的分布情况,以河流类和湖相三角洲(含扇三角洲)类为主,分别占48.6%和33.1%,合计占总剩余油量的80%。所以选取在我国陆相油田中具有代表性的储层沉积类型,对于指导全国储层的精细描述具有典型代表意义。露头的选择必须具备以下几个基本条件。

(一)储层类型具有代表性

辫状河和扇三角洲是我国河流相和湖泊三角洲相储集层中的两个具有代表性的沉积相类型,在我国不同类型盆地不同层系的储集层中均占重要地位,开展其原型地质规律研究具有重要意义。

(二)沉积类型特征明显

只有具有典型沉积特征的露头储层,才具备开展原型地质规律研究的基本条件,所建立的原型模型才可以在更大的范围进行应用和预测,这是露头选择的关键因素之一。

(三)露头剖面相带展布齐全,地质现象丰富

露头必须具有相对齐全的相带展布和丰富的地质现象,这样就可以尽可能详细准确地认识和掌握储层不同级次的非均质特征和变化规律。

(四)所选露头沉积类型与油田具有较强的可比性

目前的研究认为,控制剩余油分布的因素是多方面的,包括储层的非均质特征、流体特征、压力体系等,但最为重要的仍然是储层的非均质性,所以,只有选择与油田具有较好可比性的露头,开展研究,才能使所建立的原型模型得到最广泛的应用。

(五)便于进一步的研究和施工

原型模型的建立必须依据规模足够大、足够详细的野外露头研究成果,需要进行大规模的

野外测量,在必要的情况下,还要开展钻井、测井等施工,因此,选择有利于施工和测量条件的露头是非常必要的。

（六）交通条件比较便利

用于建立原型模型的露头研究不同于一般的露头踏勘和描述,有相当多的野外设备每天都要在露头上进行施工,因此,比较便利的交通条件是开展研究工作的前提之一。

二、露头储层层次界面划分和隔夹层分布特征

（一）露头储层层次界面划分

层次界面划分是近年来发展起来的一种地层划分方法,其核心内容就是按沉积单元的规模级次进行划分。对于级别较高的地层单元来讲,其层次界面与时间界面是一致的。在这一研究领域,目前也有不同的划分方案,不同派别之间各执己见,其中又可以分为以 Miall 为代表的地层界面级别与数序一致的划分（即 1 级界面最小）和以 Normark 为代表的地层界面级别与数序相反的划分法（即 1 级界面最大）。本书在进行层次界面划分时,既参考了各家不同划分方法的优缺点,同时也考虑到构造划分方案及人们的习惯,最终确定按地层界面级别与数序相反的划分方案。根据大级别的层次界面可以进行地层划分对比,指导储层骨架模型的建立;根据小级别的层次界面可以在砂体或复合砂体内部划分储层建筑结构单元,解剖砂体结构和非均质性。

根据扇三角洲露头研究,划分了八级层次界面（表 6—1）,并指出各级界面的对比范围和应用原则,这是指导建立精细储层骨架模型的基础。

表 6—1 沉积体系层次界面划分表

级别	沉积体	侧向延伸	可比性
1	盆地充填复合体	10～100km	剖面上可区域追踪,电测曲线可区域对比,地震可识别
2	沉积体系复合体	3～5km	剖面上可区域追踪,电测曲线可区域对比,地震可识别
3	单个沉积体系	3～10km	剖面上可追踪,油田范围内可电测对比,三维地震可识别
4	河道复合体	50～200m	剖面上可对比,小井距条件下可对比
5	单河道 天然堤、决口扇	20～100m	剖面上可识别和对比,井下对比困难
6	层系、层	5～10m	剖面上可识别,井下不能对比
7	纹层组、纹层	2～5m	剖面上可识别,井下无法对比
8	未定		

1 级界面:底界面是盆地沉积的开始,与基岩直接接触,是一典型的岩性突变面,不仅从岩心测井上极易识别,在地震上也是容易识别的。

2 级界面:限定了沉积体系（如扇三角洲或辫状河）的不同堆叠形式,一般是洪泛面或湖泛面。

3 级界面:是不同沉积体之间的界面,在滦平扇三角洲露头上 3 级界面之间一般厚 20m 左右。

4 级界面:限定的是多期水道的叠置体,同时,作者研究认为 4 级界面是井下地层对比中较为可靠的最小对比单元,比之更小级别界面的井间对比可靠性不大。

5级界面:限定单河道、天然堤、决口扇的界面。

6级与7级界面:是层系、层以及纹层组和纹层之间的界面,6级与7级界面是研究层内非均质性的主要地质因素之一,6级与7级界面可以造成剩余油的局部富集。

8级界面:未定。

层次界面划分是一个开放的系统,根据研究的需要,任何一级较大规模的界面都可以定义为一级界面,然后逐级进行细分。另外界面的微观尺度又是无穷的,在纹层之后还有颗粒空间、矿物定向、晶体定向等微观尺度,只要是研究中所需要的都可以逐级细分下去。

(二)露头隔夹层分布特征

隔夹层的类型划分方案基本上有两种:一种是以岩性为特征的划分方案;一种是以沉积环境为特征的划分方案。前者如泥岩夹层和泥质粉砂岩夹层的划分,后者如滨浅湖夹层和披覆夹层的划分。两种方案可以说各有优点,第一种划分方案更接近于生产实际,且目前的使用面较广,第二种划分方案则更接近于理论研究。另外,对隔夹层的划分还有以厚度、连续性特征的划分方案。

(三)隔夹层的预测方法研究

隔夹层的预测实际上属于储层预测的内容之一,因此其预测方法也基本和储层预测方法是一致的,概括起来,大致可分为沉积机制预测和地质统计预测两大类。沉积机制预测主要从沉积机理上入手,将夹层按成因类型分类,然后从成因上估计其与砂体的关系及自身的展布范围。统计预测则是从钻井或露头上统计各级夹层出现的频率、密度等,从而对研究区或井间进行预测。

1. 沉积机制预测

沉积机制预测一般是在井少或资料较少的情况下,从单井或几口井夹层的沉积类型出发,按沉积类型的不同进行预测。另外,国外在应用沉积理论进行夹层预测方面也做了相当多的工作,如 Geehan 等(1985)在对犹他州 Cast Legate 砂岩露头研究后总结出的不连续夹层分布。

2. 地质统计预测

地质统计预测就是根据夹层出现的频率、密度和变化特征总结出一定的统计规律,然后根据这一规律进行的预测。地质统计预测要求的资料背景较为详细,一般要在密井网区或露头上开展这一研究工作。

三、滦平扇三角洲露头原型模型和地质知识库建立

原型模型研究就是以露头或密井网区为对象,采用足够密集的数据点控制,建立数字化的全真的储层实体,并总结出具有普遍意义的原型地质规律,作为同类型储层预测参照的模板。原型地质规律主要体现在各类型地质知识库上。储层地质知识库类型很多,不同学者有不同分类,包括有河流类型库、沉积体系位置库、沉积模式库、测井形态库、参数统计库、粒度特征库、成岩库等。作者以精细储层描述为研究目的,重点建立了6种类型地质知识库,包括:沉积模式库(描述沉积体系的典型沉积模式)、储层岩性岩相库(描述储层岩石类型)、沉积微相库(描述储层砂体成因单元)、砂体规模尺度库(描述砂体几何形态、规模大小等)、储层物性参数库(重点描述储层物性参数分布非均质性)、地质统计学参数库(主要为各相类型变差函数结构参数,用于地质建模)。

(一)滦平盆地扇三角洲沉积体系野外露头基本特征

1. 野外露头剖面简介

滦平盆地位于河北省北部,行政区划属于滦平县,地理坐标为东经117°15′~117°30′,北

纬 45°50′~41°00′。研究区距离北京 165km,区内交通便利。

该剖面属于上侏罗—下白垩统,共包括桑园营子扇三角洲平原—前缘剖面,杨树沟门扇三角洲前缘剖面,铁路桥滨湖相剖面和火车站滨浅湖剖面(表6—2)。

该剖面东西总长度约为 10km,桑园营子主干剖面东西延伸长 1.3km,整个剖面几乎包括了扇三角洲的各种微相和砂体,而且多期多级次反复迭置,是进行扇三角洲野外露头研究的理想场所。

表6—2 滦平扇三角洲剖面简况

简况 名称	沉积相带	剖面方向	出露原因	出露条件
桑园剖面	扇三角洲平原前缘	EW(1300m)	公路切割	良好
杨树沟剖面	扇三角洲前缘	EW(500m)	自然出露	良好
铁路桥剖面	滨湖	NS(200m)	铁路切割	一般
火车站剖面	滨浅湖	NS(1000m)	铁路切割	良好

2. 露头隔夹层特征

(1)隔层特征

该剖面是一个多旋回、多级次的复合扇三角洲沉积体,储层基本上呈较薄的层状分布,无论是在平面上,还是在剖面上,隔层的分布都是十分广泛的。不仅不同的副层序之间有广泛分布的滨浅湖泥岩隔层,同时副层序内部也存在着由于湖水的进退或扇三角洲的迁移,以及河道的摆动而形成的隔层,所以该区的隔层具有成因类型多样性的特点,从岩性上可划分出以下几类。

①灰绿色泥岩隔层,这种隔层多为扇三角洲水进体系域或高水位体系域中的湖相泥岩以及水下河道间的滨浅湖泥岩、粉砂质泥岩及部分泥质粉砂岩。隔层厚度变化较大,有达 10m 以上的隔层,也有仅 1~2m 的薄隔层,但其分布范围较为广泛,在露头范围内基本都有分布,推测其在更大的范围内也发育较为稳定,该隔层为该区的Ⅰ类隔层。

②红色、杂色泥岩隔层。相对于扇三角洲和滨浅湖沉积而言,水上扇三角洲平原多处于氧化环境,这一环境下沉积的隔层多呈氧化色,从成因意义上来讲,主要为扇间沉积、泛滥平原沉积和河道间沉积。前两种规模较大,厚度上多在 3~5m,个别在 5m 以上,后一种较薄,一般厚度在 1~2m 之间。

③灰色泥灰岩隔层。灰色泥灰岩是在盆外碎屑物供给相对较少的情况下,干旱—半干旱气候条件下,湖泊环境中的碳酸盐进行化学沉淀,与岸外供给的泥质碎屑一起形成的隔层,在该区 CV 副层序组 B 层组中见到了一层灰色泥灰岩隔层,厚约 10cm。在整个露头上均有该岩层分布且厚度十分稳定。实际上,这样的岩层往往夹于灰绿色泥岩层中,与灰绿色泥岩共同组成一个稳定的隔层。这类岩性隔层在湖相沉积体系中较少出现,所以其作为隔层的意义并不大,但由于其大面积分布且厚度稳定,测井曲线上易于识别,在地层对比中往往可以作为主要的标志层。

(2)夹层特征

夹层是指储层砂体内部的不渗透遮挡或低渗透率层,分为物性夹层和岩性夹层两类。由于该区为扇三角洲沉积体系,形成砂体的主要微相为近岸水道、远岸水道和辫状河道。从沉积机制上来讲,河流性质均为辫状河。从理论上讲,辫状河沉积体系中的砂体内部夹层不发育。

实际研究也证实了这一点,按岩性划分的夹层主要包括以下几类。

①泥质岩类夹层。该类夹层包括泥岩、泥质粉砂岩和粉砂质泥岩三大类,是夹层中岩性类型最多的一种,延伸范围较窄,但对垂向连通性和渗透率有明显的影响。

②碳质泥岩类夹层。在河道砂的上部或溢岸沉积砂体中,常见到厚度较薄的碳质泥岩夹层,层厚一般小于10cm,碳屑呈水平定向,对砂体的非均质性有一定影响。

③不连续泥砾层。在河道砂体内部,尤其是中下部,常可见到不连续的泥砾层,并有一定的撕裂构造。该类夹层多呈断续状出现,是堤岸垮塌形成的产物。

④致密砾岩层。在三角洲沉积主要砂体的内部,经常出现厚度在5~10cm之间的致密砾岩层,这样的夹层渗透率极低($<0.01mD$),出现频率较大,作为扇三角洲储层砂体的夹层研究具有十分重要意义。

(二)地质知识库建立

1. 沉积模式库

扇三角洲划分为三种亚相,16种微相(表6—3,图6—1)。扇三角洲平原是扇三角洲体系砂、砾质沉积的主体部位,包括泥石流沉积、大型辫状水道、河道间、泛滥平原、决口扇和溢岸沉积等六个微相,其中又以泥石流和辫状水道的发育最为特征。从近岸水道到席状砂外缘这一区域则为扇三角洲前缘。砂体沉积主要分为近岸水道、远岸水道、河口坝、远端砂坝和席状砂。其中两类水道是砂体沉积的主要部位,也是最有利的储层发育带。在扇三角洲的席状砂之前,便是湖泊沉积体系,发育于岸线附近的半固结砂体,由于本身的重力作用而产生滑塌,向湖水更深的地方发生二次搬运从而形成滑塌浊积体。

表6—3 扇三角洲沉积相划分

沉积体系	亚相	微相
扇三角洲沉积体系	扇三角洲平原	泥石流、辫状水道、河道间、泛滥平原、决口扇、溢岸沉积
	扇三角洲前缘	近岸水道、远岸水道、决口扇、天然堤、河口坝、溢岸沉积、河道间、席状砂
	前扇三角洲	滨浅湖沉积、滑塌浊积

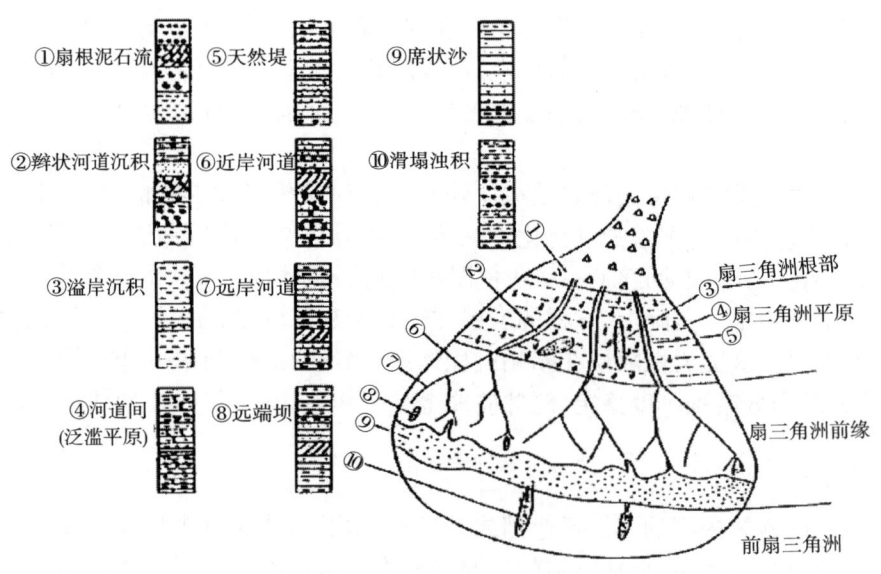

图6—1 扇三角洲沉积模式图

2. 岩性岩相库

滦平扇三角洲剖面的地质现象非常丰富。岩石相划分遵循了由细到粗的原则，首先划分出 41 个露头上可以识别的岩石相单元，同时考虑到岩石相划分的过细不利于储层建模，也无法在地下岩心上识别，因此将 41 个岩石相单元进行了合并，总结出具有代表意义的 20 种岩石相类型。

扇三角洲岩性岩相库的建立过程中，主要总结以下几个方面的内容：
①岩石相类型，这是建立岩性岩相库的关键；
②结构特征，主要包括粒度特征和粒度分布特征；
③层理类型，主要层理类型和规模；
④成因解释，给出不同岩石相可能出现的微相类型；
⑤其他特征，主要包括分选矿物成分、圆度和颜色；
⑥图示特征，即将前几项内容用图示的方式表现。

据此建立的扇三角洲岩性岩相库如表 6—4 所示。

表 6—4 扇三角洲岩性岩相库

岩石相类型	结构	主要沉积层理	其他特征	成因解释	图示特征
块状粗砾岩相 Gm	粗粒 混杂结构	块状层理	棱角状 成分复杂	扇根，辫状水道底部	
块状细砾岩相 Gmf	粗粒 不等粒结构	块状层理	次棱角 成分复杂	辫状水道中下部	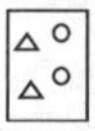
细砾岩递变层 GVm	粗粒 不等粒结构	反韵律 正韵律	次棱角 成分复杂	各种水道均有出现	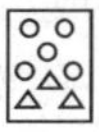 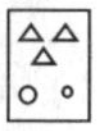
槽状层理砂砾岩相 SGc	粗粒 不等粒结构	大型槽状层理	次棱角 长石、岩屑为主	水道中下部	
板状层理砂砾岩相 SGb	粗粒 不等粒结构	大型板状层理	次棱角 长石、岩屑为主	水道中部	
平行层理砂砾岩相 SGp	粗粒 不等粒结构	平行层理	次棱角 长石、岩屑为主	水道中部	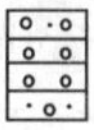
块状层理砂砾岩相 SGm	粗粒 较均匀	块状层理	次棱角 长石、岩屑为主	水道主体	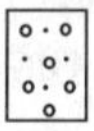
洪积层理砂质砾岩相 SGh	粗粒 不等粒结构	平行层理 正、反韵律	次棱角 成份复杂	各种水道中	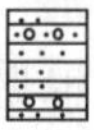
块状层理砂岩相 Sm	中粒 较均匀	块状层理	次棱角—次圆 灰色、灰白色为主	近岸、远岸水道中部	
槽状层理砂岩相 Sc	中粗砂为主 含细砾及细砂	中型槽状层理	次棱角—次圆 灰色、灰白色为主	近岸、远岸水道中下部	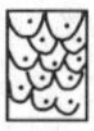
板状层理砂岩相 Sb	中粗砂为主 含细砾及细砂	中型板状层理	次棱角—次圆 灰色、灰白色为主	近岸、远岸水道中部	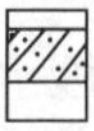
平行层理砂岩相 Sp	中粗砂为主 含细砾及细砂	平行层理	次棱角—次圆 灰色、灰白色为主	近岸、远岸水道主体	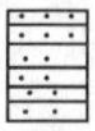
波状层理细砂岩相 Sfw	细粒	波状层理	次圆状 灰色—灰绿色	水道上部，溢岸沉积	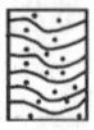

续表

岩石相类型	结构	主要沉积层理	其他特征	成因解释	图示特征
砂砾岩递变层 SVm	粒度变化大 不等粒结构	正、反韵律	次棱角 成份复杂	水道内部	
小型交错层理粉砂岩相 Ssc	细粒、粉细砂含中砂	小型交错层理	次圆状 灰绿色	近岸、远道水道上部	
波状层理粉砂岩相 Ssw	细粒、粉细砂含中砂	小型波状层理	次圆状 灰绿色	近岸、远道水道顶部	
羽状交错层理粉砂岩相 Ssy	细粒、粉细砂含中砂	羽状层理	次圆状 灰绿色	滨湖	
非均质岩石相 M	粒度混杂 从细砾到粉砂	平行层理	次棱角—次圆 灰色—灰绿色	河道内部	
水平层理泥岩相 Mh	泥状结构	水平层理	灰绿色、红色、杂色	河道间、泛滥 平原前三角洲泥	
钙质泥岩相 Mca	泥状结构	块状层理	灰色、灰白色	滨浅湖	

3. 沉积微相库

沉积微相库是指沉积微相及其内部结构、构造、形态等参数组成的地质知识库，主要内容包括：

①成因单元或沉积微相名称，这是进行该库建立的基础，只有准确的成因单元划分，才能进行沉积微相库的建立；

②成因单元形态，成因单元的平面、剖面与三维形态；

③成因单元大小，包括长度和宽度两个方面的内容；

④成因单元内部可能出现的遮挡层的岩性、产状；

⑤成因单元内部的层理构造，特别是主要层理构造类型；

⑥内部粒度韵律特征的变化，粒度粗细与粒序变化；

⑦单剖面上分选的变化情况，主要描述其矿物与粒度的变化。

⑧测井曲线形态，这是沉积微相库中较为重要的内容之一，只有通过测井解释及测井形态的识别，才能将露头测井知识与地下信息结合起来。

根据以上几项内容，最终建立起了扇三角洲沉积微相地质知识库（见表6—5）。

表6—5 滦平扇三角洲沉积微相地质知识库

微相类型	形状	大 宽度 m	小 厚度 m	遮挡层	沉积构造	粒度	分选	测井曲线
平原泥石流		1~3	10~30	水平泥粉岩	块状层理 大型槽状			
辫状水道		300~500	1.5~8	水平泥、泥粉岩	大型槽状 平行层理 板状层理			

续表

微相类型	形状	大 宽度 m	小 厚度 m	遮挡层	沉积构造	粒度	分选	测井曲线
近岸水道		200~1000	3~16	水平、波状泥、泥粉	平行层理 交错层理（槽状、板状）			
远岸水道		100~500	0.5~5	水平泥岩 波状泥粉	平行层理 波状层理			
天然堤		50~200	0.5~1.5	水平泥岩	平行层理 波状层理			
河口坝		30~100	2~4	波状泥粉	交错层理			
远砂坝		20~70	1~3	波状泥粉	小型交错层理			
席状砂		300~2000	0.5~2	水平页岩	块状层理 平行层理 波状层理			
滑塌浊积		50~200	2~6	水平页岩 倾斜泥岩	块状层理			
溢岸沉积		100~300	1~1.5	水平泥岩	波状层理			

4. 砂体规模尺度库

砂体规模尺度库是地质知识库定量化的体现。滦平扇三角洲全剖面砂体类型、规模尺度、分布规律等都是十分重要的研究内容，全剖面共识别出132个砂体，对其分别编号、命名。根据其展布情况、连通情况、微相类型分别进行了大量的实测、整理统计，得到各类砂体的规模尺度参数，包括各种砂体（储层构型单元）所占比例（表6—6），砂体的宽厚比等数据信息（表6—7）。

表6—6 滦平扇三角洲露头砂体类型所占比例统计表

砂体类型	个数	百分比,%	面积,m²	百分数,%
辫状水道	11	8.2	11587.2	14.27
近岸水道	16	11.9	19994.8	24.62
远岸水道	32	23.9	8426.4	10.38
溢岸沉积	18	13.4	3841	4.7
席状砂	20	14.9	2768.6	3.41
远端坝	15	11.2	1138.2	1.4
天然堤	8	6	2770.6	3.41
泥石流	3	2.2	18185	22.39
小型滑塌	1	0.7	78.4	0.1

表6—7 滦平扇三角洲露头各成因单元规模统计表

微相类型	平均厚度,m	最大厚度,m	宽度,m	恢复后宽度,m	宽厚比
辫状水道	3.18	6.38	242.13	286.68	85.70
近岸水道	3.81	5.8	233.07	299.63	108.61
近岸—远岸水道	2.88	4.6	321.96	442.48	182.47
远岸水道	1.85	2.85	111.09	133.73	85.12
溢岸沉积	1.22	1.94	128.23	152.88	122.36
席状砂	1.15	1.75	85.12	111.62	109.27
天然堤	2.08	3.175	145.37	171.25	109.97
泥石流	8.2	13.07	425.1	587.42	63.29

5. 储层物性参数库

通过大量取样分析,统计了扇三角洲不同岩石类型、不同类型砂体和相带的物性参数的分布特征(表6—8、表6—9、表6—10)。由于成岩作用不同,物性绝对值对于推广应用并没有实际意义,但变异系数、级差等统计参数则具有一定的普遍意义。

6. 地质统计学参数库

主要为各微相砂体变差函数结构参数统计(表6—11)。在建立变差函数时,将相类型进行适当合并,共组合出包括前三角洲泥、前缘砂坝和席状砂、前缘近岸—远岸水道、溢岸沉积、平原辫状水道、前三角洲滑塌浊积等六种微相。

表6—8 扇三角洲体系各类储集砂体物性特征统计表

岩性类型	孔隙度,%					渗透率,mD				
	样品数	最小值	最大值	平均值	均方差	样品数	最小值	最大值	平均值	均方差
粉砂岩类	12	1.1	10.7	5.31	2.74	9	0.01	0.1	0.05	0.03
细砂岩类	66	1.5	15.7	7.7	3.02	56	0.01	6.55	0.22	0.36
中砂岩类	40	2	16.7	9	3.92	39	0.01	8.34	1.03	1.53
粗砂岩类	40	2.2	20	9.11	4.3	36	0.01	10.9	0.93	1.36
含砾砂岩类	108	0.3	23.6	9.66	3.55	103	0.01	98.1	2.2	3.7
砾岩类	142	2.6	24.1	11.04	2.82	125	0.01	134	6.09	10.02
全区平均	408	0.3	24.1	9.59	3.44	368	0.01	134	4.97	7.86

表6—9 扇三角洲各主要成因相储层渗透率分布表(单位:mD)

成因相	<0.01	0.01~1	1~5	5~10	10~15	15~20	20~30	30~50	>50
辫状水道	5/35.7	6/42.9	2/14.3	0/0	0/0	1/7.1	0/0	0/0	0/0
近岸/远岸水道	82/42.3	73/37.2	16/8.2	5/2.6	2/1.0	5/2.6	3/1.5	2/1.0	6/3.1
分流河口坝	4/26.7	11/73.3	0/0	0/0	0/0	0/0	0/0	0/0	0/0
近端前缘	50/73.5	16/23.5	2/2.9	0/0	0/0	0/0	0/0	0/0	0/0
远端前级	27/81.8	1/18.2	0/0	0/0	0/0	0/0	0/0	0/0	0/0

*频数/频率

表6—10　扇三角洲不同沉积亚相砂岩层渗透率分布（单位：$10^{-3}\mu m^2$）

亚相类型	平均值	最小值	最大值	变异系数	极差	突进系数	均质系数
扇三角洲平原	98.7	3.5	831.4	1.24	239.6	8.4	0.12
扇三角洲前缘	51	2.7	201.8	0.96	74.8	4	0.25
前扇三角洲	79.2	39.3	166.7	0.48	4.2	2.1	0.48

表6—11　滦平扇角洲露头各沉积相的变差函数结构参数

相类型	块金值	垂向		横向	
		基台值	变程，m	基台值	变程，m
前三角洲泥	0	0.3777	39.1	0.246	469.2
前缘砂坝和席状砂	0	0.467	27.1	0.0219	321.8
前缘近岸—远岸水道	0	0.434	36.1	0.027	430.1
溢岸沉积	0	0.454	30.1	0.0383	571.4
平原辫状水道	0	0.429	30.9	0.0534	480.9
前三角洲滑塌浊积	0	0.440	36.8	0.0431	338.2

（三）扇三角洲原型地质模型建立

由于滦平扇三角洲露头岩性或砂体类型多样，分布比例各异，有的岩性或砂体在露头中分布广泛，有的极少，为建立具有指导意义的扇三角洲原型地质模型，采用前三角洲泥、前缘砂坝和席状砂、前缘近岸—远岸水道、溢岸沉积、平原辫状水道、前三角洲滑塌浊积六种微相组合划分方式，分别编码为1，2，3，4，5，6。设计模型网络为 NX＝470，NY＝290，△X＝2.5m，△Y＝0.8m，共生成136300个网格节点。建立了如图6—2所示的精细二维露头剖面的原模型。

原型地质模型的建立是沉积相与物性参数模拟的出发点，也是检验各种模拟方法是否符合原型模型所代表的地质条件的标准之一。

图6—2　滦平扇三角洲露头剖面的原型模型

（四）扇三角洲原型地质规律

①扇三角洲呈多层沉积的特点，形成了典型的多层状砂体分布特征，层间非均质性特点较为明显，而在辫状河沉积中层内非均质性是其主要特征。

②砂体内部夹层较为少见，但层间隔层分布较为稳定，一般都能将其上下砂体彻底分开。

③扇三角洲储层共划分出10种成因单元砂体，各类水道型砂体构成储层格架的主体，约

占总面积的65%,砂体类型决定物性特征和建筑结构的宏观面貌。扇三角洲的各种水道砂体个数上占砂体总个数50%,面积上占65%,连通性好,是最主要的结构要素。

④扇三角洲各成因单元砂体宽/厚比一般为80~120,与辫状河各成因单元相比,明显变宽。

⑤扇三角洲各类砂体物性差别较大,以辫状水道和水下分流河道物性较好。就物性分布而言,以前缘河口坝和席状砂较为集中,均质性较好,而辫状水道和水下分流河道物性分布范围较宽,非均质性较强。总体来说具有粒度越粗,物性越好,非均质性更严重的特征。

⑥由于扇三角洲沉积呈层状,不同微相组合的砂层间物性分布有较明显的差别,扇三角洲平原以辫状水道沉积为主,渗透率较高,但非均质性较强,扇三角洲前缘和前三角洲以水下分流河道和河口坝、席状砂为主,渗透率较低,但非均质性较弱。

⑦在不同规模尺度下总结砂体分布的统计概率模型,层间规模反映的是复合砂体的分布规律,层内规模反映的是单砂体的分布规律,将其进行套合,可以综合反映不同规模尺度的砂体分布规律。单砂体横向分布的变程约相当于其宽厚比的一半。

⑧通过露头层序地层学的研究,总结出地层对比中的假准层序合并原则、准层序类型横向变化原则和泥岩厚度渐变原则,用于有效指导井下地层对比和地质模型中层模型的建立。假准层序的合并原则是指,在距离不大的范围内,划分出的准层序厚度不应差别太大,若其厚度差别为倍数时,应按厚度均衡原则进行合并;准层序类型横向变化原则是指,随着相的横向变化,准层序类型也在发生变化;泥岩厚度渐变原则是指,在单层对比时,若地层单元的厚度变化出现异常时,考虑深切谷和浅切谷的存在。同时发现砂体宽/厚比会随基准面升降发生有规律变化,以此规律来约束建模中的随机插值,能改进储层预测效果。

第三节 密井网储层精细描述及原型模型建立

近年来迅速发展的层次界面分析、流动单元分析、储层定量表征的成因方法为储层小尺度研究、分层次建模提供了理论依据。

基于层次建模的思想,结合成熟开发油田的实际特点及油田开发的后期对储层精细研究的需要,对储层提出4个层次的地层模型,即储层层段结构模型、单砂层模型、单砂体模型、微观孔隙结构模型。其中单砂层级别的地质模型,特别是其中的微相分布模型是建立地质模型的重点和核心内容。

吕晓光等人2000年提出以密井网资料为基础采用综合分析预测的方法建立确定性模型。其基本思路是充分借鉴已有的研究成果和沉积学知识,形成研究区或研究层段的概念模式,由已知井点资料形成一个确定性储层静态结构模型,然后通过对测井曲线分析,岩心资料分析,水平井资料总结,并经各种动态资料检验,由地质家根据自己的知识、经验和技能,采用综合分析、类比推测方法,对井间储层边界进行描述和预测,利用神经网络分析、地质统计学等数学插值方法预测物性分布,建立确定性地质模型。在此过程中,借鉴比较沉积学和过程沉积学的思想,最大程度地利用可获得的类比露头资料、小井距资料、现代沉积研究成果(如微相的空间展布、走向、宽厚比等),减少模型的不确定性,并以各种动态资料进行验证。

一、密井网解剖区选择

大庆油田目前属深度开发的成熟油田,油藏描述进入精细描述阶段,以大量动静态资料为依据,采用综合分析的方法建立地质模型,提取相关参数,建立地质知识库是可行的,并选取大庆油田萨中北一区断东西块作为密井网解剖区(图6—3),研究曲流河三角洲储层原型地质规律,其资料信息特点如下。

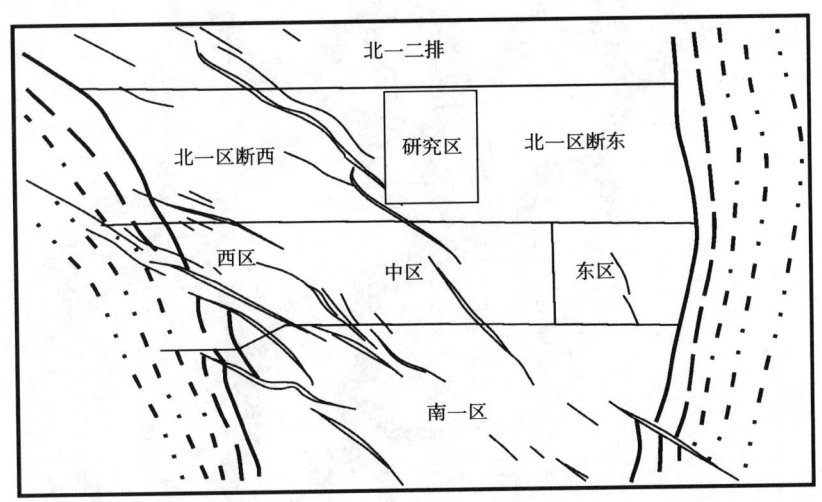

图6—3 萨中油田北一区断东西块位置示意图

(1)多年的开发地质研究对这套储层的沉积模式、规模、成因特点,以及不同微相的组合关系有了比较深入的认识。

(2)油田开发后期一般拥有丰富的密井网、近井距测井资料,增加了大量确定性信息。经过多次加密调整后,大庆油田的井距一般在200~250m,此外还有一些同井场井、小井距井等资料(井距小于50m)。

(3)拥有大量的生产动态、测试和取心检查井资料,为精细表征验证各类砂体的规模、非均质性提供了基础。

(4)研究区构造简单,断层相对不发育,有利于精细的地层和砂体连续性对比。

(5)深度开发油田预测模型的精度要求达到100m×100m×(0.2~1.0m),对于利用井距100m左右甚至大量同井场(50~75m)的测井资料建立的地质知识库,能满足建立预测模型的精度。

二、成熟油田密井网条件下相控建模研究

(一)沉积学分析

在大庆油田萨中开发区应用沉积学方法,建立单层时间单元分流平原相低弯度分流河道砂体微相分布模型。研究区总井数332口,面积9km²左右,井距100~200m,利用条件井点的静态测井资料,根据已建立的测井相解释图版,综合考虑该类砂体的成因特点,砂体分布规模,并辅以动态资料校正,建立了微相分布模型(图6—4,图6—5)。

1. 主河道微相

自然电位和电阻曲线呈块状或正韵律的钟形,厚度1~6m,厚度分布峰值分别为2m和

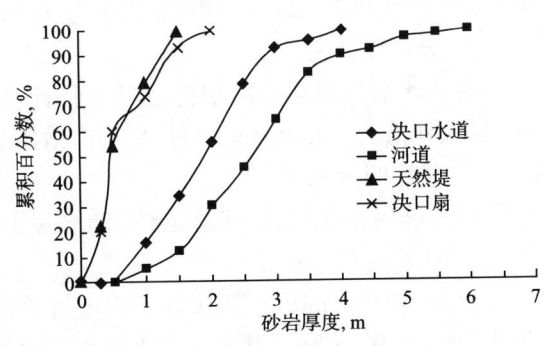

图6—4 不同微相砂岩厚度累计分布曲线

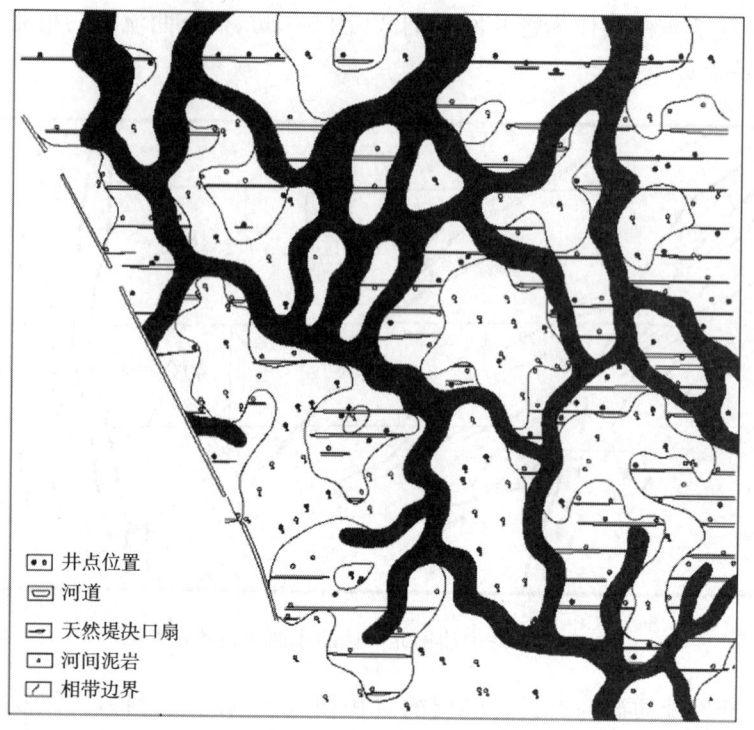

图 6—5 低弯度分流河道砂体微相分布模型

3.6m,窄条带状分布,微弯曲,局部交会形成复杂的网状。单一河道砂体宽度几十米到 200m 之间,交汇处可达 250~300m。测井解释有效渗透率多在 150~800mD,渗透率均值 521mD。

2. 决口水道微相

测井曲线形态多为正韵律的钟状或小圆头状,为洪水期主河道决口沉积物,与决口扇共生组合,厚度和规模低于主河道,砂体宽度多在 75~100m,厚度多分布于 1~3m 之间,渗透率均值 420mD。

3. 决口扇微相

为洪水期冲裂河岸形成的席状沉积物。低弯度分流河道砂体形成过程中,由于总体能量较低,河道砂体相互切割、叠合的机遇低,使河道间决口扇砂体得以保存。规模一般小于 0.4km^2,厚度 0.2~2m,厚度峰值分布于 0.6m 位置,平均有效渗透率 60mD 左右。

4. 天然堤微相

为河水溢出河岸的沉积物,多沿河道两侧分布,厚度和规模较小,厚度一般 0.2~0.8m 之间,最大峰值分布在 0.6m 左右,平均有效渗透率 40mD 左右。

5. 分流间湾泥岩

河道间泛滥泥岩,是非渗透性岩层,为建模中的背景相。

(二)相控参数模型

首先,对建立的沉积微相分布图进行了数值化,生成了沉积微相数值代码网络模型,网络步长 20m×20m×6m。图 6—6 所示为数值化的模型显示结果,用不同的灰度显示出了河道、决口水道、决口扇和天然堤及泥岩背景相。以微相模型为基础,采用相控插值技术,分别建立了砂岩厚度(图 6—7、图 6—8)和渗透率分布模型(图 6—9、图 6—10)。为了便于比较,同时应用非相控条件下的相同插值方法建立了上述两个参数的预测模型。

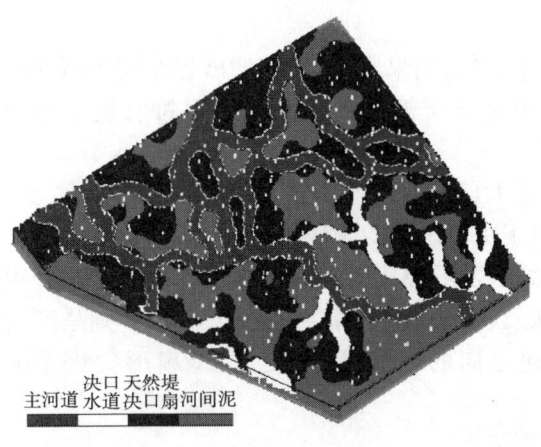

图6—6 数值化处理的沉积微相模型

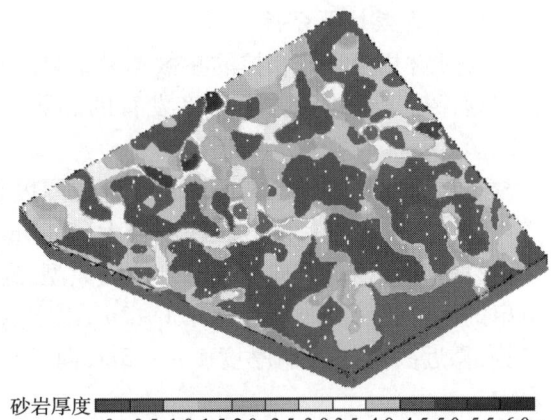

图6—7 低弯度分流河道砂体相控砂岩厚度预测模型

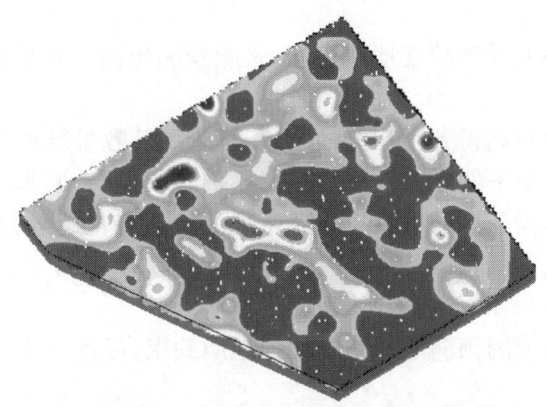

图6—8 低弯度分流河道砂体砂岩厚度预测模型（无相控）

图6—9 低弯度分流河道砂体相控渗透率预测模型

图6—10 低弯度分流河道砂体渗透率预测模型（无相控）

（三）建模结果分析

通过对相控和非相控的参数建模结果进行比较分析，结果表明，相控的砂岩厚度预测模型较好地保持了沿物源方向厚度发育的趋势，在河道分叉交汇处的预测结果也符合地下地质概念。

①靠近北部的物源方向和主干部位厚度相对较大（3~4m）。

②河道交汇处一般砂岩厚度较大（5~6m），对于决口砂体的预测更接近于地下实际。

以研究区西南方向的决口砂体为典型，通过微相控制，厚度预测结果揭示出决口水道和决口扇的组合趋势。决口水道厚1~2m，以窄条带状发育于决口扇薄层砂之间，席状砂则呈渐变趋势，靠近决口处近端厚度1~1.5m，向泛滥盆地方向的远端，厚度变薄，呈扇形尖灭于泥岩中。

非相控的厚度预测结果则无法表征地下地质规律。

①未能表征地下窄河道砂体分叉合并的地质分布趋势。

②由于过于依赖条件井点的控制、断开了某些条带趋势，将可能为河道发育的部位砂岩厚度预测为0。

③对决口沉积砂体的预测缺乏地质概念，未能预测出决口水道的条带状趋势和席状砂的渐变趋势。

渗透率的预测结果对比得到了相同的结论，尽管受其数量级和非均质的影响，但相控条件下的预测结果更接近于地下实际，在河道主干处，河道交会部位，厚度较大，沉积能量强，颗粒粗，渗透率也相对较高，渗透率的发育遵从条带性的地质变化趋势，对决口砂体的预测也表征出渐变的特征。

根据建模结果可得到如下结论和认识：

①采用相控建模和成因预测的思路是增强地质约束，促进地质概念向模型转化，提高储层建模精度的重要手段。

②油田开发后期，基础资料信息丰富，采用沉积学分析方法，建立微相模型有利于发挥地质家的经验、知识和技能，其结果将更好地发挥地质的约束作用，同时也更适合我国油藏描述的基础和实际。

③由于地下砂体和参数分布的非均质性和不确定性，可考虑确定性与随机建模结合的思路，在沉积微相确定性建模的基础上，采用相控参数随机建模，更精细表征微相内的非均质性和不确定性，为风险分析和决策提供依据。

三、低弯度分流河道砂体的地质知识库

大庆油田萨中开发区属陆相大型河流三角洲分流平原环境，为广阔的低平地区。以该密井网解剖区为基础建立低弯度分流河道的地质知识库。利用密井网资料建立地质知识库的过程包括：对研究对象的精细沉积学描述、以及在此基础上的定量统计分析两个主要步骤。研究内容一般包括：研究区选择沉积单元的精细对比、岩电关系研究、单井微相识别、微相平面图的编制。采用"模式成因描述方法"详细绘制单砂层微相平面图时，必须根据河道砂体延伸的方向性、曲率变化、宽度的协调性趋势对单井定相的结果进行再认识。以往发现的主要问题是部分钻遇河道边部的曲线被误定为席状砂，应予以校正，力求做到微相识别的准确性。

（一）岩性岩相库

Gm：块状层理钙质含泥砾砂岩相，为分流河道底部滞留沉积物；

Sp:板状交错层理细砂岩相,为河道下部沉积;
St:小型板状、槽状交错层理粉细砂岩相,河道上部沉积;
Sr:小型槽状交错层理波纹层理粉砂岩、泥质粉砂岩相;
Sm:块状层理粉砂岩、泥质粉砂岩相;
Fm:块状泥岩相。

(二)沉积微相库

1. 岩相组合

该沉积单元主要发育6类岩相组合序列。

序列1:Gm→Sp→St→Sr→Fm;

序列2:Sp→Sm→Fm;

序列3:Sm→St→Sr→Fm;

序列4:Sm→Fm;

序列5:Gm→Sm→Fm;

序列6:Sm→Sr。

2. 微相类型及测井响应模式

共识别出6类微相,主要发育分流河道、决口水道、天然堤、决口扇和分流间泥,废弃河道局部出现。

(1)主河道微相。底界多为侵蚀型或冲刷型,多向上变细层序序列,一般由序列1、2和序列3组成。岩性以中细粉砂岩为主,粒度较大型曲流河和高弯度分流河道砂体粗,多具底部冲刷,典型层序自下而上为:块状层理钙质含(泥)砾砂岩、底部滞留沉积—板状、槽状交错层理中细砂岩—小型板状、槽状交错层理粉细砂岩—小型交错层理、波纹层理的过渡岩性—紫色、杂色、灰绿色块状泥岩分流河间沉积。

(2)决口水道。分流河道在大洪水期冲破河岸形成的小型河道沉积,由粉细砂岩组成,底界为突变型。常见的层序序列为序列3、序列4和序列5,其基本特征与分流河道一致。但厚度薄,砂体规模小,粒度细,层理规模小,冲刷能力减弱,平面上一般与决口扇共生。

(3)天然堤。河流泛滥时溢出河岸的细粒悬移质碎屑物在河道两侧沉积形成,侧向分布窄。以过渡岩性为主,夹少量粉砂岩,具小型微细交错层理、波纹层理,可见虫孔和扰动构造、植物根等,岩相组合以序列4或序列6为主。

(4)决口扇。洪泛时期洪水冲开某处天然堤,碎屑物被决口的河水携出。决堤的河水突然失去河道的限制,以放射状的分流呈扇形沉积下来,沉积物由波状纹层粉砂岩与泥质或钙质粉砂岩、过渡岩性为主。上部递变为更细的沉积物。底面为水平的并与下伏层递变接触,可解释为决口扇沉积物,碳酸盐岩古土壤是决口扇沉积物顶部的典型特征。

(5)废弃河道。指原河道被弃后的沉积物,河道废弃后,沉积能量急剧减弱,沉积物粒度变细、层理类型和规模变小或消失,岩相组合类型为序列4或序列5。但在低弯度河道砂体中这类微相发育相对较少。

(6)分流间湾。河道两侧泛滥平原相对的低洼地,一般只在洪泛时期接受一些泥质沉积,非洪泛时期容易暴露地表,易于发生土壤化。

(三)夹层分布库

1. 单井剖面上夹层分布

①主河道微相。多出现于砂体中上部位置,夹层密度一般$0.3 \sim 0.9$层/m。统计表明,无

夹层50%,有夹层50%,其中发育1个夹层占34.2%,发育2个夹层占10%,发育3个夹层占3.6%,发育4个夹层占1.2%,发育6个夹层占30.8%。

②决口河道微相。无夹层占73.9%,有夹层占26.1%。多为1个夹层,夹层/砂层厚度比15%。

2. 夹层的空间分布

由于低弯度分流河道砂体兼具曲流河侧向加积及顺直河垂向加积的特征,不同河道段有不同的夹层特征。顺直河道段薄夹层由加积体顶部的细粒沉积组成,加积体为垂向加积,界面产状0°~2°,宽度40~180m;弯曲河道段夹层倾角2°~20°,侧积泥岩夹层宽度30~80m。

(四)砂体规模尺度库和变差函数结构参数

根据大量的井资料统计,建立了砂体厚度、有效厚度、厚度与有效厚度关系、砂体宽厚比、宽厚比与厚度关系、不同砂体物性参数、砂体不同方向变程等参数地质知识库,见图6—11。

变差函数沿主物源方向的变程 $a1$ 代表其最大的相关长度,垂直主物源方向的变程 $a2$ 为砂体侧向最大相关长度,垂向变程 $a3$ 表征垂向最大相关程度。$a1/a2$ 可近似表征长宽比的变化。$a1=220\text{m}$;$a2=95\text{m}$;$a3=0.3\text{m}$,$a1/a2=2.3$。

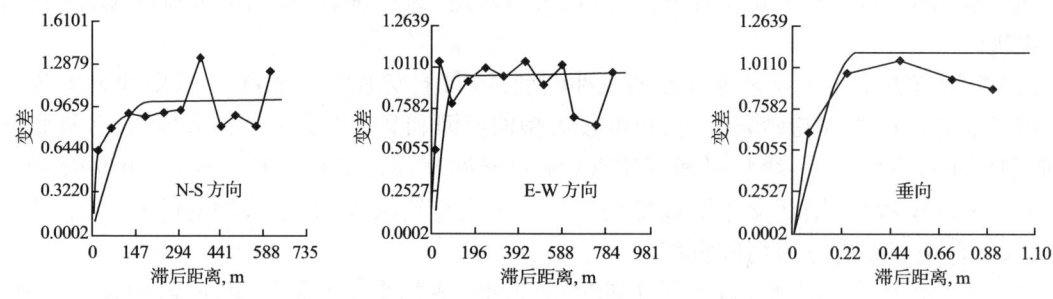

图6—11 典型低弯度分流河道砂体变差函数

(五)低弯度分流河道储层原型地质规律

①大庆油田萨葡高油层属于曲流河三角洲沉积类型,形成典型的多层状油层,砂地比一般为30%~45%。

②主河道和决口水道(分支河道)是曲流河三角洲储层砂岩沉积的主要部位,约占面积的77%。主河道砂岩厚度一般2~6m,平均2.6m,有效厚度一般占砂岩厚度的85%,宽厚比平均45。决口河道砂岩厚度一般1.6~2m,平均1.9m,有效厚度一般占砂岩厚度的79%,宽厚比平均51。

③夹层多分布于砂体中上部位置,夹层密度小于1层/m。在不同性质的河道段夹层的产状和宽度有明显的不同。顺直河道段夹层宽度大、产状水平、连续好、分布广;弯曲河道段夹层倾斜、分布范围较局限、厚度较大。

④决口扇砂体是表外储层的主要组成,规模一般小于 0.4km^2,侧向展布宽度750m左右,沿物源方向展布宽度550m,侧向/物源方向比1.2,伴生的决口水道宽度75~100m,宽厚比35~45,该类沉积是在老油田挖潜的主要方向之一。

第四节　沉积模拟实验研究原型模型的储层沉积过程

自20世纪60年代以来,为了深入地理解碎屑岩沉积的特征和规律,地质学界一直在不断地探索碎屑岩地质沉积过程的模拟。这种模拟研究遵循两条途径进行。其一是在实验室内用物理模拟再现水流搬运泥沙的过程,摸索碎屑岩沉积的特征和规律;另一途径是利用计算机对沉积过程进行数值模拟。

以储层原型模型研究为目的开展沉积物理模拟和数值模拟,有三个方面的优势:①可以与露头或油田形成的地质知识进行相互验证,提高预测的可靠性;②可以补充露头和油田资料条件下难以取得的参数;③可以通过改变实验条件,评价不同地质背景对砂体发育的控制作用,突破露头单一地质背景下原型地质规律的局限性。

以滦平扇三角洲野外露头调查资料为基础,研究扇三角洲储层分布及演化沉积模拟实验,通过详细测量、计算,建立了扇三角洲各类砂体几何尺寸三维形态地质知识库,以期增强对地下同类型砂体的定量认识,使其室内模拟结果与野外露头和地下储层有更可靠的可比性,应用扇三角洲沉积模拟形成过程的一般规律提高勘探成功率,指导油气生产。

一、滦平扇三角洲沉积模拟地质知识库

滦平扇三角洲沉积模拟实验分为四个大的沉积过程,每个沉积过程为一个沉积实验期。

为便于实验模拟砂体与原型砂体对比分析,将每个实验期均实测不同部位各个微相砂体的长度、宽度、厚度等数据,在此基础上计算出各对应微相砂体的长宽比和宽厚比。分别实测和统计辫状水道微相、溢岸沉积微相、近岸水道微相、远岸水道微相及席状砂微相等砂体的数据,在此基础上,分别绘制各微相砂体的长度—宽度、宽度—厚度关系曲线。

从表6—12可以看出,辫状水道砂体的最大长宽比为20,最小长宽比为0.35,平均长宽比为0.94。

同样从其他沉积微相数据中得到:溢岸沉积砂体的最大长宽比为0.64,最小长宽比为0.27,平均长宽比为0.45;近岸水道砂体的最大长宽比为1.25,最小长宽比为0.47,平均长宽比为0.88;远岸水道砂体的最大长宽比为1.43,最小为0.25,平均长宽比为0.71;席状砂砂体的最大长宽比为0.54,最小长宽比为0.1,平均长宽比为0.23。

从上述统计数字得出:辫状水道的平均长宽比最大,近岸水道、远岸水道、溢岩沉积的平均长宽比依次变小。就砂体宽厚比而言,席状砂体的平均宽厚比(170)最大,溢岸沉积(平均宽厚比57.5)次之,辫状水道(平均宽厚比47.5)、近岸水道(平均宽厚比48)及远岸水道(平均宽厚比50)平均宽厚比均比较小且数值接近。

图6—12为扇三角洲辫状水道微相砂体长度—宽度、宽度—厚度关系曲线,从图中可以看出,辫状水道砂体长度—宽度呈近似线性关系,相关性差,而宽度—厚度之间则呈近似对数关系,相关性也不好,但长度—宽度、宽度—厚度之间均成正比关系。

图6—13为扇三角洲溢岩沉积微相长度—宽度、宽度—厚度关系曲线,从图中可以看出,溢岸沉积砂体长度—宽度、宽度—厚度之间均存在着良好的线性正相关对应,相关系数为0.7以上。

图6—14为扇三角洲近岸水道微相长度—宽度—厚度关系曲线,从图中可以看出,近岸水道砂体长度—宽度、宽度—厚度之间均存在较好的线性正相关对应的关系,宽度—厚度之间的相关性要好于长度—宽度之间的相关性。

表6—12 四个实验沉积期辫状河道微相砂体长度、宽度、厚度、长宽比及宽厚比数据

位置	最大长度,m				最大宽度,m				最大厚度,m				平均厚度,m				长宽比,m				宽厚比,m			
	Run1	Run2	Run3	Run4	Run1	Run2	Run3	Run4	Run1	Run2	Run3	Run4	Run1	Run2	Run3	Run4	Run1	Run2	Run3	Run4	Run1	Run2	Run3	Run4
Y=13m	2.1	2.9	3.5	3.9	2.1	2.7	3.5	3.4	6.0	6.5	10.2	9.4	3.5	4.5	6.9	6.5	1.0	1.07	1.0	1.15	60.0	60.0	51.0	52.3
Y=13m	1.4	1.7	2.1	2.5	1.05	1.70	1.82	1.65	5.5	5.7	7.3	6.4	2.8	2.7	4.1	3.9	1.33	1.0	1.15	1.52	37.5	63.0	44.4	42.3
Y=12m	1.1	1.9	1.95	2.2	1.75	1.94	2.13	3.05	7.4	7.9	10.3	11.2	4.7	4.1	4.9	5.3	0.63	0.98	0.92	0.72	37.2	43.7	43.5	57.5
Y=12m	1.4	1.7	1.5	1.1	1.63	1.54	1.15	1.70	7.8	9.4	11.3	10.5	4.1	5.7	6.4	5.5	0.86	1.1	1.3	0.65	39.8	27.0	18.2	30.9
Y=12m	2.1	1.4	1.7	1.9	1.05	7.5	1.70	9.8	8.2	8.7	9.9	11	4.3	6.0	5.8	6.0	2.0	1.87	1.0	1.94	24.4	12.5	29.3	16.4
Y=11m	1.7	1.6	1.8	1.3	3.01	3.37	3.75	3.10	11.1	12.3	10.1	9.8	5.7	5.1	5.5	5.4	0.56	0.48	0.48	0.42	52.8	66.1	68.2	57.4
Y=11m	1.9	2.5	2.2	1.7	2.70	1.84	1.71	1.95	10.8	11.7	9.4	10.3	5.1	6.2	7.1	6.4	0.71	1.36	1.29	0.87	52.9	29.7	24.1	30.5
Y=11m	0.9	0.7	1.1	0.7	1.81	1.94	1.75	1.51	7.9	8.4	8.7	9.1	3.8	3.7	4.1	5.3	0.50	0.36	0.63	0.46	47.6	52.4	42.7	28.5
Y=11m	0.85	1.4	1.32	0.5	1.74	2.01	1.53	1.42	7.7	8.1	8.0	7.8	4.4	5.0	3.9	4.8	0.49	0.71	0.86	0.35	39.6	40.2	39.3	29.6

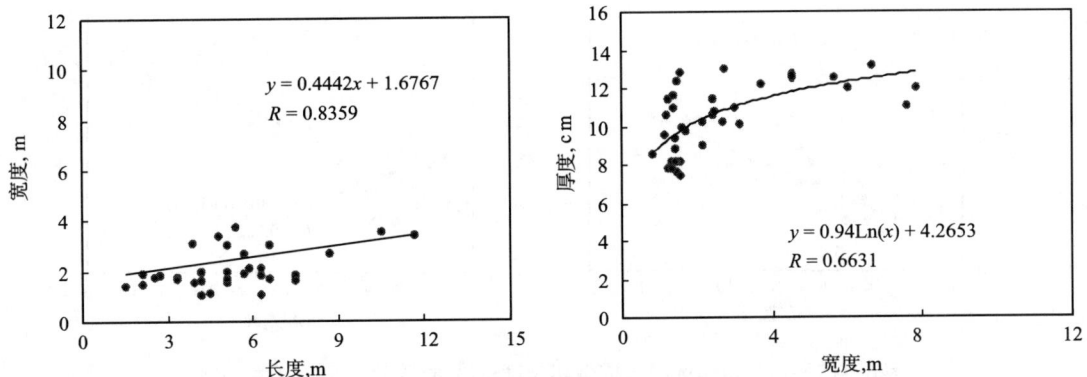

图 6—12　扇三角洲辫状水道微相砂体长度—宽度、宽度—厚度关系曲线

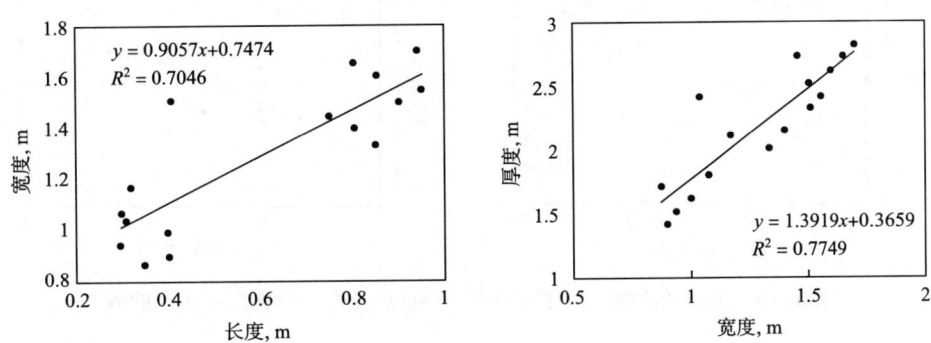

图 6—13　扇三角洲溢岸沉积微相长度—宽度、宽度—厚度关系曲线

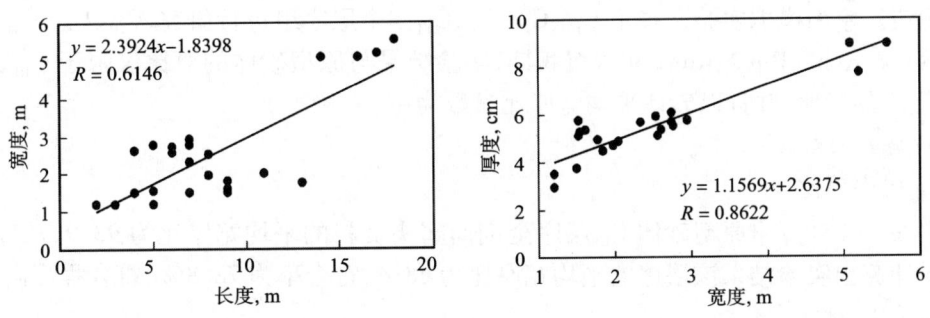

图 6—14　扇三角洲近岸水道微相长度—宽度、宽度—厚度关系曲线

图 6—15 为扇三角洲远岸水道微相长度—宽度、宽度—厚度关系曲线,从图中可以看出,远岸水道砂体长度与宽度之间、宽度与厚度之间均具有良好的线性正相关对应关系。

图 6—16 为扇三角洲席状砂微相长度—宽度、宽度—厚度之间关系曲线,从图中可以看出,席状砂砂体长度—宽度、宽度—厚度之间均存在较好的线性正相关对应关系,宽度—厚度之间的相关性要好于长度—宽度之间的相关性。

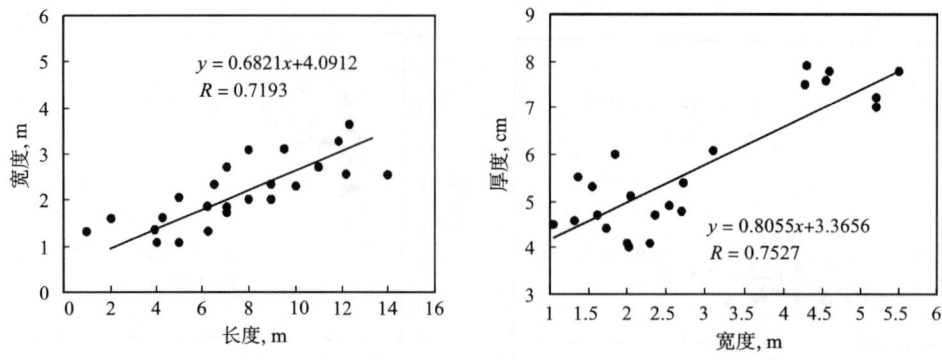

图 6—15 扇三角洲远岸水道微相长度—宽度、宽度—厚度关系曲线

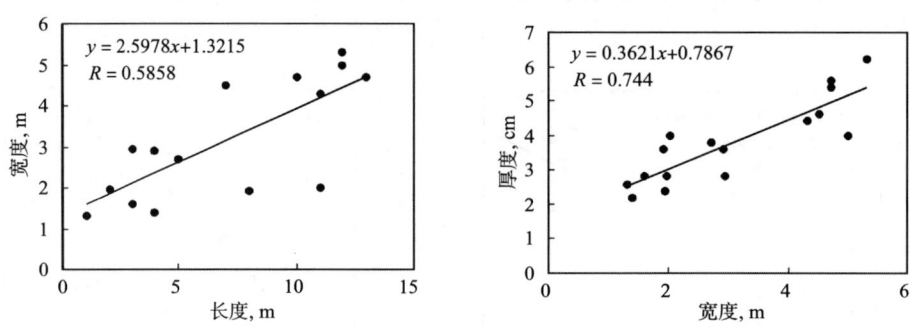

图 6—16 扇三角洲席状砂微相长度—宽度、宽度—厚度之间关系曲线

二、实验模拟砂体与野外露头实际原型砂体对比

滦平扇三角洲的野外露头调查资料十分丰富,表 6—13 为实际原型资料模拟层段不同微相砂体宽度、厚度及宽厚比统计数据,并以此计算出原型砂体不同微相宽厚比的最大值、最小值及平均值。室内模拟实验选择了 C_{III}、C_{IV}、C_V、C_{VI} 四个层序组进行研究,C_{III}、C_{IV}、C_V、C_{VI} 分别对应于 Run4、Run3、Run2、Run1 实验沉积期,实验结果与原型砂体的对比仅限于 C_{III}、C_{IV}、C_V、C_{VI} 四个层序的对比,并且以砂体平均宽厚比参数为主。

(一)全剖面对比

1. C_{III} 层序对比

从表 6—14 计算出原型砂体 C_{III} 层序全剖面露头资料的平均宽厚比为 93.9,从表 6—12、表 6—25 计算出实验结果该层序的平均宽厚比为 68.4,符合率为 72.8%,符合程度高。

2. C_{IV} 层序对比

从表 6—14 计算出原型砂体 C_{IV} 层序全剖面露头资料的平均宽厚比为 84.9,从表 6—12、表 6—25 计算出实验结果该层序的平均宽厚比为 54.1,符合率为 64%,符合程度较高。

3. C_V 层序对比

从表 6—14 计算出原型砂体 C_V 层序全剖面露头资料的平均宽厚比为 106.1,从表 6—12、表 6—25 计算出实验结果该层序的平均宽厚比为 68.7,符合率为 65%,符合程度较高。

4. C_{VI} 层序对比

从表 6—14 计算出原型砂体 C_{VI} 层序全剖面露头资料的平均宽厚比为 104.9,从表 6—12、表 6—13 计算出实验结果该层序的平均宽厚比为 63.4,符合率为 61%,符合程度较高。

表 6—13 四个实验沉积期近岸水道微相砂体长度、宽度、厚度、长宽比及宽厚比数据

位置	最大长度, m				最大宽度, m				最大厚度, cm				平均厚度, cm				长宽比				宽厚比			
	Run1	Run2	Run3	Run4	Run1	Run2	Run3	Run4	Run1	Run2	Run3	Run4	Run1	Run2	Run3	Run4	Run1	Run2	Run3	Run4	Run1	Run2	Run3	Run4
Y=11m	2.7	2.6	2.8	2.4	5.2	5.1	5.56	5.1	14.1	14.3	14.5	14.7	7.8	9.0	9.0	9.0	0.52	0.51	0.51	0.47	66.7	56.7	61.8	56.7
Y=11m	1.6	1.5	1.7	1.8	2.74	2.75	2.94	2.53	11.7	12.1	10.9	11.4	5.7	6.1	5.8	5.9	0.58	0.55	0.58	0.71	48.1	45.1	50.7	42.9
Y=11m	1.9	1.9	2.1	2.3	1.53	1.6	2.03	1.77	10.9	11.4	12.1	11.7	5.1	5.4	4.9	5.0	1.24	1.19	1.13	1.3	30.0	28.6	41.4	35.4
Y=10m	1.7	1.6	1.7	1.4	2.34	2.55	2.77	2.6	11.4	11.0	11.3	10.4	5.7	5.1	5.5	5.4	0.73	0.63	0.61	0.54	41.1	50.0	50.4	48.1
Y=10m	1.8	1.9	1.7	1.5	1.98	1.83	1.53	1.55	10.4	10.9	11.0	10.7	4.7	4.5	5.8	5.3	0.91	1.04	1.11	0.97	42.1	40.7	26.4	29.3
Y=10m	1.4	1.5	1.3	1.2	1.5	1.2	1.21	1.2	11.7	10.0	11.2	10	3.8	3.0	3.5	3.0	0.93	1.25	1.07	1.0	39.5	40.0	34.6	40.0

表6—14 滦平扇三角洲模拟层段原型特征不同微相砂体宽度、厚度及宽厚比

位置	最大宽度, m				最大厚度, m				平均厚度, m				宽厚比, m			
	C_6(Run1)	C_5(Run2)	C_4(Run3)	C_3(Run4)	C_6(Run1)	C_5(Run2)	C_4(Run3)	C_3(Run4)	C_6(Run1)	C_5(Run2)	C_4(Run3)	C_3(Run4)	C_6(Run1)	C_5(Run2)	C_4(Run3)	C_3(Run4)
辫状水道 C-1	81.04	162.75	131.37		2.8	6.4	4.8	4.2	1.4	4.0	3.2	3.0	57.89	40.69		43.79
C-2		651.72				14.6				5.2				125.33	175.65	
C-3	128.76		562.09		5.6		3.6		1.8		3.2		173.8			
水道 C-4	594.12		119.36		7.6		8.4		3.6		2.8	1.6	165.03		42.63	56.99
溢岸 C-5	100.0		338.56	91.18	1.2		8.4	2.4	0.8		4.4		125.0		76.95	112.26
C-6	30.88		479.08		1.6		8.6		1.0		6.0		30.88		79.85	71.71
沉积 C-7	229.41	433.99			4.2	2.4			1.8	1.6			127.45	271.24		
C-8	165.68	135.78	224.51		5.4	2.8	2.6		1.6	1.8		2.0	165.68	75.43	136.39	66.67
近岸 C-9	138.73	743.39	258.17		5.2	8.0	7.6		4.0	4.4		3.6	34.68	68.78	119.69	75.58
C-10	135.29	422.23	163.67		1.2	2.6	2.6	3.6	3.4	1.6	1.2	2.0	53.05	119.69		68.93
水道 C-11	415.69	109.51	191.51		1.6	2.0	2.0	2.0	3.8	1.4	1.6	1.6	164.09	109.15	77.96	125.49
C-12	83.3	338.56	109.15		1.6	8.4	1.2	3.2	0.8	4.4	0.8	1.0	104.16	76.95	52.28	175.56
C-13	254.9	302.61	41.83		3.6	7.4	4.2	2.0	0.8	4.0	4.0	0.8		155.56	34.68	
远岸 C-14	92.65	282.84	138.73	133.33	2.0	5.2	1.2	3.6	1.2	2.8	0.8		77.21	101.01	52.28	
C-15	133.33	95.43	41.83	120.92	3.6	2.0	0.8	2.0	2.0	1.2	0.6	2.0	66.67	79.52	59.91	
水道 C-16	120.92		35.95	110.29	2.0		0.8	3.2	1.6		0.6	1.6	75.58		34.68	
C-17	49.67		51.96	125.49	2.2			2.0	1.8			1.0	27.59		86.60	
河口 C-18	477.12	143.79		140.45	3.2	0.8	1.6	1.6	2.4	0.6		0.8	198.8	239.64		
坝 C-19		163.4				1.6				0.6				272.33		
席状 C-20		163.37	186.08			1.4				1.2	1.0	1.0		136.39	186.08	
砂 C-21	164.7	163.67				1.4	1.6			1.2			137.25	136.39	148.7	125.49
C-22	135.29		118.96	85.63		2.0	1.0	1.2		0.8	0.8	0.6		169.12		142.71

(二) 分微相对比

为了更准确地揭示滦平扇三角洲的砂体展布特征,按不同的沉积微相分别进行对比。原型砂体露头调查及实验结果都出现的微相类型是辫状水道、溢岸沉积、近岸水、远岸水道及席状砂等五个微相。

辫状水道的最大长宽比和平均长宽比均最大,席状砂最大长宽比和平均长宽比均最小,而辫状水道的最大宽厚比和平均宽厚比最小,席状砂的最大宽厚比和平均宽厚比则最大,其他三种微相介于中间变化。天然堤在实验过程中发育不明显且不稳定,没有进行分析统计,详细数据见表6—14。

1. 辫状水道微相

滦平扇三角洲原型砂体C_{III}、C_{IV}、C_V、C_{VI}层序的平均宽厚比为75.7,而实验结果计算出的辫状水道微相的平均宽厚比为47.5,符合率63%。

2. 溢岸沉积微相

滦平扇三角洲原型砂体C_{III}、C_{IV}、C_V、C_{VI}层序的平均宽厚比为92,而实验结果计算出的溢岸水道微相的平均宽厚比为57.5,符合率62.5%。

3. 近岸水道微相

滦平扇三角洲原型砂体C_{III}、C_{IV}、C_V、C_{VI}层序的平均宽厚比为77,而实验结果计算出的水道微相的平均宽厚比为48,符合率62.3%。

4. 远岸水道微相

滦平扇三角洲原型砂体C_{III}、C_{IV}、C_V、C_{VI}层序的平均宽厚比为74,而实验结果计算出的远岸水道微相的平均宽厚比为50,符合率68%。

5. 席状砂微相

滦平扇三角洲原型砂体C_{III}、C_{IV}、C_V、C_{VI}层序的平均宽厚比为176,而实验结果计算出的席状砂微相的平均宽厚比为170,符合率96%。

三、扇三角洲模拟沉积的规律性

根据滦平扇三角洲露头调查成果,开展扇三角洲沉积体系的物理模拟和数值模拟,并以实验模拟过程为基础,提升扇三角洲沉积过程的规律性,完善和补充扇三角洲沉积体系储层地质知识库的建立。

(一) 扇三角洲沉积形成条件

扇三角洲作为一类粗碎屑沉积体系,其形成条件归纳为:

①坡度大于10°;
②粒度组成在粗砂以上;
③以碎屑流搬运为主;
④气候条件属干旱—半干旱;
⑤湖盆水体深度较大;
⑥构造活动强烈,沉积体位于断层下盘。

(二) 岩石相类型

扇三角洲不同的沉积单元发育的岩石相类型不同。混杂砾岩相一般出现在扇三角洲平原根部。最主要的岩石相类型是块状砾岩相和各种交错层理砂岩相,主要分布在扇三角洲平原的辫状河道和扇三角洲前缘的水道及席状砂体(表6—15)。

表6—15 扇三角洲主要岩石相类型

岩石相	露头出现部位	物理模拟出现部位	数值模拟出现部位
块状混杂砾岩相	扇三角洲平原	扇三角洲平原	扇三角洲平原
块状中粗砾岩相	扇三角洲平原	扇三角洲平原、前缘	扇三角洲平原、前缘
块状中细砾岩相	扇三角洲平原、前缘	扇三角洲前缘	扇三角洲前缘、平原
块状中细砾岩相	扇三角洲前缘	扇三角洲平原、前缘	扇三角洲前缘
大型槽状交错层理细砾岩相	扇三角洲前缘	扇三角洲前缘	扇三角洲前缘
大型板状交错层理细砾岩相	扇三角洲前缘	扇三角洲平原、前缘	扇三角洲平原、前缘
平行层理细砾岩相	扇三角洲平原、前缘	扇三角洲前缘	扇三角洲前缘
块状层理砾状砂岩相	扇三角洲前缘	扇三角洲前缘	扇三角洲前缘
平行层理砾状砂岩相	扇三角洲前缘	扇三角洲前缘	扇三角洲前缘

（三）结构单元特征

扇三角洲储层最主要的结构单元是各类水道,其中近岸水道和远岸水道由于沉积颗粒粒度适中、砂岩厚度大,分布较广泛而成为有效储层(表6—16)。从表中看出,物理模拟、数值模拟与露头相比,主要结构单元的符合率在90%以上。

表6—16 扇三角洲主要结构单元分布特征

主要结构单元	露头	物理模拟	数值模拟
碎屑流沉积体结构单元	存在	不存在	存在
辫状水道结构单元	存在	存在	存在
近岸水道结构单元	存在	存在	存在
远岸水道结构单元	存在	存在	存在
河口坝结构单元	存在	不存在	不存在
河道间结构单元	存在	存在	存在

根据数值模拟结果,碎屑流、辫状水道、近岸水道、远岸水道等主要结构单元的规模与坡度和粒度关系密切(表6—17)

表6—17 扇三角洲结构单元规模与坡度和粒度的关系

条件	碎屑流	辫状水道/近岸水道/远岸水道
坡度10°~22°	不发育	0.81/1.18/1.76
坡度22°~31°	较发育	0.6/1.04/2.1
坡度>31°	发育	0.6/0.92/2.8
粒度>2cm 含量>30%	不发育	0.9/1.7/3.2
粒度2~5cm 含量30%~50%	较发育	0.78/1.23/2.42
粒度5~10cm 含量>50%	发育	0.65/1.17/1.89

(四)储层砂体几何形态

物理模拟和数值模拟研究中,经常使用砂体的长宽比和宽厚比来表示砂体形态,不同的结构单元砂体的形态明显差异(表6—18),一般说,形成扇三角洲的水动力条件较强时,砂体的长宽比较大,而宽厚比变小。

表6—18 扇三角洲砂体几何形态特征

微相	物理模拟与数值模拟结果						露头特征
	最大长宽比	最小长宽比	平均长宽比	最大宽厚比	最小宽厚比	平均宽厚比	平均宽厚比
辫状水道	3.52	2.35	3.14	63	12.5	47.5	58.9
近岸水道	4.25	2.47	3.88	66.7	26.4	48	62.3
远岸水道	4.43	2.25	3.71	74.4	23.3	50	78.4
河口坝	2.94	1.58	2.23	82.2	45.6	77	66.8

组成扇三角洲砂体粒度的粗细与河道摆动有密切相关(图6—17),当组成粒度变粗时,河道砂体越容易摆动。

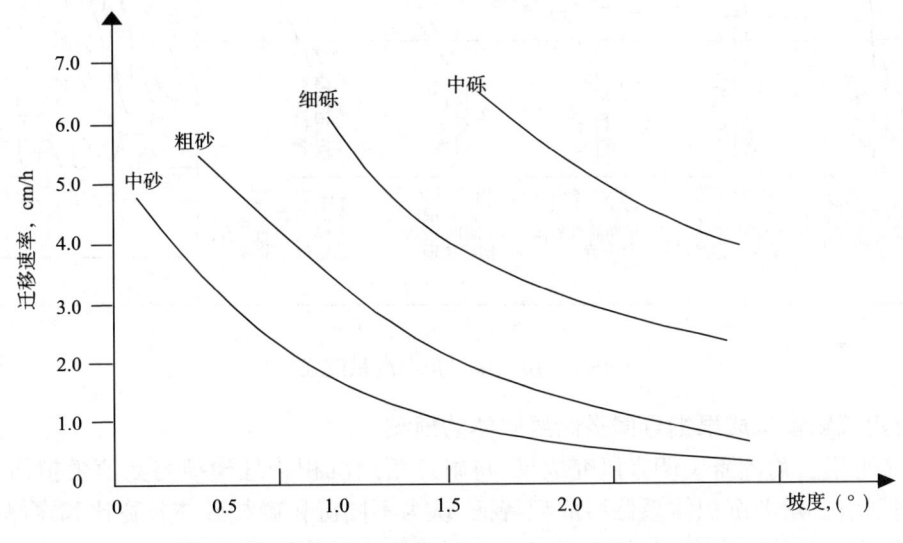

图6—17 扇三角洲水道迁移速率与粒度、坡度的关系

(五)砂体连通程度

扇三角洲不同沉积单元砂体的连通程度不同。物理模拟和数值模拟研究表明,远岸水道的横向连通程度最高(40%~56%),而近岸水道和河口砂坝的垂向连通程度最高(43%~52%),见表6—19。

表6—19 扇三角洲不同沉积单元的连通性

微相单元	垂向连通程度	横向连续程度
碎屑流沉积体	23%~37%	<30%
辫状河道	41%~54%	26%~35%
近岸水道	43%~52%	32%~41%

续表

微相单元	垂向连通程度	横向连续程度
远岸水道	37%~44%	40%~56%
河口砂坝	46%~52%	28%~43%
河道间	16%~22%	30%~48%

(六) 沉积模式

根据模拟研究成果,扇三角洲砂体分布一般不连续,砂体由块状、厚层状到薄层状组成。扇三角洲平原砂体多呈条带状分布,扇三角洲前缘呈朵状分布(图6—18)。

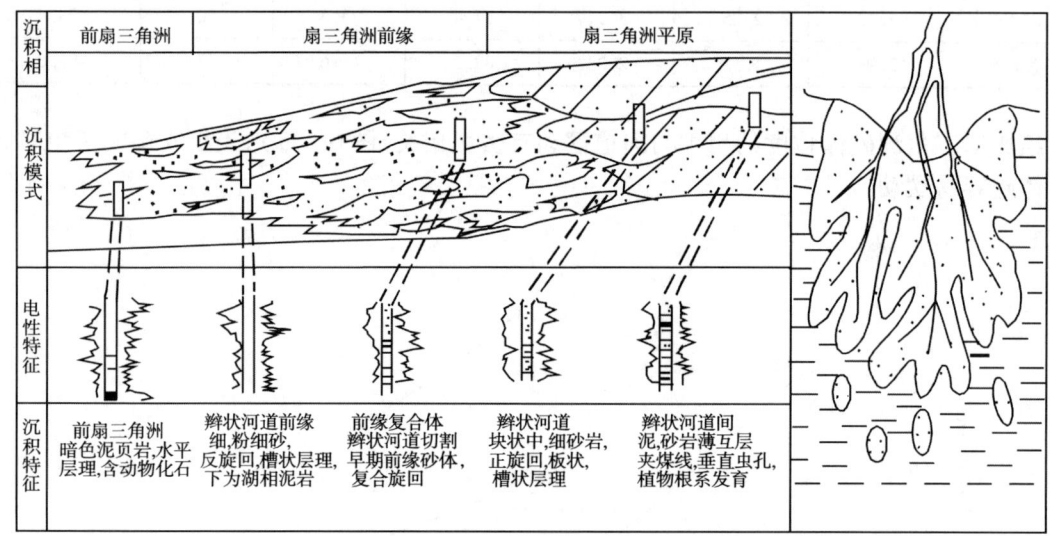

图6—18 扇三角洲沉积模式

四、应用沉积模拟成果指导同类储层砂体的预测

根据滦平扇三角洲露头调查研究成果,将扇三角洲沉积物理模拟与数值模拟研究相互结合,精细刻画扇三角洲沉积体系储层原型特征,认为不同沉积微相砂体长宽比和宽厚比是储层地质建模的重要的约束参数,并建立了扇三角洲沉积体系的地质知识库。

利用所建立的扇三角洲储层地质知识库所获得的一般规律,对濮阳凹陷沙四段白庙组扇三角洲沉积相和砂体展布进行了预测,明确指出该扇三角洲辫状河道的宽度在300~550m之间,单期扇三角洲沉积厚度在7~12m之间,总厚度达41~63m。依据预测结果,提出评价井2口,实施1口,初期日产气8.6万m^3,有利的验证了预测结果的可靠性。

(一) 白庙组扇三角洲演化过程模拟

白庙组砂质扇三角洲的形成是多次侵蚀与沉积交替的结果。一般来说,典型的侵蚀—沉积作用过程首先发生在三角洲平原的某一条直河道(图6—19A)。沉积作用使沉积物在河床中堆积,之后河床的冲刷作用使大量沉积物从扇三角洲平原迁离,并被搬运到扇三角洲斜坡前部堆积起来,在此过程中常发生滑塌,滑塌沉积物在河口呈舌状前积,使河道得以伸长(图6—19B)

随着沉积作用的进行,扇三角洲前缘泥沙堆积使扇远端变陡时,分流点向上游迁移,完成坡降调节作用。泥沙沉积使得河道糙度增加，坡降减小，由此引起沉积作用进一步发生，河道中段形成沙坝，沙坝在上游端连续生长（图6—19C），分流点的分流作用逐渐减弱，最终在扇三角洲顶部消失。在这个阶段，河道中段沙坝两侧各有一条河道，其中一条不断从另一条分支河道截取水流而使河道沙坝加大（图6—19D），另一条河道最终被废弃（图6—19E），前积作用出现在新河口，几十个小时后，出现新的扇三角洲朵体（图6—19F），一个新的侵蚀—沉积旋回开始。

河道侵蚀一般从一个分流点或多个分流点同时开始。分流点的分流强度在河口处最大，向上游迁移，分流强度逐渐减少，当出现分流点时，河道宽度增大，因此分流点不能出现在受限制的河道中，当同一河道中连续出现多个分流点时，一般第一个分流强度比较大，它几乎总是穿过扇三角洲平原达到扇三角洲顶端。

当河道中出现复合沙坝并形成多条河道时，经常发育同期分流点。实验中最多可达五条河道同时下切，但几个小时到十几个小时后，通常一条河道成功地截获所有水流并形成一条新的主河道。

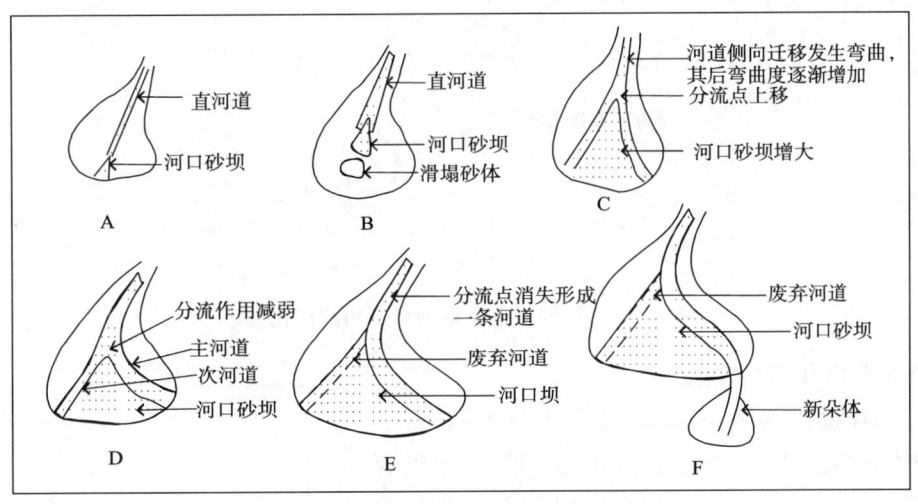

图6—19　砂质扇三角洲沉积发育过程

1. 基准面下降期

基准面下降期间，扇三角洲形态变化比较明显，主要表现在展布范围增大，并出现新的扇三角洲朵体。分流点的迁移使辫状分支河道迅速发育。在扇三角洲基准面快速下降的情况下，沉积域得不到完全补偿，扇三角洲中部表面受到强烈侵蚀下切，在老扇三角洲的前方形成新的小扇三角洲朵体（图6—20A）。老扇三角洲的两侧由于河道较少发育，因而作为阶地保留下来，直到发生新一轮的基准面变化。当基准面下降速率与沉积物补偿速率相当时，扇三角洲表面一般发育几条辫状河道，河道在下切的同时又得到补偿，因此在老扇三角洲的外侧一般不会形成明显凸出的新扇三角洲朵体，而是老扇三角洲不断发育，面积逐渐扩大。同时，辫状河道发生侧向迁移，削去早期扇三角洲沉积的较上部分，最后几乎整个扇三角洲的较上部都被侵蚀到新水平面。新扇三角洲的外缘几乎均匀向前推进，老扇三角洲表面极左边和极右边作为阶地保存下来（图6—20B）。

2. 基准面上升期

基准面上升以后，扇三角洲发生坡降调节作用。基准面上升51分钟后，靠近扇三角洲平原辫状水道发生大规模的垂向加积。与基准面上升相适应,整个扇三角洲沉积厚度增加4cm。由于沉积作用集中在扇三角洲平原表面,扇三角洲的前积和侵蚀作用极小。因此基准面上升期间,扇三角洲沉积厚度增加明显,但平面形态及展布范围变化较小。随后的实验过程中,泥沙进一步沉积完成坡降调节,前积作用重新开始活跃,新分流点的出现预示着扇三角洲上新一轮侵蚀—沉积作用的开始。

扇三角洲前积速度与基准面变化存在密切关系。基准面上升,前积速度减小;基准面下降,前积速度增加。

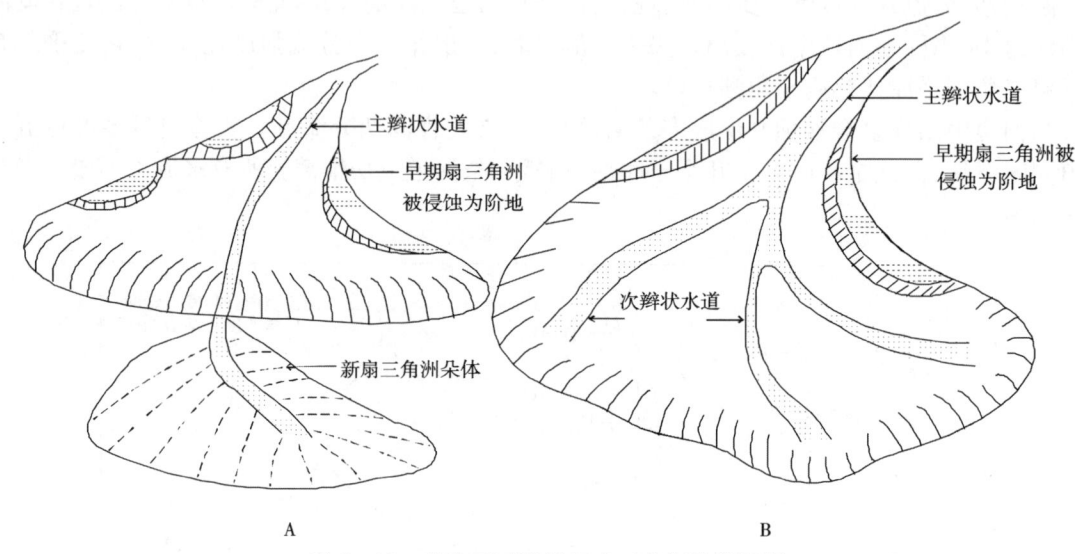

图6—20 基准面下降期间扇三角洲演化特征

(二)沉积微相及砂体展布

以 $S_3^{中}$ III 砂组为例,左侧水流主要分为两支,中部物源河道宽度较大,水流交汇和分叉频繁,一般发育 3~5 条辫状水道。河道宽度与水流强度有较密切关系,如东北部河道水流强度大,砂体延伸远,近岸水道与远岸水道分布明显。而研究区中部水流强度弱,河道延伸较近(图6—21),多个砂体呈不同的几何形态分布。分流河道的迁移摆动迅速频繁,变动范围较大。

$ES_3^{中}$ III 砂组发育四个独立物源,形成四个扇三角洲沉积体。北部物源位于白7井北部,主要形成两条辫状水道向南西方向延伸,形成该时期研究区内最大的扇体。南部物源位于白5井附近,呈三条辫状水道向北偏西方向延伸,是该时期研究区内的次要扇体。中部两个物源分布位于白26井附近和白14井南部,规模较小,辫状河道延伸较近,四个水下扇的前缘难以截然分开(图6—22)。

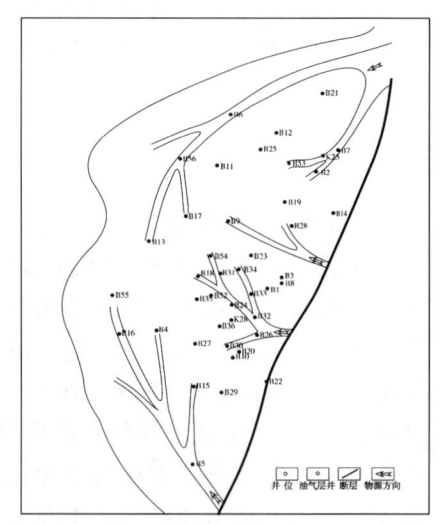

图6—21 濮阳凹陷白庙地区 $S_3^{中}$ III 砂组河道展布特征

实验过程中,以砂岩粒度粗细为依据,中砂岩以上的有效砂体以白17—白54—白23井一线为界,北部有效砂体成条带分布,厚值区在白21—白53—白9井一线。南部有效砂体在构造高部位不发育,低部位有效砂体厚度有所增加,最大厚值区在白33—白31井区,本亚段明显反映越靠近兰聊断层,有效砂体厚度越薄(图6—23)。上述砂体的分布特征均符合扇三角洲沉积过程一般规律。

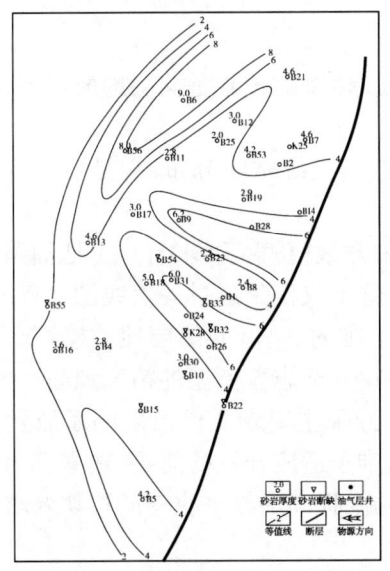

图6—22 濮阳凹陷白庙地区 $S_3^{中}Ⅲ$ 砂组砂体分布图

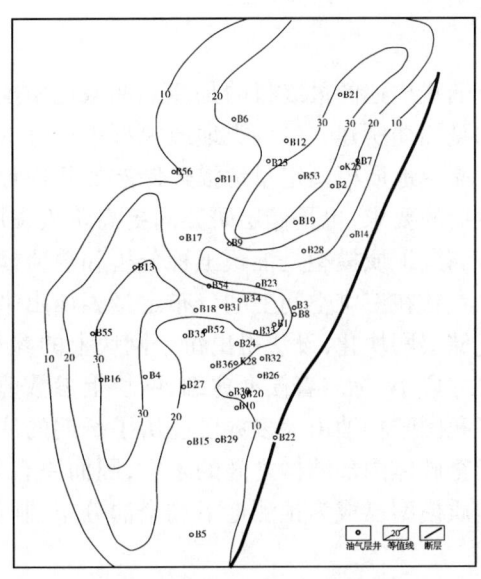

图6—23 濮阳凹陷白庙地区 $S_3^{中}Ⅲ$ 砂组有效砂体展布特征

第七章 集成多种地质信息建立精细油藏地质模型

油藏描述的最终目的是建立油藏地质模型,而油藏地质模型的核心是储层地质模型,这也是油藏描述所建立的各类地质模型中最难的一部分。

储层地质模型定量地描述储层的几何形态和各项参数的三维空间分布,它是油气开发深入发展的要求,也是储层研究向更高阶段发展的体现。

储层地质模型是油藏工程分析和数值模拟的基础。油藏数值模拟要求有一个把油藏各项特征参数在三维空间上的分布定量表征出来的地质模型,这不仅仅是通过等值线图来反映,需要把储层网块化,设法得出每个网块上的参数值,即建立三维的、定量的储层地质模型。网块的尺寸愈小,标志着模型愈细,网块上参数值与实际误差愈小,标志着模型的精度愈高。

我国陆相油田大多数已经历了长期的注水开发历程,开采主要矛盾已由层间矛盾转为层内乃至砂体内部结构之间的矛盾,因而原有的地质模型已难于适应开发的需要,建立更为精细的地质模型已成为预测地下剩余油分布、制定开发调整措施、提高最终采收率的迫切要求。

第一节 储层地质模型的分类

储层地质模型应能满足油田不同开发阶段的需要,能反映储层中的孔隙度、渗透率、流体特征和动态特征,同时还能满足不同层次、不同规模地质体预测的需要。它实质上是储层特征在三维空间上的静态和动态特征的综合反映。由于不同学者研究地质体的层次不同,以及研究储层目标参数的着重点不同,因此也就有不同的储层地质模型的分类。

在各种分类方法中,按开发阶段的任务及模型建立精度进行划分为宜。不同油田开发阶段,所进行的工作量不同,对油藏所取得的资料信息和认识程度存在着差异,所要解决的开发任务也就有所不同,总是随着油藏开采程度的提高,由浅入深逐步地向前推进。因此,不同开发阶段所要求建立的储层地质模型也就有相应的不同。总的来说,随着油田开发阶段的推移,油藏开采程度的提高,对储层地质模型的要求也是由简到细,由粗到精。因此,本书采用裘怿楠(1991)的分类方案,将储层地质模型分为概念模型、静态模型和预测模型三大类。

一、概念模型

针对某一种沉积类型或成因类型的储层,把它代表性的储层特征(非均质性、连续性等)抽象出来,加以典型化和概念化,建立一个对这类储层在研究地区(油田)内具有普遍代表意义的储层地质模型,称为概念模型。概念模型并不是一个或一套具体储层的地质模型,但它却是代表某一地区(油田)某一类储层的基本面貌。

概念模型广泛应用于一个油田的开发早期。从油田发现开始,到油田评价阶段和开发设计阶段,主要应用储层概念模型研究各种开发战略问题。在这个阶段,油田仅有少数大井距的探井和评价井,受资料条件的限制,不可能对储层做出全油藏的详细描述,只能依据少量的信息,借鉴理论上的沉积模式、成岩模式和邻区同类沉积储层的原型模型,建立起研究区储层概念模型。但是,这种概念模型对开发战略的确定是至关重要的,可以避免战略上的失误,如在井网部署上,对席状砂体可采用大井距,河道砂体则需小井距,块状底水油藏则采用水平井效果较好。

概念模型一般应依靠储层沉积学为基本手段，尽可能直接利用岩心资料来建立，避免依赖测井解释等间接资料，因为在油藏早期评价阶段，测井定量解释精度尚不够高。

这样的概念模型在开发可行性和开发设计研究阶段是非常重要的，通过油藏数值模拟可以进行各项开发战略的指导性的决策研究。如投入开发的技术经济可行性、优选开发方式和层系井网、估计各阶段采收率、预见开采过程中可能出现的主要问题，以及投入开发前必须正确决策的战略问题，等等，都可以通过概念模型研究。

二、静态模型

针对某一具体油田（或开发区）一个（或一套）储层，将其储层特征在三维空间的变化和分布如实的加以描述而建立的地质模型，称为该油田该储层的静态模型。

对储层进行全油藏的如实描述，一般需要较密的井网，即开发井网钻成以后才有条件进行。静态模型主要为油田开发方案实施（即注采井别的确定，射孔方案实施等）、日常油田开发动态分析、作业施工、配产配注方案和局部调整服务。

20世纪60年代以来，我国各油田投入开发以后都建立了这样的静态模型，但大多数是手工编制的，如各种小层平面图、油层剖面图和栅状图。个别油田还做出实体模型以更直观地显现储层。这些储层静态模型在我国注水油田开发实践中起到了必不可少的作用。

20世纪80年代以来，国外利用计算机技术，逐步发展出一种依靠计算机存储和显示的三维静态模型，即把储层网块化后，用各网块参数按三维空间分布位置建立三维数据体。这样就可以进行储层的三维显示，可以任意切片和切剖面，显示不同层位不同剖面的储层模型，以及进行其他各种运算和分析，更重要的是可以直接与数值模拟连接。

这种静态模型只是把多井井网所揭示的储层面貌描述出来，不追求井间参数的内插精度及外推预测。

这类静态模型在我国注水开发实践中得到广泛应用，从采油井的日常管理到油田的大小调整措施，都是必不可少的地质基础。

三、预测模型

预测模型的提出，本身就是油田开发深入发展的结果。它所建立的储层模型要比静态模型精度更高。预测模型是对控制点间及以外地区的储层参数能预测性地做一定精度的内插或外推。当然，在目前条件下，采用的各种井间预测的地质统计方法尚不能表征井间任意一点储层参数的绝对值。

油藏经注水开发之后，地下仍存在大量剩余油，需要进行开发调整、井网加密或进行三次采油，因而需要建立精度很高的储层模型和剩余油分布模型。三次采油技术在近20年虽然获得迅速的发展，但除热采重油外，其他技术均达不到普遍性工业应用的水平，其中一个重要原因便是储层模型精度满足不了建立高精度剩余油分布模型的需求，因而满足不了三次采油的需要。由于储层参数的分布对剩余油分布的敏感性极强，这样储层特征及其细微的变化对三次采油注入剂及驱油效率的敏感性远大于对注水效率的敏感性，因此要求储层模型具有更高的精度。为了适应注水开发中后期及三次采油对剩余油开采的需求，要在开发井网条件下（一般百米级条件下）将井间数十米甚至数米级规模的储层参数的变化及其绝对值预测出来，即建立储层精细预测模型（或精细油藏地质模型）。

第二节　油藏地质模型建立方法

油藏描述的目的是建立定量的油藏地质模型,这种模型是油藏模拟、油藏工程、采油工艺等研究工作的基础。由于计算机技术的迅速发展,使过去传统的地质工作方法(如编制各种二维图件)逐步被运用计算机技术建立和显示的三维、定量地质模型所代替。

油藏建模实际上是表征油藏结构和油藏参数的空间分布及变化特征,而如何根据已知的控制点的资料内插、外推资料点间及以外的油藏特性是建立油藏地质模型技术中的关键点。根据这一特点,建立油藏地质模型方法可分为两大类:确定性的建模和随机性建模。

一、确定性建模方法

确定性建模方法认为资料控制点间的插值结果是唯一的、确定性的,即试图从具有确定性的控制点(如井点)出发,推测出井点之间确定的、唯一的、真实的储层参数。建模的核心问题是井间储层预测。在给定资料前提下,提高储层模型精细度的主要方法是提高井间预测的精度。

确定性建立地质模型的方法主要有以下三种方法。

(一)传统的地质做图方法

即按地质趋势线性内插,有简单的线性内插、趋势面做图法、相带控制下的线性内插等等。

这些方法对构造现象和非均质程度弱的参数是成熟的,如地层压力、温度场、流体饱和度、孔隙度等。有时甚至稳定沉积体,如三角洲前缘河口坝、席状砂的渗透率分布也是可用的。

(二)开发地震反演方法

1. 三维地震

随着三维地震技术的发展,地震技术由只应用于构造解释向储层描述发展,使应用三维地震资料进行高分辨率储层参数反演成为可能,并逐渐形成开发地震这一新的技术。

由于三维地震平面上覆盖率很高,而且横向采集密度大的优点,正好弥补井网太稀控制点不足的缺陷,开发地震成为油藏描述中必不可少的技术。近年来发展很快,新的采集、处理、解释反演技术不断出现,如千分量到多分量地震、四维地震、井间地震等等。目前,利用地震属性(如振幅等)和反演得出的地层属性(如声波时差、声阻抗等)与岩心(或测井)孔隙度建立关系,反演孔隙度,再用孔隙度推算渗透度,这一方法已在普遍应用。把地震三维数据体,转换成储层属性三维数据体,直接实现了三维建模。

三维地震资料最大的缺点是垂向分辨率低,一般的分辨率为 $10\sim20m$。常规的三维地震很难分辨至单砂体的规模,仅为砂组规模,其预测的储层参数(如孔隙度、流体饱和度)的精度较低,仅为大层段的平均值。

目前,三维地震方法主要应用在勘探阶段及早期评价阶段的储层建模,用于确定地层层序格架、构造圈闭、断层特征、砂体的宏观格架和储层参数的宏观展布。

2. 井间地震

井间地震由于采用井下震源和多道接收排列,因而比地面地震具有更多的优点:

①震源和检波器均在井中,这样就避免了近地表风化层对地震波能量的衰减,从而可提高信噪比。

②由于采用高频震源,而且井间传感器离目标非常近,这样有利于提高地震资料的分辨率。

③利用地震波的初至,实现纵波和横波的井间地震层析成像,从而可准确建立速度场,大大提高井间储层参数的解释精度。

当然，由于地震属性不单是简单地受控于岩石物性，还受其他因素影响，加之受地震分辨率的限制，开发地震反演成果仍有较大的不确定性，其有效应用还必须与地质紧密结合，不仅在处理、解释、反演过程中要充分利用本地区的地质规律和模式，成果的应用也要与地质认识紧密结合。

由于开发地震反演成果是唯一的，也属于确定性建模的范畴。

（三）计算机建模

目前流行的计算机地质绘图软件，只要它是基于内插技术的就仍然属于确定性建模范畴。常用的插值方法很多，大致可以分为传统的统计学估值方法和地质统计学估值方法（主要是克里金方法）。由于传统的数理统计学插值法（如距离平方反比加权法）只考虑观测点与待估点之间的距离，而不考虑已知点位置之间的相互联系，即地质规律所造成的储层参数在空间上的相关性，因此插值精度相对较低。为了提高对储层参数的估值精度，人们采用克里金方法进行井间插值。

克里金方法是一种光滑内插方法，实际上是特殊的加权平均法，它难于表征井间参数的细微变化和离散性（如井间渗透率的复杂变化），同时克里金为局部估值方法，对参数分布的整体结构性考虑不够，当储层连续性差、井距大且分布不均匀时，则估值误差较大。因此，克里金方法所给出的井间插值点虽然是确定的值，但并非真实值，只是接近真实值，其误差大小取决于克里金方法本身的适用性及客观地质条件。就井间插值而言，克里金方法比传统的数理统计方法更能反映客观地质规律，估值精度相对较高，是定量描述储层的有力工具。

除上述主要三种方法之外，水平井方法也是确定性建模的方法之一。随着水平井技术的不断提高，愈来愈多的油田采用水平井技术开发。

水平井沿储层走向或倾向钻井，直接取得储层侧向变化参数数据或测井解释成果，如图7—1为水平井直接取得的渗透率沿水平段变化的参数，藉此可建立确定性的储层模型。由于水平井很难进行连续取心，只是依赖测井所取得的测井解释成果，受测井解释技术的限制，仍然存在一些不确定性的因素。

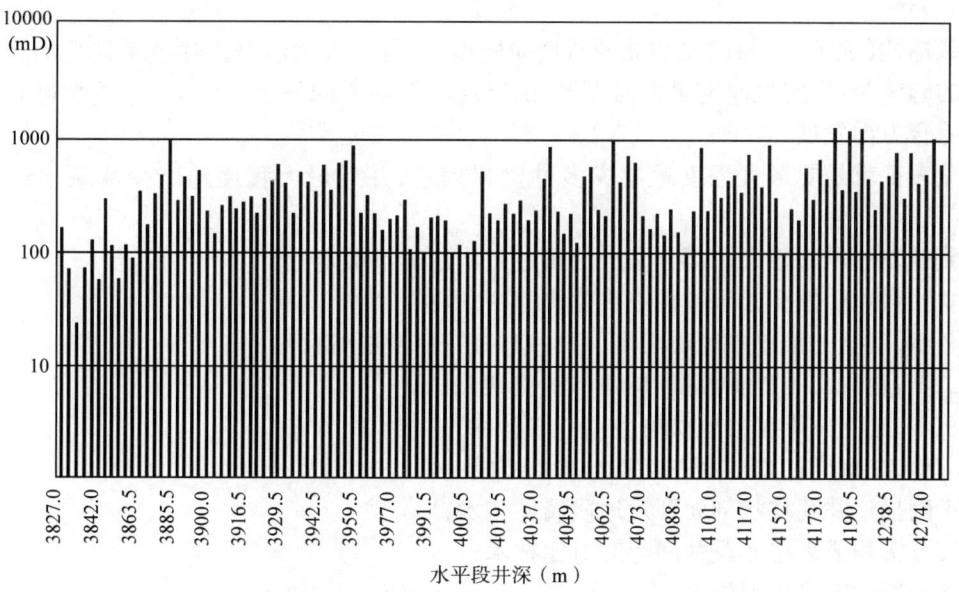

图7—1　塔中4油田水平1井水平段渗透率变化图

二、随机建模方法

储层井间地质特征参数分布及其变化具有一定的随机性。由于用于描述储层的资料总是不完备的,难于掌握任一尺度下储层确定的且真实的特征或性质。在储层描述过程中,总会存在一些不确定因素。随机建模是以已知的信息为基础,以随机函数为理论,应用随机模拟方法对井间的地质特征属性参数的分布及其变化给出多种可能的、等概率的预测结果,提供给地质人员选择,对储层井间预测的不确定性做出评价。

之所以采用"随机"的方法来描述"确定性"的油藏,主要原因在于以下几点:

①早期评价阶段,井距在千米级以上,现有的控制点资料太少。

②采集到的资料存在一定的误差,如测井解释的地质属性,主要靠岩心分析资料进行标定,而以井距300m规模计算,岩心柱塞体积只占油层体积的极小部分,更何况取心井又占井孔的极少部分,因此测井渗透率解释经常可达10%的误差。

③油藏的一些地质属性在一定程度上具有随机性,如渗透率及泥质夹层的分布。

④人们已有知识的不完善性,通过预测加以"确定"。

随机性是客观存在的,通过间接方法对井间储层属性做出的预测都带有不确定性。同时随机建模方法认为,作为地质体的储层,其各项属性的非均质分布,有其一定的地质成因,应存在一定的地质统计特征。用这一地质统计特征去表征储层非均质性的总体面貌,而不追求预测点的确定量值,仍然可以在一定时间、一定条件下为油田评价提供合理的地质模型(由于随机模拟方法,可以得到多个可能的实现,供地质人员进行选择:乐观的、悲观的和最可能的估计,即应用地质约束条件选择模型)。

综上所述,随机建模是用一组已知信息,依据一定的地质统计特征,用某一种随机算法,模拟出一组等概率的实现。进行随机建模的有两个关键点:一是正确掌握建模对象固有的统计特征;二是应用合适的随机算法。有关随机模拟的算法请参阅第五章。

第三节　建立精细油藏地质模型的技术

油藏描述(表征)的目的是建立油藏地质模型。因此,现代油藏描述技术就是油藏建模技术。总的趋势是:由定性向定量方向发展;由宏观向微观方向发展;由单一地质学科向多学科多专业综合方向发展。

油藏表征就是要最大程度地集成多种资料信息,并且最大程度地减少油藏预测的不确定性。

油藏开发的风险很大一部分来自油藏地质认识的不确定性。

建立油藏地质模型必须遵循三步建模程序,即:

第一步,建立一维单井地质模型(每一口井的一维柱状剖面);

第二步,建立二维地质模型(储集体的格架);

第三步,建立三维参数地质模型(各项属性的三维空间分布)。

相应地,油藏描述总是由三套基本技术组成:

①正确描述井孔柱状剖面开发地质属性技术;

②细分沉积成因单元及井间等时对比技术;

③井间属性定量预测技术。

一、建立一维单井地质模型技术

建立单井模型就是把井筒中得到的各种信息转换为开发地质的特征参数,尽可能建立每口井各种开发地质特征的一维柱状剖面(图7—2)。在单井模型的建立过程中,其主要参数包括渗透层、有效层、隔层、含油层、含气层、含水层、孔隙度、渗透率、饱和度等9个参数,关键问题是建立把各种储层信息转换成开发地质特征参数的解释模型。在单井模型的建立中,测井资料是其主要的信息来源,同时结合岩心分析与化验、试油、试采资料,难点为渗透率的解释。

目前常规测井系列包括了电阻率、孔隙度、放射性系列和工程测井等项目。除渗透率值外,当前测井技术其他各项参数的解释精度已可满足常规的油藏描述的需要。这里需要特别强调的是,测井解释模型必须适应本油藏的地质特征。要详细摸清本油藏的"四性"关系,在此基础上选择合适的测井系列,建立解释模型,提高测井解释精度。当然,测井解释结果仍然要用岩心、测试等直接资料来标定和检验。

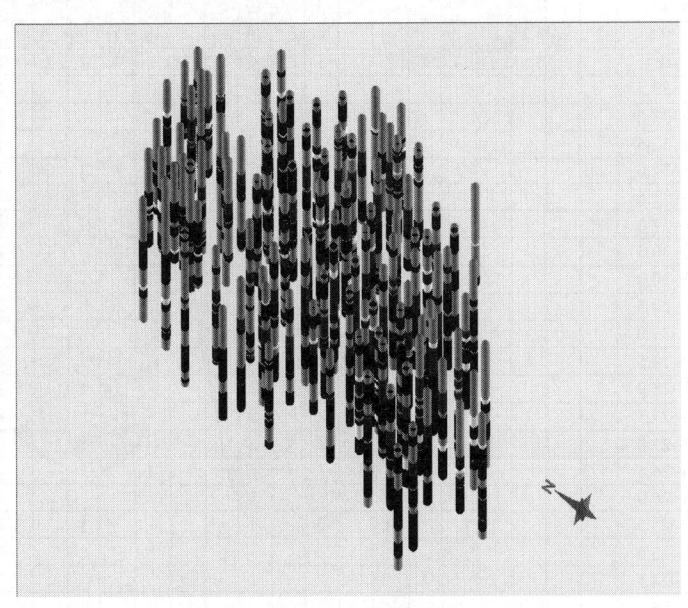

图7—2 沉积单元单井模型(樊家川油田中块延9组)

渗透率是表征油藏渗流特征的重要参数,其准确性对流动单元的划分有着直接的影响。总结多年的油田开发经验,渗透率解释大致可分为以下几个解释模型:

①基础井网解释模型;
②一次加密井网解释模型;
③二次加密井网解释模型;
④三次加密井网解释模型。

这几种解释模型存在着一定的系统误差,为了尽可能地利用基础井、一次井、二次井、三次采油井的测井资料,需要在一个尺度水平上进行渗透性的对比研究,有必要将几种解释模型校正到同一模型上。

例如某研究区砂体发育类型主要为细砂岩与粉砂岩,层理类型以微细交错层理与直线斜层理为主(图7—3),渗透率概率分布呈正态分布(图7—4),对渗透率的校正需分层组、分相、分段进行。

空气渗透率	8.5~9.0																				11		
	8.0~8.5																				1		
	7.5~8.0																						
	7.0~7.5																				2		
	6.5~7.0																						
	6.0~6.5														1		1		1				
	5.5~6.0																4						
	5.0~5.5																3	1	1	1			
	4.5~5.0												1		1		1		1				
	4.0~4.5														1		1	1					
	3.5~4.0														2		3		1	1		1	
	3.0~3.5														2		5	2	1	1	1		
	2.5~3.0												2				14	1					1
	2.0~2.5		1						1			4	1	2	2		13	2		1			
	1.5~2.0									2		7	4		5		18	1					
	1.0~1.5								3	5		10	2		1	2	17						
	0.5~1.0			1						3		17	1		1		27		2	2			2
	0.2~0.5	1		1		2	1					15			5	1	3			1			1
	0.1~0.2					1		1		1	1	9			1		1	1					
孔隙度	33.0~33.5																						
	32.5~33.0																						
	32.0~32.5											1											
	31.5~32.0											2			1		1	2					
	31.0~31.5											1	2		1	1	1	2			1		1
	30.5~31.0					1						2	3	1	3		7				4		
	30.0~30.5						1					6	3	2	6	2	5	1	1		5		
	29.5~30.0							1		1		14			5		4	4	3		7		1
	29.0~29.5							2		3	1	10	1		5		9	1			1		
	28.5~29.0		1				1			1		7					3						1
	28.0~28.5			1						1		8			2		2			1			
	27.5~28.0	1								1		2				1	1	1	1		1		
	27.0~27.5			1			1	1		2		5					2			1			
	26.5~27.0				1					2	1	2			1		1		1				
	26.0~26.5									2	1	2			1								
	25.5~26.0											1											
	25.0~25.5				1			1		1		1					1		1	1			1
	24.5~25.0								1														
	24.0~24.5						1					1						1					
	23.5~24.0																						
	23.0~23.5				1							1								1		1	
	22.5~23.0																						
	22.0~22.5																						
	21.5~22.0						1																
	21.0~21.5						2	1															
	20.5~21.0				1		1																
	20.0~20.5																						
	19.5~20.0																						
	19.0~19.5											1											
岩性相	储层结构	微细交错	掀动结构	搅混结构	斑块结构	钙质团块	微细交错	掀动结构	搅混结构	斑块结构	钙质团块	微细交错	直斜线	斑块结构	微细交错	透镜波伏	直斜线	砂质均匀	直线交错	直斜线	直线交错	钙质团块、泥砾	直斜线
	储层岩性	粉砂质泥岩	泥质粉砂					粉砂						细砂						中砂		粉砂含泥砾	

图 7—3　岩相与渗透率、孔隙率交汇图

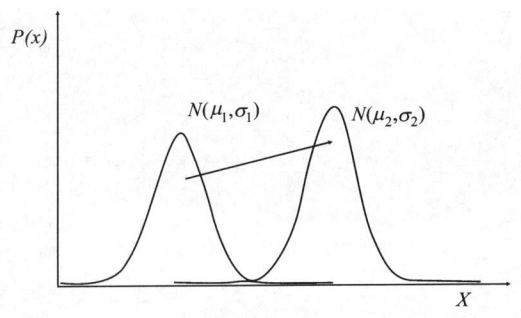

图 7—4 渗透率概率分布

目前常规测井方法还无法直接求取渗透率,渗透率解释都是通过其他参数间接求解的,总体上来说解释误差都较大,一般在 30% 左右。这是目前建立单井地质模型的技术难点。针对这一问题,目前正在发展一些技术,例如用神经网络和随机模拟技术来提高两者的相关系数。前人研究表明,通过神经网络技术可以把孔隙度和渗透率的相关系数从 0.5~0.6 提高到 0.8,而随机建模技术可以把孔隙度分布作为约束建立相应的渗透率分布模型。

建立单井地质模型分为以下几个步骤:

①标识砂层在剖面上的深度及砂层厚度。砂层深度与厚度的标定是一个较为简单的问题,主要依靠测井进行标定。

②在砂体内部按物性特征进行细分段。砂体内部进行细分段要遵循 3 条原则:同一小段内部物性基本一致或差异很小;相邻小段的物性有较明显的差别;分段不能太薄或太厚。这主要是考虑到数值模拟对分段的要求,有时对厚层的均质段也需分成几段。

③在各小段上标识地层厚度并计算其平均孔隙度和平均渗透率。各小段厚度的标定就是计算 $h_2 - h_1$,h_2 为底部深度,h_1 为顶部深度。这一步关键问题是平均物性的标定。在平均物性的标识过程中,要注意测井数据和岩心分析数值的结合,在一个小段的内部往往有多个岩心分析数据或测井值,那么如何将一些数据合并为一组物性参数呢? 目前通常有两种方法,即算术平均和加权平均。对于测井解释值,由于其解释是连续等厚的,所以两种计算方法是一致的。对于岩心分析值,由于取样间距和密度的变化,两种计算方法之间的差别有时较大,在通常情况下,一般用加权平均法进行计算。

④夹层的划分。按照小段物性特征,用一个地区的物性下限截止值作为标尺,划分出层内夹层。

⑤计算并标识砂层的平均物性。整个砂层平均物性的标识,是在分段平均物性标识的基础上进行二次加权平均。

⑥标定油、气、水层。油、气、水层的标定主要依靠测井解释成果,如对个别层段已进行了试油,则要标识其试油结果。

在以上工作的基础上,单井模型已基本被建立了。

二、建立二维地质模型技术

通过井间等时对比,把各个井中同时沉积的地层单元逐级细分,并把它们联结起来,形成若干个二维展布的时间地层单元,这就是建立二维层模型(图 7—5)。这是由点到面,由一维柱状剖面向建立三维地质模型过渡的最关键的一步。只有通过等时对比,才能构筑起储集体的空间格架。

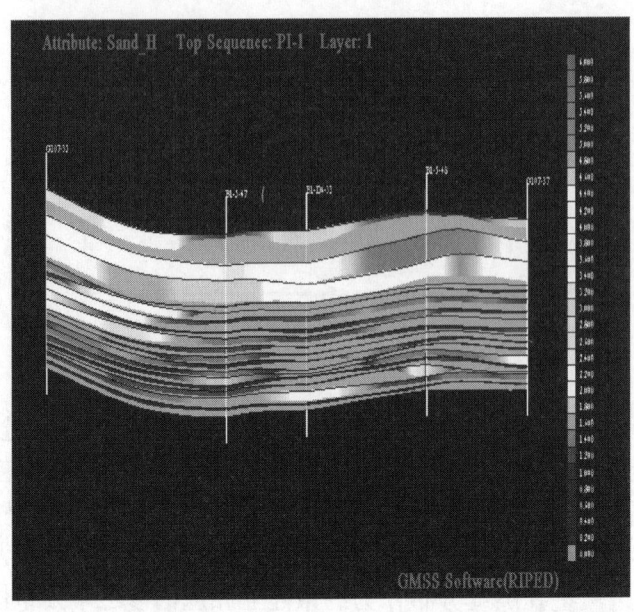

图 7—5　沉积单元砂体层模型（北一区断东西块 PI 组）

　　早在 20 世纪 60 年代初,以大庆油田为主,我国已成功地发展了一套陆相碎屑岩储层小层对比技术,既"旋回对比,分级控制"地层划分对比技术,并通过几十年的实践,不断得到完善。这一技术,对于湖相沉积体系地层划分对比是非常有效的。对于湖盆中的冲积沉积体系,用来划分和对比砂组是可靠的,但若河流沉积连续井段过长时,则需要其他标志层的辅助,如借助古土壤成熟度的演化来划分和控制河流沉积的砂组。对于河流沉积的单砂层对比,目前比较实用的是"等高程"对比技术。在标准层控制下认为河流沉积的溢岸面是等时和近似水平的,这样虽然忽略了成岩过程中的差异压实作用的影响,但对于数米到数十米的河流砂体的对比不致造成质的误差。

　　地震横向追踪技术,也是重要的地层对比技术手段,受分辨率的限制,一般只能追踪层组,但对于开发早期评价阶段,是非常重要的。在投入开发后,随着对比精度的提高,地震资料的运用还有待于分辨率的进一步提高。

　　关于小层对比,必须掌握一个基本思想。小层对比的目的是为了建立储集体格架,在油田开发中的实用意义是了解储层的连续性和连通关系,为开发设计、开发分析和开发调整服务。实际工作中,要掌握"可对比的范围要求多大"这个"度"。一般而言,最小一个层次的对比,必须保证一个注采井组范围内准确;最大一个层次,即早期评价阶段或开发设计阶段,层组对比基本准确即可,单砂体的连续性需建立概念模型作为指导。通常情况下,小层划分和对比只要求统一在一个独立的动态分析开发区内。

　　二维地质模型是表示两度空间的非均质模型,包括平面模型和剖面模型两种类型。

（一）平面模型（层模型）

　　所谓层模型,实际上是单层砂体的平面分布形态、面积、展布方向、厚度变化和物性特征的综合体。对于块状砂体油田,这一模型可以不建立或只进行粗略的表征,而对于层状油藏,这一模型的建立则显得尤为重要。

　　建模步骤分两步来完成,即砂体建筑结构的建立和物性参数的填入。

1. 建立砂体建筑结构

砂体的平面建筑结构包括砂体的形态、分布面积、展布方向和厚度变化等内容。针对这些内容,应用相应的方法进行解决:

①沉积微相分析确定砂体的几何形态。众所周知,沉积环境与砂体的几何形态具有密切的联系。所以,在确定砂体几何形态时,要将沉积环境细分到微相单元,这样,砂体的几何形态就基本得到了控制。

②钻遇率确定砂体的分布面积。钻遇率是指单层钻遇井数占总井数的百分数,钻遇率越高,单层分布面积越广。目前常采用三级分类原则,即大于70%,50%~70%,小于50%。当钻遇率大于70%时,砂体大面积分布;当钻遇率在50%~70%之间时,砂体局部连通;当钻遇率小于50%时,砂体基本呈孤立状分布。

③古水流确定砂体的展布方向。

④综合指标确定砂体的厚度变化。所谓综合方法确定砂体的厚度变化,是指应用沉积的、钻井的、地震的、测井的、试井的等多种方法确定砂体的厚度变化。

2. 填入物性参数

根据不同开发时期的资料情况和建模精度,层模型中物性参数的填入具有不同的要求和方法。在开发初期,除应用测井资料外,要细致参考沉积资料和地震资料;到调整阶段,由于砂体形态、厚度和连通情况的变化已经被基本认识清楚,所以,物性参数主要由测井得到。

(二)剖面模型

剖面模型是反映层系非均质性的内容,包括各种环境的砂体在剖面上交互出现的规律性、砂体的侧向连续性、主力层与非主力层的配置关系以及各种可能的变化趋势等内容。

剖面模型的建立一般分两步来完成:砂体建筑结构的建立和砂体内部物性参数的填入。

1. 建立砂体建筑结构

所谓砂体建筑结构是指砂体的大小、形态、展布方向及其侧向连通情况等。为了解决这一问题,对于有一定数量评价井的油田,通常应用条件模拟这一随机建模方法。这一方法的典型特征是在一定的控制条件下,可以给出各种可能的变化过程,从而为油藏工程提供了多种可供选择的可能性。在条件模拟过程中选择什么样的控制条件和选择多少控制条件来模拟,主要决定于研究的目的和所能取得资料的精细程度。当然,条件模拟过程中选择的控制条件越多越精细,所建立的模型与实际情况越逼近,但是,控制条件过多过细,一是会增加工作量,二是会使地下的主要特征不很突出,所以,选择什么样的控制条件进行条件模拟是相当重要的。主要控制条件包括:

①单井砂岩密度及其全油田所有井的密度分布与趋势。这一指标可以为确定砂体的连续性提供依据。

②成因单元砂体厚度比例及其配置关系,这将是条件模拟过程中确定砂体格架的主要控制条件。根据油田的实际情况,可进行进一步的厚度区间划分。

③地层层序特征及其体系域的确定。地层层序的划分可以认识剖面上不同层系间的区别以及同一层序内的联系。体系域的划分则更是将砂体在时空上建立起联系,这对认识砂层的整体宏观分布特征是十分有益的。

④成因单元砂体宽/厚比的确定。对于处于评价阶段的储层,这一时期所能得到的(无论是岩心还是测井)只有成因单元砂体的厚度,其平面延伸情况只有结合沉积环境的研究才能确定。

通过以上四项控制条件,剖面模型中的砂体建筑结构便被确定下来,接着便是内部物性参数的填入,即确定砂体内部变化特征。

2. 填入物性参数

剖面模型中砂体物性参数的填入是一个由已知到未知的过程,即由该油田已钻井的成因单元砂体的物性规律及其与厚度的配置关系去填置井间模拟出的砂体的物性分布,基本过程如下:

①对于剖面模型中有井钻遇的砂体,各砂体的平均物性由单井模型给出;
②分井全剖面钻遇砂体物性参数的填入;
③钻遇砂体的物性分布区间及其与厚度配置关系的确立;
④预测砂体内部物性参数的填入,这一过程主要应用上一步所建立起的统计关系。

三、建立三维参数地质模型技术

在三维空间内描述储层地质体及储层参数的分布就是在储集体骨架模型内定量给出各种属性参数的空间分布(图7—6)。建立地质模型的核心问题是井间参数预测,如何依据已有井点(控制点、原始样本点)的参数值进行合理的内插和外推井间未钻井区(预测点)的同一参数值。

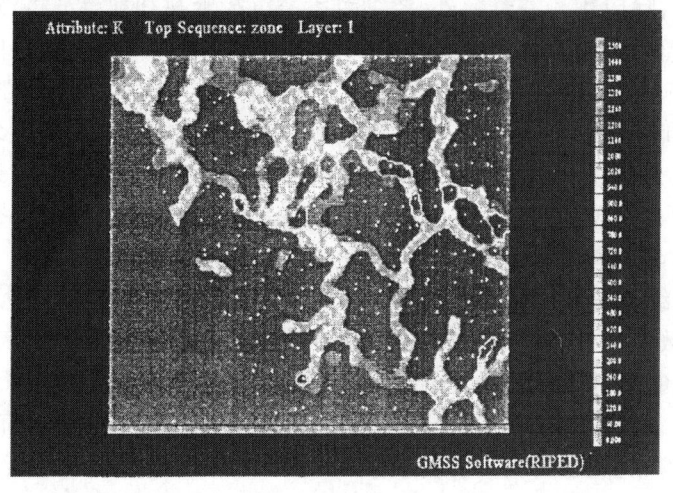

图7—6 基于相控的沉积单元砂体渗透率模型(北一区断东SP层)

对油藏参数模型,传统的地质方法是以各种等值线来表征,等值线间距愈小,模型愈细。三维的表征通常用栅状图,当然也可以用实体模型。随着现代计算机技术的发展,油藏地质模型可以用三维数据体显示,把油藏网格化,每个网格赋以参数值来表征其空间的属性变化。网格尺寸愈小,地质模型愈细。

地质模型的精度,决定于参数内插值的误差大小,误差愈小,精度愈高。影响参数模型精度的因素:

①储层单元划分愈细,提高精度愈难;
②属性本身的非均质程度愈强,提高精度愈难;渗透率是非均质程度相对最大的参数,因此建模难度也最大。
③精度与对其地质规律的认识程度成正比,也就是说是否有丰富的地质知识库是提高精度的重要因素。

(一)储层骨架模型的建立

储层骨架模型是在描述储层构造、断层、地层和岩相的空间分布基础上建立起来的,主要表征储层离散变量的三维空间分布,属于离散模型的范畴。

相模型为储层内部不同相类型的三维空间分布。储层相模型能定量表征储集砂体的大小、几何形态及其三维空间的分布。开发实践表明,相带分布强烈地影响地下流体的流动。岩石物性的变化与相类型关系密切,合理的相控建模是精确建立岩石物性模型的必要前提。

储层骨架模型的建立是以数据库为基础的,包括坐标数据、分层数据、断层数据、储层数据。其中储层数据是最重要的数据,包括井孔岩心和测井解释数据(单井沉积相分析研究、砂体、隔夹层、孔隙度、渗透率、含油饱和度等数据),这是最可靠的数据,通常称为硬数据;地震提供的数据主要为速度、波阻抗、频率等数据,这些数据可靠程度相对较低,通常称为软数据;试井(包括地层测试)数据反映储层连通性信息的精度可靠,但其反映井筒周围一定范围内的渗透率平均值的精度相对较低。

储层骨架模型是由断层模型和层面模型组成。断层模型实际反映的是三维空间上的断层面,主要根据地震解释和井资料校正的断层文件,建立断层在三维空间的分布。层面模型反映的是地层界面的三维分布,叠合的层面模型即为地层骨架模型。建模的基础资料主要为分层数据等,一般是通过插值法(亦可用随机模拟方法),应用分层数据,生成各个等时层的顶、底层面模型,然后将各个层面模型进行空间叠合,建立储层骨架模型。

(二)属性模型的建立

属性模型是在储层骨架模型基础上,建立储层属性的三维分布。储层属性包括离散的储层性质,如沉积相、储层结构、流动单元、裂缝等;还包括连续的储层参数,如储层孔隙度、渗透率、含油饱和度等。首先,对储层骨架模型(构造模型)进行三维网格化,然后利用井数据和地震数据,按照一定的插值(或模拟)方法对每个三维网格进行赋值,建立储层属性的三维数据体。网格尺寸越来越小,标志着模型的精度愈高。

模型建立的关键在于赋值精度。影响模型精度的因素,主要有分为几个方面:

(1)资料丰富程度及解释精度。资料丰富程度不同,所建模型精度亦不同,在建模区可用的资料越丰富,所建模型精度越高。已有原始资料的解释精度亦严重影响模型的精度(如测井解释储层的物性参数)。

(2)建模方法。建模方法很多,就井间插值(或模拟)而言,有传统的插值方法(如中值法、距离平方加权法等),也有目前广泛应用的地质统计学方法。用不同的建模方法进行建模将产生不同精度的储层模型。建模方法的选择是储层建模的关键。

(3)建模人员的技术水平。包括储层地质理论水平、对工区地质情况的掌握程度、计算机应用水平、对建模软件的掌握程度。

三维空间赋值的结果形成一个三维数据体,并可进行图形变换,以各种形式的图形显示出来。现代计算机技术可提供十分完美的三维图形显示功能,通过任意旋转和不同方向切片,可以从不同角度展示储层的外部形态及其内部特点。这些图件可十分方便的进行三维储层非均质分析和油藏开发管理。

第四节 集成多种地质信息建立精细油藏地质模型

地下储层本身是确定的,而我们对储层的描述工作和描述结果又存在着很大的不确定性,这是客观存在的一对矛盾。不确定性产生的主要原因在于揭示储层信息的资料不全或不够精确,以及采用的描述模型(地质模型和数学模型)和方法过于简化。

在根据仅有的少量资料信息,通过一系列的描述手段对地下储层进行描述或建模时,如何才能确定所描述的储层特征或所建立的地质模型的准确程度呢?地质问题并不像数学问题那样的明确,对地质信息的掌握程度永远是十分有限的,即使是对一个展现在我们面前的储层露头,也只能进行有限的描述和测量。从这个意义上讲,理想真实的储层地质模型是永远建立不起来的,也就无法获得有关储层问题的一个真实准确的标准答案。任何建模的过程、方法、技术或建立的模型都只能是一种与真实模型的贴近,进行精细油藏或储层描述的根本目的也就是追求一种最好的贴近。

一、结合地震、露头、地质知识库与密井网资料建立精细油藏地质模型

一般说来,三维定量地质建模主要有两种方法:一是确定性建模,二是随机建模。由于储集层描述的随机性,储集层的预测结果便具有多解性。因此,应用确定性建模方法得出的唯一结果便具有其不确定性,据此做出决策便具有一定风险。随着油田开发程度的加大,资料的不断丰富和增加,使得其预测结果的不确定性逐渐降低。而随机建模在预测不确定性方面具有一定的优势,在储集层的参数预测和井位部署等风险决策中作用明显。

油田开发中,目前主要还是采用确定性建模的思路和方法,在实际运行过程中已取得较好的效果。当然,对于井网密度较大且分布相对稳定的储层来说,走确定性建模的思路和方法是可行的;但对于砂体厚度较薄,分布复杂的储层,进行确定性建模就不太适用,应尽量考虑随机建模的思路和方法,特别是充分考虑基于露头和密井网解剖得到的地质知识库和原型模型,进行随机建模会有更好的开发效果。

(一)建立储层格架模型

在充分利用各种信息的基础上,将具有相似沉积条件的储层露头资料、密井网资料和地震数据,通过变差函数这一手段将其结合在一起,先建立具有综合各种信息的合成变差函数模型,并用它作为储层随机建模的约束条件,再建立储层格架模型,并检验其应用效果。

以胜一区沙二段2、3砂组辫状河流相为例,由于精细露头研究目前在国内才开始起步,且针对辫状河流相储层进行变差函数研究的资料还很少,在此引用了滦平桑园子露头剖面的扇三角洲平原上发育的辫状河道数据。据前人研究成果可知,该区发育的辫状河流砂体形状规模与本区比较接近(表7—1)。通过调研露头区的砂体宽度比并与本区的地质知识库比较,胜一区辫状河道砂体厚度平均为3.75m,平均宽度为280.63m,宽厚比平均值为74.83。这个结果与露头区河道砂体的宽厚比数据比较接近,因此,可以利用露头数据作为合成变差函数小变程范围内的基础数据。图7—7A、B、C分别是由密井网、地震和露头信息得到的变差函数,图7—7D是密井网、地震和露头信息合成的变差函数。从露头辫状河道砂体数据拟合的变差函数(数据点间距为12m)可知,露头辫状河道砂体的平面次变程为60m,变差函数模型为球型模型。这里考虑到具有密集采样间距的露头与井数据的变差函数模型是一致的,说明其变差函数模型是可靠的,对于地震数据我们只考虑其变程参数,那么可以对多个变差函数进行同一个方向上的变差函数套合。必须指出,这里的地震数据得到的变差函数的模型是对于砂体厚度而言,它蕴涵了多种成因类型砂体在内,但由于本区沉积微相类型比较单一,以辫状河道为主,砂体厚度的变差函数的变程参数,基本上可以反映辫状河道的结构特征,其变差函数模型为多种成因砂体综合影响的结果,因而这里我们只采用它的变程参数。

表 7—1　滦平桑园子露头扇三角洲沉积体系中辫状河道砂体的宽厚比数据表

项目内容	最小值	最大值	平均值
平均厚度,m	1.4	5.2	3.18
最大厚度,m	2.6	14.6	6.38
宽度,m	60.78	651.72	242.13
恢复后宽度,m	81.04	651.72	286.68
宽/厚	40.25	175.65	85.7

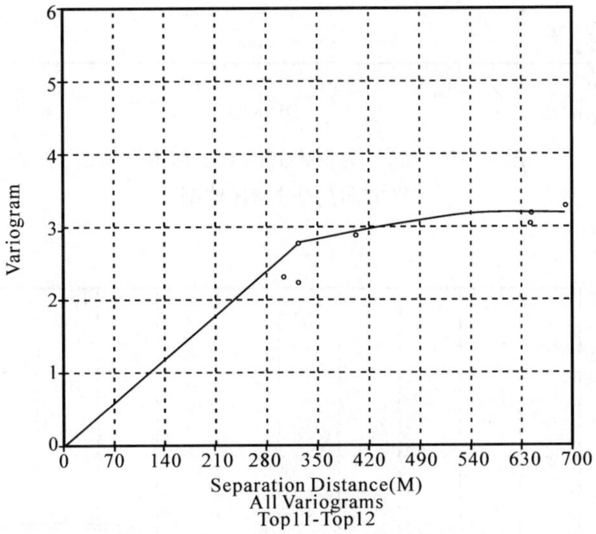

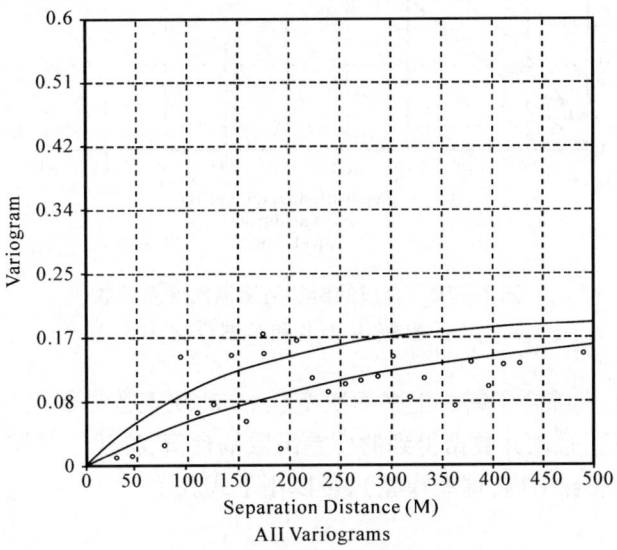

图 7—7A　密井网资料得到的辫状河道砂体在平面上
各个方向上的变差图(球型)

图 7—7B　地震资料得到的辫状河道砂体的
水平方向的变差图(球型)

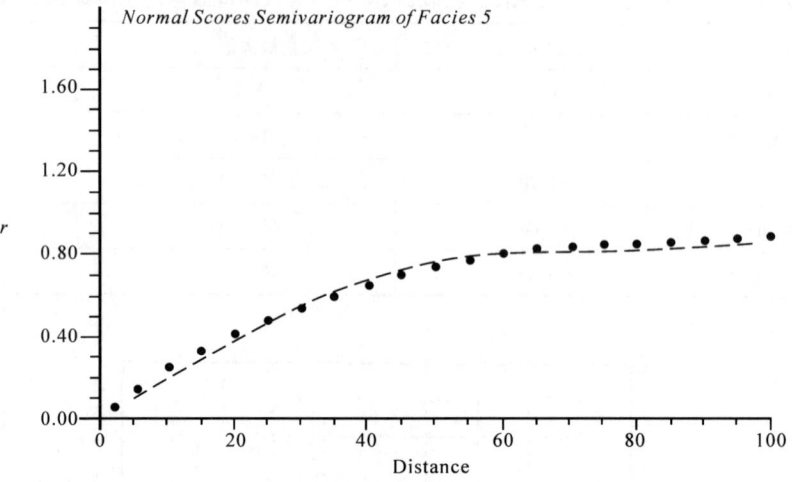

图 7—7C 露头资料得到的辫状河道砂体的
水平方向的变差图（球型）

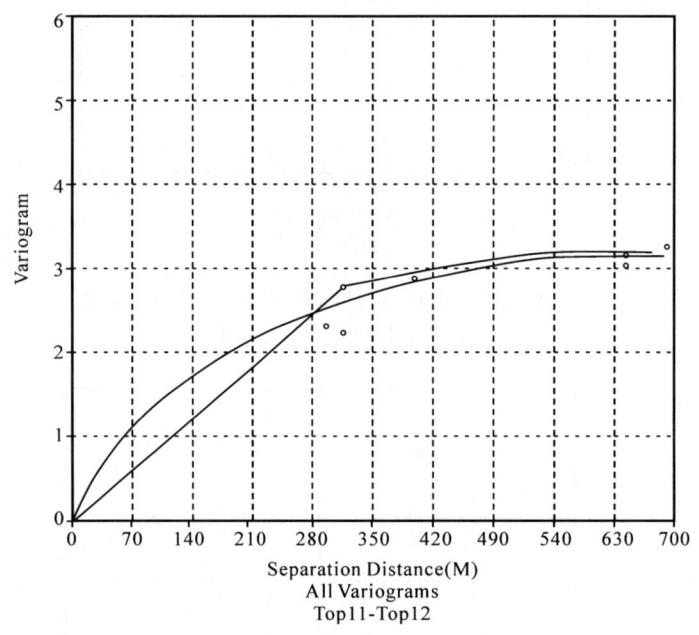

图 7—7D 合成的辫状河道横向变差函数
示意图（由 A、B 和 C 图合成）

在上述分析基础上,综合了露头上平面次变程 60m、地震数据变程 500m(球型模型)和井数据 600m 变程信息后,采用井数据得到的变差函数基台值,构建了胜坨油田胜一区辫状河道砂体的水平变差函数套合结构(球型模型),可以用下式表示：

$$\gamma(h) = \begin{cases} \frac{3}{2}\left(\frac{3.31}{60} + \frac{3.31}{475} + \frac{3.31}{512}\right)h - \frac{1}{2}\left(\frac{3.31}{60^3} + \frac{3.31}{475^3} + \frac{3.31}{512^3}\right)h^3, h \leq 60 \\ 3.31 + \frac{3}{2}\left(\frac{3.31}{475} + \frac{3.31}{512}\right)h - \frac{1}{2}\left(\frac{3.31}{475^3} + \frac{3.31}{512^3}\right)h^3, 60 < h \leq 475 \\ 3.31 + 3.31\left(\frac{3}{2} \cdot \frac{h}{512} - \frac{1}{2} \cdot \frac{h^3}{512^3}\right), 475 < h \leq 600 \\ 3.31, h > 600 \end{cases}$$

根据前面储层地质知识库研究成果,按照五种不同的微相类型:河道砂(F1)、心滩(纵向砂坝)(F2)、废弃河道(F3)、河漫滩(F4)、泛滥平原泥岩沉积(F5),编码分别为1、2、3、4、5,进行岩相模拟。设计网格为100×120(网格大小为25m×25m)。利用地震、露头以及井数据建立的目标区沙二段23砂层密井网条件下储层三维岩相模型(图7—8)。

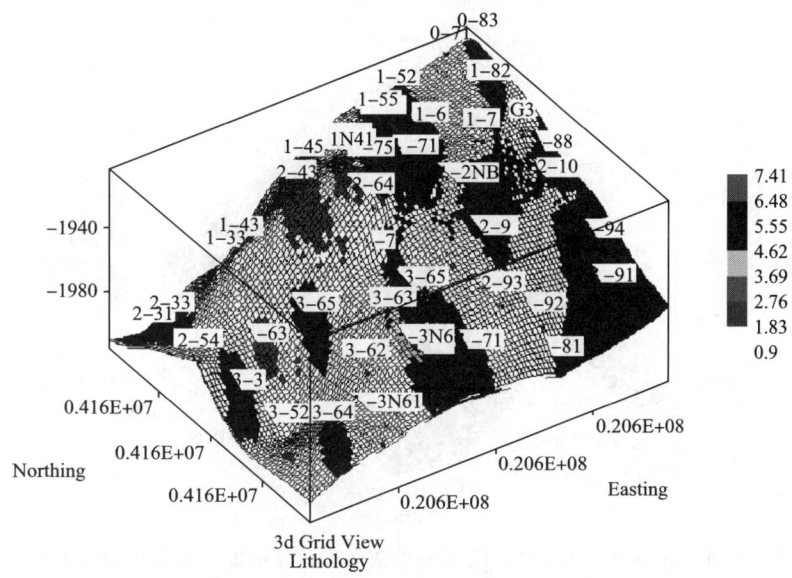

图7—8 利用地震数据、露头资料、地质知识库以及井数据得到的储层岩相模型(以23层为例)

为了检验这种方法的横向预测精度,并与前面利用地震数据解释的结果进行比较,选择2-66井和2-70井连井对比剖面(图7—9),2-7井为抽稀井,研究发现,预测效果与地震的结果大同小异。随着更细微信息的加入,该方法在井间未知区可以模拟预测出少量很薄、规模很小的砂体,对于10m到50m之间的储层也可提供一个确定性较高的储层分布情况,能够将储层预测的分辨率提高到十米级范畴。对于这些小砂体是否预测准确,尚缺资料验证,但是至少这种预测结果说明该方法预测50m范围内的砂体分布是十分有效的。

此外,将仅利用抽稀井数据(井距约500m)所建立的地质模型与抽稀(井距500m)井数据结合合成变差函数所建立的地质模型进行对比(图7—10和图7—11),结果发现,结合多信息的地质模型,能够比较准确的反映储层的宏观分布规律,在局部少井地区也能提供比较准确的预测结果。这说明应用多学科信息(井数据和储层定量知识库、露头和地震反演资料)能够有效地进行稀井网条件下的储层预测,提高油藏评价阶段三维储层预测的精度。

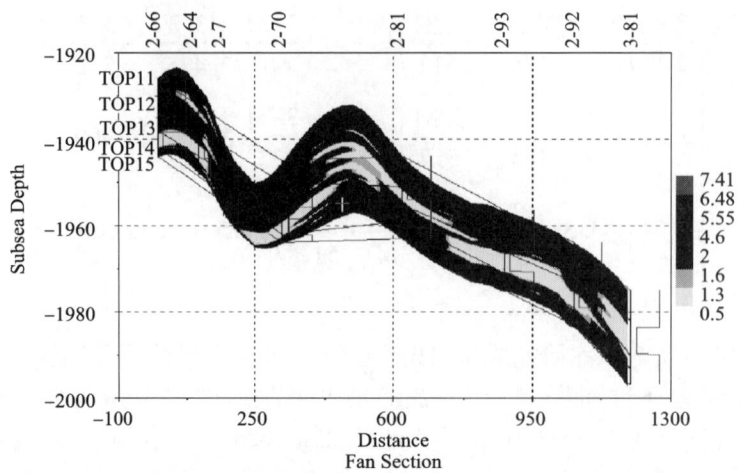

图 7—9 根据合成的变差函数进行的垂直于水流方向三维储层结构预测

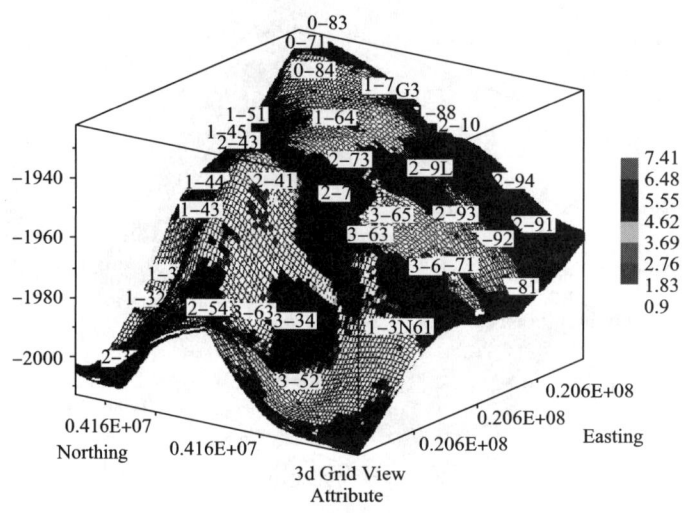

图 7—10 抽稀井距 500m 结合合成的变差函数模型建立的储层骨架模型(以 23 层为例)

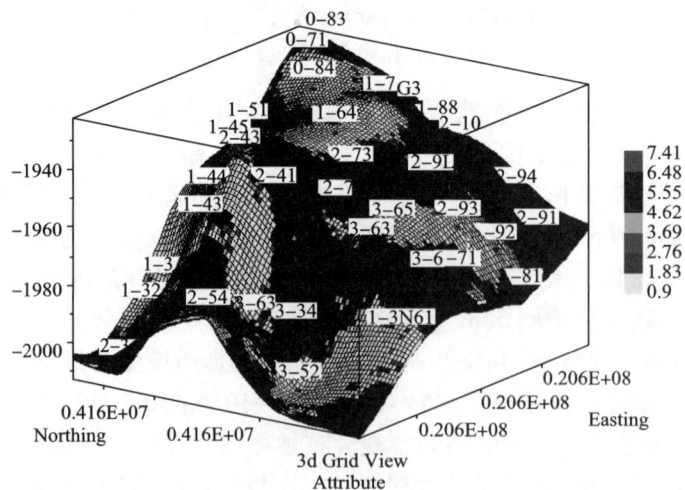

图 7—11 抽稀井距到 500m 利用井资料建立的储层骨架模型(以 23 层为例)

从上述研究成果可以得到如下结论：地质统计学方法是将各种信息结合在一起的有效手段，其中地质统计估计参数和地质结构的选择对于生成的储层模型的结果有重大影响。

①对于空间离散型模型的建模参数（如所需的变差函数）的确定可能比对建模方法的选择更重要。

②结合软数据，如地震反演资料，可以提供井间非均质性更细微的变化信息，这对于流体流动估计及其不确定性有深远的影响。因此，建模过程中应该将软数据和硬数据联系起来考虑。

③就序贯模拟方法而言，大井距条件下通过引入综合各种信息的合成变差函数模型，可以使得模拟结果的精度大大提高，能够更精细的刻画储层的非均质性。这说明对于序贯指示模拟方法来讲，能否求准变差函数是建立储层模型的关键。

（二）储层物性参数模型建立

在严格的相控条件下，结合前人对于参数建模方法优选的研究成果，对于储层参数的三维建模，通常采用序贯高斯模拟方法。在该方法中，模拟方程是从一个象元到另一个象元序贯进行的，而且用于计算某象元条件概率分布函数的条件数据除利用原始数据外，还考虑已模拟的所有数据。虽然井中测定的岩石物理参数的分布并不全是高斯分布，但经过正态变换（对孔隙度参数进行对数变换）后它们近似高斯分布。

传统的参数建模主要为"一步建模"，即直接根据各井储层参数进行井间插值，建立储层参数三维分布模型。这种方法比较简便，主要适合于具有单一微相分布或具有"千层饼"状结构的储层参数建模，因为在这种情况下，目标区的储层参数具有统一的统计分布。事实上，具单一相分布的储层很少。对具有多相分布或复杂储层结构的储层来说，由于不同相的储层参数分布（如直方图）有较大的差别，应用这种方法将影响甚至严重影响所建模型的精度。在这种情况下，在储层参数建模过程中应采用相控建模方法，即首先建立沉积相、储层结构或流动单元模型，然后根据不同沉积相（砂体类型或流动单元）的储层参数定量分布规律，分相（砂体或流动单元）进行井间插值或随机模拟，建立储层参数分布模型。由于相与参数之间密切相关，即相（或岩性）控制着物性参数在三维空间的分布。因此，相控随机模拟方法的思路是符合地质规律的，而且能避免大多数连续变量模型对于平稳性/均质性的严格要求。

在建模时，需设置以下参数：

①变差函数，反映储层参数的空间相关性。通过变差函数了解某一储层参数空间相关的范围。这里主要是针对井点数据建立不同微相的物性参数建立变差函数模型。

②标准偏差，反映各相类型中的岩石物理参数的数值变化性。

③参数转换，通过参数变换，使其符合高斯分布，以能应用高斯模拟方法进行建模。

④相关关系，反映不同类型岩石物理参数相关程度。

⑤粗化参数，对井模型中的储层参数在模拟网格的尺度上进行平均。在大多数情况下，测井资料比三维模拟网格的分辨率更高，故通过粗化方法，使井模型与三维网格进行匹配。孔隙度和含油饱和度的粗化采用算术平均法，渗透度的粗化采用几何平均法。

⑥模型输入，将相模型或流动单元模型作为岩石物理参数建模的输入，以达到相控建模的目的。岩石物理参数将忠实于所选择的相的分布。

在上述研究思路指导下，建立了胜一区沙二段的油藏地质模型，其中沙二段2油组3号砂层的孔隙度和渗透率的三维模型见图7—12、图7—13。

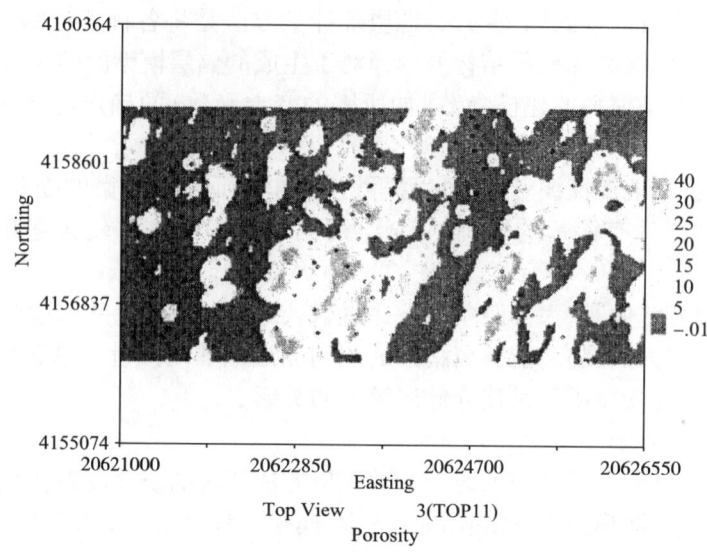

图 7—12　某单层利用序贯高斯模拟方法建立的储层孔隙度模型

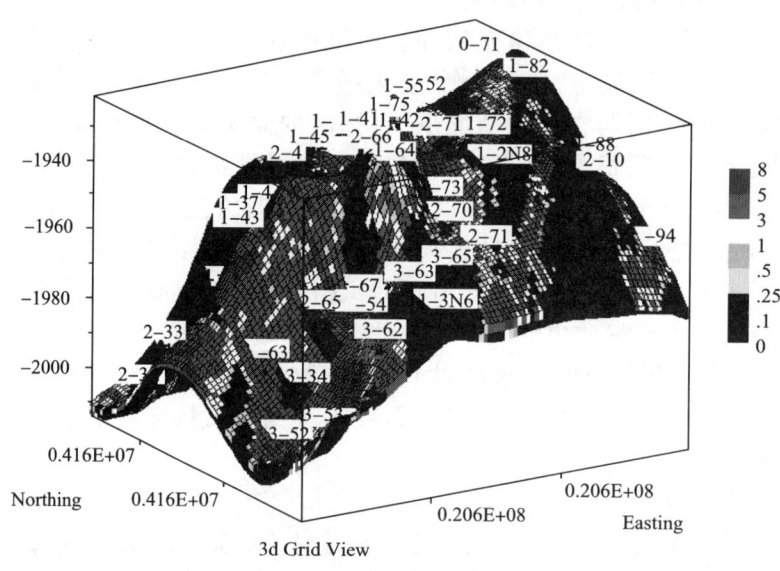

图 7—13　某单层利用序贯高斯模拟方法建立的储层渗透率模型

综上所述,提高储层预测精度、建立精细储层地质模型的关键在于多信息综合。通过变差函数这一有利工具,使我们有可能将代表不同精度范围的多种地质成因的资料信息综合在一起。实践证明,这种方法对于储层非均质性的精细表征和指导稀井网地区储层预测,有着很重要的意义。

二、水驱历史拟合验证模型

在精细地质模型建立之后,可以通过数值模拟方法研究、验证所建模型的可靠性,并进一步修正模型,为设计下一步的开发调整方案奠定基础。

（一）数值模拟验证

1. 精细模型与常规模型对比

为了评价精细地质模型的可靠性,将精细模型和常规模型进行对比。这里精细模型是指所建立的胜一区沙二段1—3砂组"10米×分米级"的模型。常规模型是采用常规方法,即根据井点值,利用数值模拟软件的前处理模块建立的模型。针对二个模型,分别进行历史拟合,并就二个模型的拟合精度进行讨论,评价精细模型对剩余油分布、开发效果的影响。

通过六个方面对比精细模型与常规模型(表7—2),可以看出,精细模型无论从利用资料,还是从建模方法、网格划分方面,都比常规模型更合理、更精细。精细模型描述了层内纵向非均质性,反映了饱和度变化(图7—14和图7—15)、孔隙度变化、韵律性变化、夹层分布以及上下连通性(图7—16),客观地揭示了油藏构造形态和储层物性。

表7—2 精细模型与常规模型对比

对比条目	精细模型	常规模型
利用资料	地震资料、原型模型数据、测井曲线、井点静态数据、沉积相数据	井点静态数据
建模方法	相控随机建模	一般确定性建模
网格步长	20~30m	40~50m
纵向划分	95个小层,层内细分,精确描述层内夹层	17个小层,不细分,不能精确描述层内夹层
规模	100×90×95=85000	60×50×17=51000
评价	精细	常规

在静态模型建立的基础上,进行模型初始化,计算各小层储量(表7—3)。精细地质模型储量与常规地质模型计算的地质储量差别较大,显然是由于常规地质模型参数的层内、层间、平面的非均质性考虑不够造成的。

表7—3 储量计算对比

层位	小层号	模拟层	计算储量,10^4t(常规)	细分层数	计算储量,10^4t(精细)
S2^1	1^1	1	350.70	11	349.21
	1^2	1	117.52	6	113.71
	1^3	1	29.26	4	24.71
	1^4	1	6.78	3	4.83
	小计		504.26	24	492.46
S2^2	2^1	1	8.33	4	5.80
	2^2	1	61.40	6	52.42
	2^3	1	90.98	7	77.13
	2^4	1	29.20	5	24.71
	2^5	1	54.01	4	46.43
	2^6	1	55.50	5	49.51
	小计		299.43	31	256.00

续表

层位	小层号	模拟层	计算储量,10^4t(常规)	细分层数	计算储量,10^4t(精细)
S2³	3^1	1	8.12	3	6.49
	3^2	1	12.81	5	10.28
	3^3	1	24.99	9	20.93
	3^4	1	59.53	6	45.01
	3^5	1	55.38	6	45.73
	3^6	1	7.31	5	5.77
	3^7	1	16.60	6	16.69
	小计		184.73	40	150.90
$S2^{1-3}$	合计		988.40	95	899.36

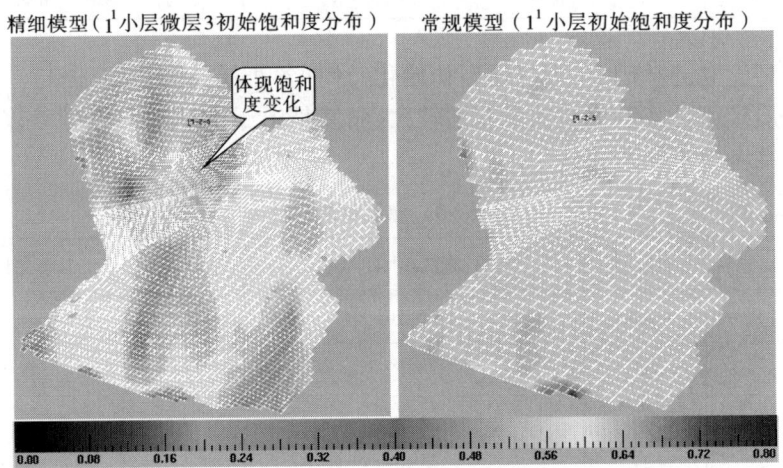

图7—14 精细模型与常规模型初始饱和度平面对比图

2. 数值模拟动态模型建立

根据油水井月度数据、射孔数据,利用 VIP 数值模拟软件的动态前处理模块(Pre-execu),建立数值模拟的动态模型,时间阶段划分到月。动态模型涉及油井103口,水井47口,开发历史1964年12月—2002年4月(注聚前),部分井(20口井)某些时间段涉及劈产。该试验区累产油322.3万吨,采出程度35.84%,累产水2794.3万吨,目前综合含水93.9%。

动态模型的精细化主要体现在两个方面:产量的描述和射孔的描述。产量的时间阶段划分到月;精细模型的射孔描述到射孔井段(图7—17)。精细模型考虑到层内夹层,反映了层内纵向上的连通性和韵律性。常规模型不考虑层内夹层,射孔位置也只能描述到小层,不能反映层内纵向上的连通性和韵律性。

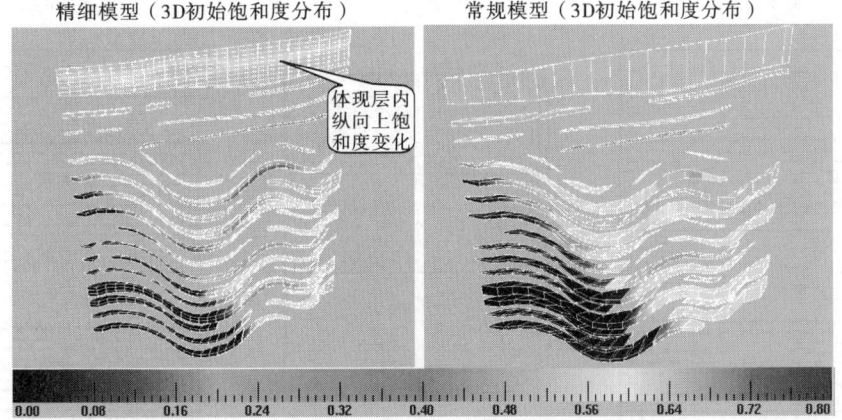

图 7—15 精细模型与常规模型初始饱和度剖面对比图

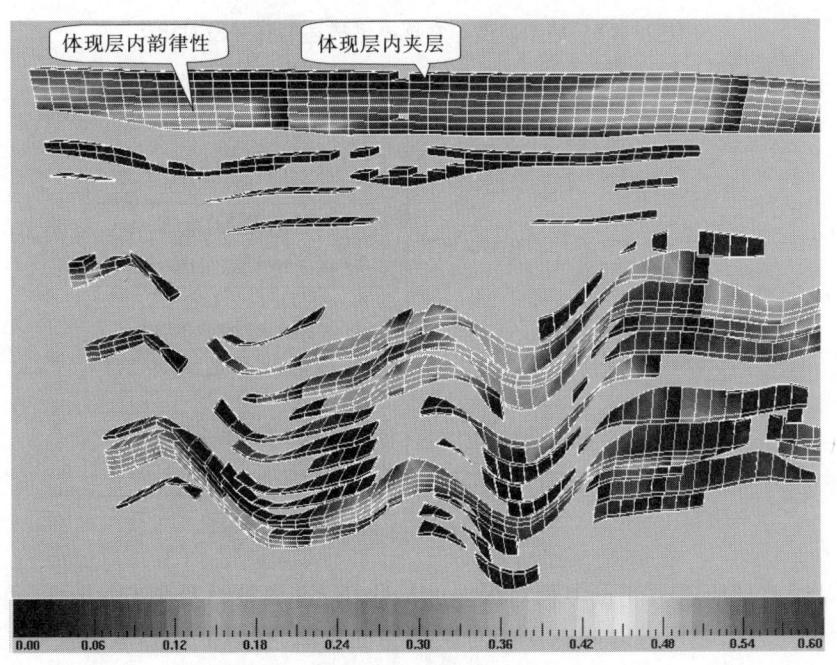

图 7—16 精细模型渗透率分布剖面图

(二)基于精细数值模拟的油藏地质模型评价系统

目的就是通过历史拟合,从模拟精度、拟合误差入手,形成一套定量评价地质模型可靠性的完整方法。笼统地说,通过拟合误差定量地判断是否拟合上,通过油井的拟合率反映拟合精度,通过拟合精度评价静态模型的准确性。

1. 拟合误差、模拟精度和拟合流程

(1)拟合误差

主要从相对误差和绝对误差两个方面反映计算值与实际值的差距(图7—18)。相对误差反映计算值的相对偏离程度,绝对误差反映计算值的实际偏离程度。

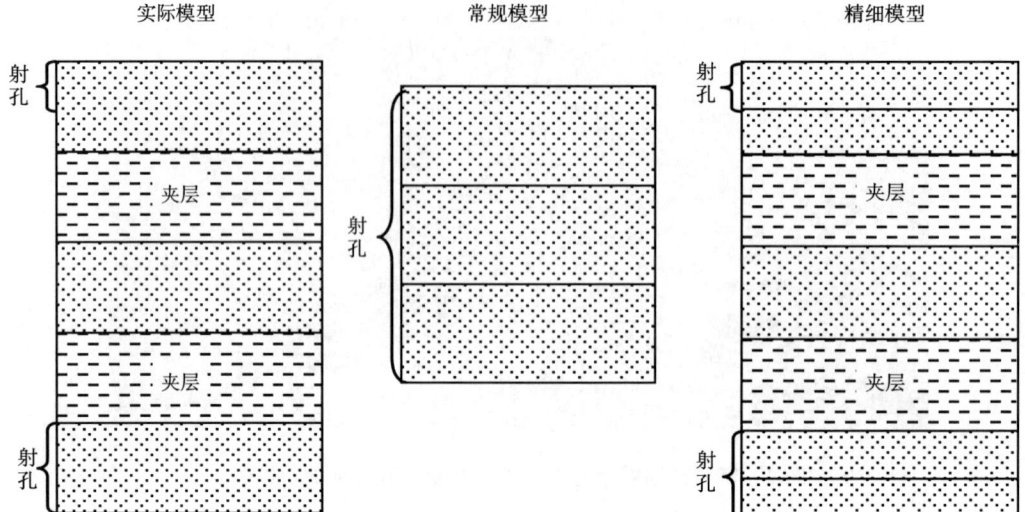

图 7—17 精细模型与常规模型描述射孔井段对比

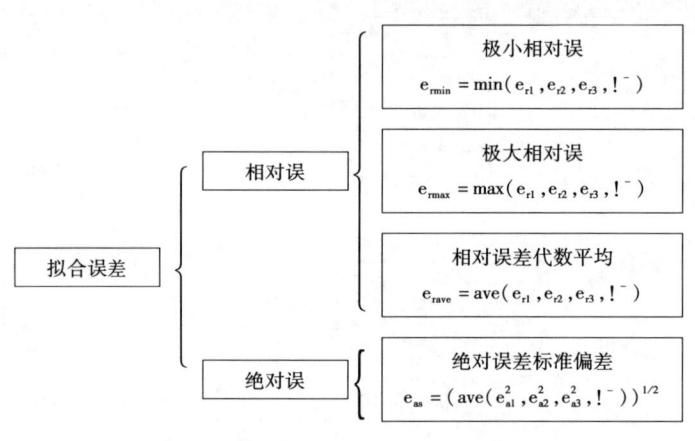

图 7—18 误差对比

极小相对误差是所选时间点中相对误差的最小值,它表征计算值与实际值负向的最大偏离程度;极大相对误差是所选时间点中相对误差的最大值,它表征计算值与实际值正向的最大偏离程度;相对误差代数平均值是所选时间点相对误差的平均值,它表征计算值与实际值总的偏离程度,总体上看,它越趋近于零,拟合精度越高;绝对误差标准偏差是所选时间点绝对误差平方的平均值的二次方根,它表征计算值与实际值总的绝对偏离程度。总之,通过极小相对误差反映计算值负向的最大相对偏离,通过极大相对误差反映计算值正向的最大相对偏离,通过相对误差代数平均反映计算值总的相对偏离,通过绝对误差标准偏差反映计算值总的实际偏离。通过四个误差基本上完全反映了拟合的精度。

(2)拟合精度

通过拟合率表征拟合精度(图 7—19)。拟合率等于拟合上的井数占所选井数的百分数。当拟合率大于等于 90% 时,认为修正后的静态模型为非常准确模型;当拟合率介于 75% 到 90% 之间时,认为修正后的静态模型为比较准确模型;当拟合率介于 60% 到 75% 之间时,认为修正后的静态模型为一般准确模型;当拟合率小于 60% 时,认为修正后的静态模型为不准确模型。

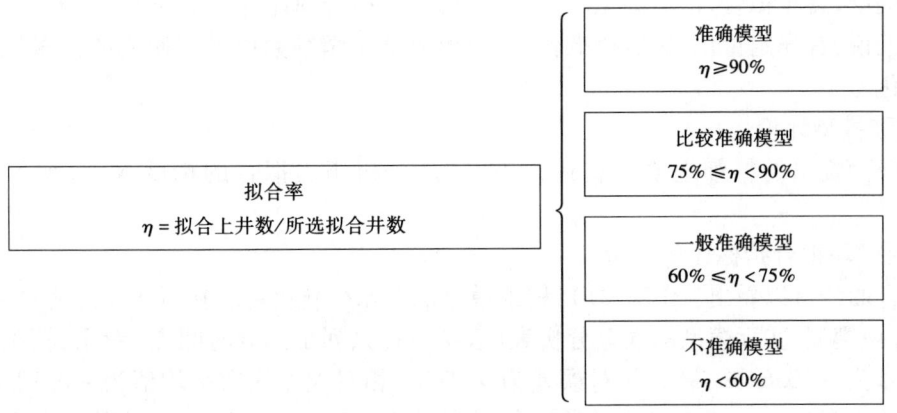

图 7—19　拟合精度对比

(3) 拟合流程（图 7—20）

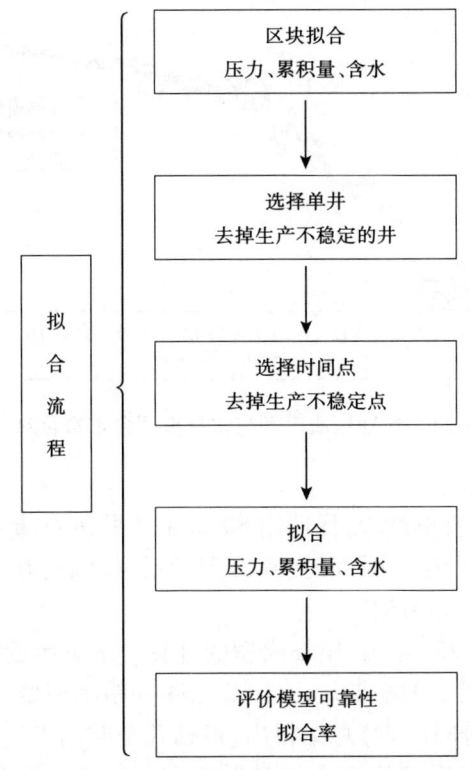

图 7—20　数值模拟历史拟合与模型评价流程图

首先区块拟合，在对油藏动静态资料全面认识的基础上，通过模拟运算，发现动静态矛盾，进行综合分析，通过调整参数，从压力、累积量、含水等方面，在整体上进行区块指标拟合，从宏观上控制总的变化趋势。

然后单井拟合，首先选择拟合的井，去掉生产不稳定的井、频繁开关的井，这些井的动态数据可能存在误差，没有必要拟合。针对某一口单井，首先选择时间点，对于某些产量变化异常时间点,在分析的基础上,不做拟合。从压力、累积量、含水等方面,在井局部进行指标拟合。由整体到局部,逐步拟合,逐步细化。最后,根据单井拟合率评价模型的可靠性。

总体上说,首先定量化,然后标准化,最后形成基于精细数值模拟研究的油藏地质模型评价的流程化。

2. 精细模型评价

根据前面提出的精细地质模型评价方法,从分析历史拟合的精度入手,评价模型的可靠性。

(1)由区块拟合指标评价模型

由拟合曲线可以看出(图7—21),精细模型的含水变化趋势更接近于实际生产动态,由精细模型、常规模型、实际模型的误差分析表(表7—4,只列出部分时间点)看出,精细模型的极小相对误差为 −10.64%,极大相对误差为9.97%,相对误差代数平均值为 −0.28%,绝对误差标准偏差为2.08%。常规模型的极小相对误差为 −29.45%,极大相对误差为29.45%,相对误差代数平均值为2.64%,绝对误差标准偏差为4.68%。

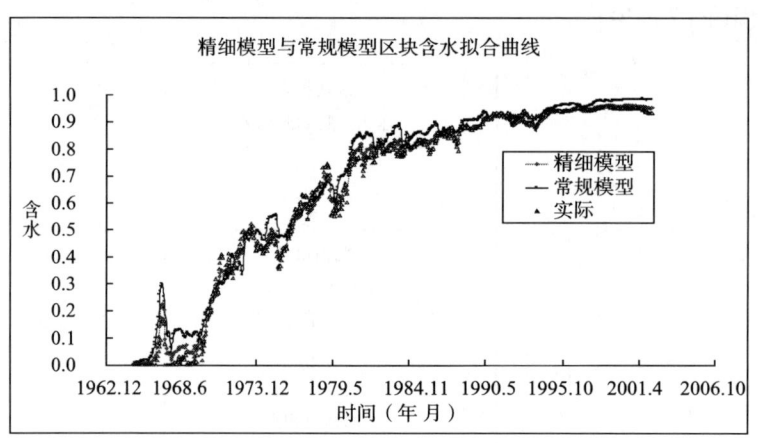

图7—21 精细地质模型与常规模型含水拟合对比图

(2)由单井拟合指标评价模型

通过分析生产井的开发历史过程,优选出80口生产井进行重点拟合,作为精细模型评价的对象,另外23口生产井或因生产时间短、或因产量低、或因处在不封闭边界附近,不作为模型评价的依据。以1−2−54井为例。

由含水拟合曲线(图7—22)看出,精细模型的计算含水更接近实际值,常规模型的计算含水明显高于实际值,尤其是投产的初期。由1−2−54井精细模型、常规模型、实际模型的误差分析表(表7—4,只列出部分时间点)总结得出,最初几个时间点生产不稳定,计算的误差比较大,不作为评价的依据。精细模型的极小相对误差为 −1.8%,极大相对误差为11.4%,相对误差代数平均为2.2%,绝对误差标准偏差为2.75%。常规模型的极小相对误差为0.5%,极大相对误差为34.1%,相对误差代数平均值为7.6%,绝对误差标准偏差为8.6%。精细模型的计算值明显更接近于实际值。但总体来看,相对误差代数平均值为2.2% > 0,计算值普遍高于实际值。

表7—4 1-2-54井精细模型、常规模型、实际模型拟合误差分析表

时间	精细模型含水,%	常规模型含水,%	实际含水,%	精细模型相对误差	精细模型绝对误差	常规模型相对误差	常规模型绝对误差
1993.9.15	21.9	43.5	6.4	242.9	15.5	582.3	37.2
1993.10.16	22.9	48.7	6.3	261.5	16.6	667.9	42.3
1994.1.16	57.5	82.7	69.3	-17.0	-11.8	19.3	13.4
1994.2.14	27.5	86.6	8.0	243.0	19.5	981.8	78.6
1994.6.15	49.4	93.4	43.7	12.9	5.7	113.6	49.7
1994.7.16	69.8	93.6	71.1	-1.8	-1.3	31.6	22.5
1994.8.16	79.3	97.3	80.8	-1.8	-1.4	20.5	16.5
1994.9.15	84.5	97.5	86.0	-1.7	-1.5	13.5	11.6
1994.10.16	87.9	97.7	89.5	-1.8	-1.6	9.2	8.2
1994.11.15	88.8	97.8	90.2	-1.5	-1.4	8.5	7.7
1994.12.16	88.2	97.9	88.4	-0.2	-0.2	10.7	9.5
2002.8.16	98.3	98.8	97.9	0.5	0.5	1.0	0.9
2002.9.15	98.3	98.8	97.9	0.5	0.5	1.0	0.9
2002.10.16	98.5	98.8	98.2	0.3	0.3	0.6	0.6
2002.11.15	98.5	98.8	98.2	0.3	0.3	0.7	0.7
2002.12.16	98.4	98.8	98.0	0.4	0.4	0.8	0.8
2003.1.16	98.2	98.7	97.7	0.5	0.5	1.0	1.0
2003.2.14	98.2	98.7	97.8	0.5	0.5	0.9	0.9
2003.3.16	98.3	98.8	97.7	0.5	0.5	1.1	1.0
2003.4.15	98.5	98.8	98.1	0.4	0.4	0.8	0.8

经分析发现,1-2-54井生产1^1小层和2^4小层的顶部,精细模型小层内又进行了细分,如:1^1小层细分为11个子层,可以精确描述射孔井段,充分反映层内纵向上油水运动规律,常规模型不能精确描述射孔井段,只能描述到射孔层位。

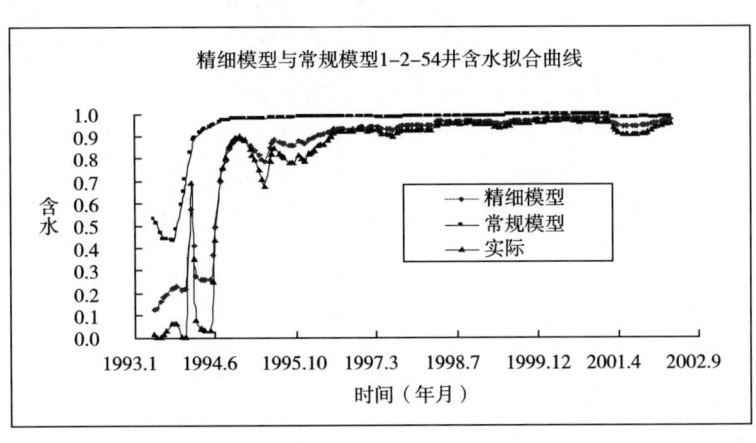

图7—22 1-2-54井精细模型与常规模型含水拟合对比图

通过类似的对比方法,所选的80口生产井中73口井基本满足:$e_{rmin} > -10\%$,$e_{rmax} < 10\%$,$|e_{rave}| < 5\%$,$e_{rave} < 5\%$,单拟合率达到91.3%。按照模型评价标准,该试验区精细模型为准确模型。

无论从区块还是单井的拟合精度看,精细模型优于常规模型。

第八章 剩余油分布描述技术

精细油藏描述的最终成果,要求深化对各类油藏剩余油分布及潜力大小的认识,提供量化的剩余油分布的三维可视化、数字化的精细预测地质模型。

剩余油是指油层(或油藏)在开发过程中某一阶段,仍然保存在油层孔隙空间的那部分原油,而且是通过加深认识地下地质体和改善采油工艺等技术措施可开采出的原油。残余油是指在一定的开采条件下采不出的原油。因此残余油是剩余油的一部分。

在油田投入注水开发后,以提高采收率为目标研究剩余油的分布,已引起国内外各石油公司的普遍关注。西方一些主要产油国,如美国德克萨斯州经济地质局分析:在现有技术条件下采收率可达34%;残余油(不可动)为47%(强水洗部分占70%~80%);未波及体积可动油占16%;改善采油提高采收率30%。依靠现有的二次采油技术(注水),通过深入认识储层非均质性,依靠打加密调整井和改善各种采油工艺措施技术,还有19%的储量可供挖潜动用。同样,在国内根据俞启泰等人1997年统计资料看出:开发地质储量大于$5000 \times 10^4 t$的39个注水砂岩油田(其地质储量占已投入开发注水砂岩油田总地质储量的75.8%),在现有开发方式下能达到平均最大波及系数为67.6%,因此对应的最大未波及系数为32.3%,不难看出,未波及剩余油占有很大比重。如何提高不同类型油藏的采收率,开展剩余油的研究,是各国石油公司颇为重视的一项世界性的研究课题,也是国内外石油行业急于攻关解决的难题之一。

我国东部大多数油田现在已经进入高、特高含水开发阶段,目前平均综合含水率已超过80%,有的甚至超过90%,原油产量成明显的递减趋势,采收率仅为30%左右,但油藏内仍然有50%的可采储量,这部分剩余油将是油田开发的重点和挖潜的主要方向。

注水油田开发到了中后期阶段,剩余油的分布明显受地质因素和开发因素影响。地质因素主要包括沉积微相、微构造流动单元划分和储层非均质性等。开发因素主要包括注采井网的完善程度、注采比、生产动态等。在这些静态和动态的因素共同影响下,剩余油的空间分布变得十分复杂,分散而又局部相对富集。在精细油藏描述研究中,精细地质模型可以定量预测剩余油的空间分布,结合油藏数值模拟对剩余油的定量预测结果,确定剩余油富集区,可以提出有针对性的指导油田开发中后期剩余油的开采措施,提高油田最终的采收率。

第一节 剩余油形成机理及其控制因素

剩余油形成的机理一直是石油科技人员探索和研究的问题,它的形成是由多种地质因素和开发因素综合作用的结果,控制剩余油形成与分布影响因素很多,从宏观、微观方面对剩余油形成机理及其控制因素分析如下。

一、微观剩余油形成机理及控制因素

油气水多相流体在地下多孔储集体介质中渗流,受黏滞力、重力、毛细管压力等三种作用的影响,这三种力的合力方向及其大小决定着流体运动方向和速度,毛细管压力与重力的相对关系,黏滞力与重力的相对关系是决定油水在多孔介质中运动的力学因素。由于多孔介质孔

喉网络的非均质性、油水黏度比、储集体润湿性等方面的差异性,导致这三种力在孔喉大小不一、形态不一、连通程度不一的储集体中的水驱效果存在差异,形成剩余油分布的差异。微观剩余油形成受储集体微观非均质性、孔隙介质的润湿性、粒间表面张力、原油粘度和开采条件等诸多因素控制。

(一)润湿性控制微观剩余油形成与分布

岩石润湿性不同,则剩余油存在的方式、分布状况及流动能力不同。因此研究和揭示剩余油形成机理,首先要分析不同润湿性的储集体中流体渗流的微观机理,探讨储集体润湿性与微观剩余油形成和分布的关系。

1. 亲水储集体

亲水储集体的岩石表面易吸附水分子而排斥油分子,在水驱油实验中常见到水沿孔壁渗流推进,形成一部分水沿着大孔道的中部推进驱油,另一部分水沿孔道壁驱油,使原油被剥离其附着的岩石颗粒表面。当水驱速度大于剥离油膜速度时,形成水进不均匀,在储集体局部留下斑块状剩余油;当水驱速度太慢,在储集体大孔道中,注入水沿着阻力小的孔道向前推进而形成指进剩余油,若多股指进水流在储集体局部地区相汇,水流会绕过细小含油孔道,将其中的油圈起来形成油班,油珠等剩余油形态(图8—1)。

2. 亲油储集体

亲油储集体的岩石表面易吸附油分子而排斥水分子,在水驱油实验中观察到注入水大孔道的中轴部位驱替原油,孔喉网络壁上有一层油膜沿孔壁推移流动,在小孔道中残留一部分未驱动原油,随水驱时间增长,含水程度增加,孔壁上油膜会变薄。剩余油除一些停留在小的油流孔道内,另外则在大孔道矿物颗粒壁上形成油膜,它有较高的流动阻力,注入水很难将其从岩石表面剥离下来,这就形成残余油附着在颗粒表面的状态(图8—2)。

图8—1 亲水储集体微观剩余油形成

图8—2 亲油储集体微观剩余油形成

3. 中性储集体

中性储集体的岩石颗粒表面吸附水、油分子的能力差不多。在水驱油实验中注入水主要沿大孔道中轴部位驱油,与亲油储集体水驱油过程相似,剩余油流动的主要形式为沿孔壁流动,在大孔喉壁上形成油膜以及在小孔喉中形成断断续续的剩余油。

(二)毛细管力控制微观剩余油形成与分布

毛细管力的大小和方向在水驱油过程中,当注水压差很小时对驱油起着重要的作用,并影响剩余油的形成与分布。

油和水为非混相流体,它们之间存在界面膜,水驱时,所有作用力施加在这个界面上。油水界面上存在一种特殊的物理性质——即界面张力。在水驱油过程中,作用在这个界面上的力有三种(图8—3),即注入水驱替力、毛细管吸附力和界面张力。图中箭头表示作用在界面上的各种力的方向,其中注入水驱替力在两种类型的毛细管中的作用方向是一样的,其大小由单位距离上的压降,即压力梯度来衡量。

1. 亲水毛细管

亲水毛细管中,在毛细管壁中常吸附一层水膜,而油则充注毛细管孔腔内(图8—3A)。在水驱油过程未开始时,油水处于平衡状态,毛细管腔内充满油,而水成膜状附着在毛细管壁上。当水驱油开始后,一部分水在注入水驱替力与毛细管壁吸附力共同作用下沿毛细管壁驱进,并与颗粒表面吸附的束缚水汇合,使得孔壁吸附的原油首先被驱替。如图8—3A所示,亲水毛细管中注入水驱替力、毛细管壁吸附力及界面张力的作用方向一致,流体运动速度快。在持续的驱替过程中,驱油效果好,剩余可动油的储量相对较小,在较大孔道中常形成块状、滴状剩余油。

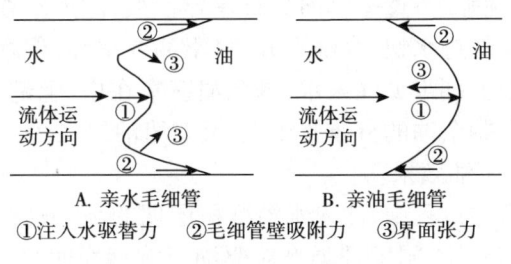

图8—3 毛细管力驱油示意图

2. 亲油毛细管

亲油毛细管中,原油受毛细管壁吸附力作用附着在毛细管壁上。如图8—3B所示,毛细管壁吸附力及表面张力的方向与注入水驱替力的方向相反,注入水驱替力不仅要克服流体的粘滞力、界面张力,使得流体驱替能力大大降低。注入水首先驱替毛细管中间部分的原油,毛细管壁的油膜难以被驱替,从而使较大毛细管中的原油先被驱替形成指进,在较小孔中及岩石表面留下一层油,形成剩余油相对富集。

综上所述,在水驱过程中亲水毛细管网络中细小孔喉中的油易被驱出,分布在大孔隙中的油易被水绕行呈斑块状留在孔隙中,亲油毛细管中注入水先驱替大孔道中的油,而小孔道中剩余油较多。

二、宏观剩余油形成机制及控制因素

宏观剩余油是指通过测井、常规岩心分析等手段进行研究和表征的、肉眼可识别的剩余油。在油田开发过程中,储集体中的宏观剩余油形成与分布受宏观、微观等多种因素控制。剩余油的形成与分布存在两种机制:一种是因储集体垂向非均质性造成储集体内部垂向上水驱油的不均一性和驱替过程的非活塞性,形成油和水在储集体内交替分布,随着开发进程的不断深入,原油在储集体(大、中孔隙)空间中逐渐不占优势;另一种由于多种原因,注入水前缘未到达或驱替不到,原油在储集体的大、中孔隙空间中占有优势,从而形成剩余油富集区。

上述两种形成机制,将宏观剩余油的控制因素归结为油藏非均质性和开采非均匀性两方面。油藏非均质性包括构造、储集体和流体非均质性。其中储集体非均质性是控制剩余油分布最重要的内在地质因素,包括储集体规模大小、几何形态、连续性和砂体内的孔隙度、渗透率等参数的分布所引起的平面非均质性;各单砂层厚度、孔隙度、渗透率等差别所引起的层间非

均质性;以及单砂层内部垂向上储集体性质的变化、非渗透夹层等所引起的层内非均质性。开采非均匀性是剩余油分布的外部控制因素,主要为层系组合、井网部署、射孔位置、注采对应、注采强度等导致的储集体开采状况的非均匀性。

(一)沉积条件的控制作用

碎屑沉积条件决定了沉积韵律、层理类型,同时还控制砂岩的空间分布和沉积相的展布以及储集体的非均质性。沉积韵律、层理类型、沉积微相等方面的差异性影响开发中后期剩余油的分布。

1. 沉积韵律控制驱油效果

不同韵律性储集体的剩余油分布及开发效果的差异较大。反韵律油层渗透率的分布出现上部高下部低的变化,注入水首先沿着顶部高渗透层的推进,由于受油水重力分异和毛细管作用,在岩石偏亲水条件下,使注入水沿着下部中、低渗透层下沉,水驱波及体积逐渐增大,形成纵向上水线推进较为均匀,水洗厚度大,驱油效果好,剩余油分布低。正韵律油层底部渗透率高,向上变低,储层非均质性强,渗透率垂向分布差异较大,注入水在重力作用下,基本沿油层底部高渗透带窜流,导致底部进水快,水洗充分,水驱油效率高,但水驱波及体积增长慢,总的看水驱效果差,在油层的中上部未见注入水,剩余油富集在中、上部。复合韵律油层内水淹特征相对复杂,其驱油效果和剩余油的分布介于正、反韵律油层之间。

2. 沉积层理类型影响驱油效果

实验结果表明,在水驱油过程中,注入水沿沉积层理的高渗透纹层快速推进而水洗干净,沿低渗透纹层驱油效果较差。不同层理类型对驱油影响存在明显差异,水平(平行)层理、微波状层理、分布稳定、延伸距离远,形成相对高渗透带,注入水快速推进,驱油不彻底,驱油效果差,剩余油相对富集。

3. 沉积微相控制油水运动

沉积微相的平面展布对油水运动有明显的控制作用。河道边缘微相带的储集体的吸水能力较河道、心滩、边滩等中心微相带储集体的吸水能力低,中心微相带水淹程度高,驱油效率高,而边缘微相带水淹程度低,驱油效率也低,导致边缘微相带剩余油相对富集。

(二)储集体非均质控制剩余油空间分布

储集体非均质性是剩余油分布的主要控制因素,一般认为,储集体非均质程度越高的区域,剩余油相对富集程度高;反之,则剩余油相对富集程度低。

隔夹层的存在加剧了储集体非均质性,不同隔夹层产状对剩余油的形成和分布存在差异。

1. 平行层面的隔夹层对剩余油分布的影响

辫状河沉积的储集体中大量发育平行层面的隔夹层,数值模拟结果表明,剩余油富集区的分布受储集体内夹层平面位置以及油水井射孔位置的控制。夹层位于注水井和采油井之间对剩余油的控制作用最小,若在采油井钻遇夹层时,受夹层的隔挡作用的影响,剩余油富集在夹层的下部;如果只有注水井钻遇夹层,且在注水井夹层以上部位注水,则夹层对剩余油的分布影响最大。

夹层位于正韵律储集体的中上部,对剩余油分布的影响最大;夹层数量越多,影响越明显,夹层面积越大,剩余油越富集。

2. 斜交层面的隔夹层对剩余油分布的影响

曲流河点坝沉积及三角洲前缘沉积的储集体中常发育斜交层面的隔夹层。数值模拟结果显示:逆着夹层倾向方向注水时,波及系数和采收率略大;顺夹层倾向方向注水时,波及系数和采收率较小,尤其是当采油井钻遇夹层时,其波及系数及采收率更小,剩余油相对富集,总之,顺夹层倾向方向注水易形成剩余油富集区。

(三)构造控制剩余油分布

不同开发阶段,构造对剩余油形成与分布影响和控制程度是不同的。在开发初期,剩余油分布主要受断块构造控制,如断块的构造高部位剩余油富集;油气田开发中后期,背斜构造起到一定的控制作用,但微型构造则是对剩余油分布起主要控制作用。

断层作用对剩余油分布也起控制作用,封闭性断层造成注采系统不完善,断层附近的采油井为单向受效,其水驱油效果差易形成剩余油富集区;对于开启性断层,注入水沿断层面窜流时,使其附近的油层中的油驱替不出来而形成"滞留区",从而成为剩余油的富集区。

(四)注采网控制剩余油平面分布

油藏的边角地带及尖灭区常因岩性和物性变差,使储集体非均质性增强,注入水推进不均匀,易形成剩余油富集区,影响油田开发效果。当油水井均在高渗区时,特别是遇到采油井在高渗区向低渗区过渡的地区时,各油井产量较高;若注水井位于高渗区而采油井位于低渗区,注水见效差,采油井产量变低。

井间注入水分流线附近和井网控制差的部位剩余油相对富集。

第二节 剩余油分布特征

剩余油分布是油田开发地质研究的核心问题。只有掌握剩余油的分布规律,才能采取正确的开发措施,达到以提高采收率为目标的最佳开发效果。

剩余油的微观分布是认识剩余油的宏观分布(包括油层剖面、油层层内、油层平面)的基础。观察岩心薄片是了解剩余油微观分布最直接的方法,它可以对比不同类型的岩石剩余油的分布形态,也可以定性或半定量分析剩余油饱和度。剩余油的宏观分布特征与储层的沉积类型、非均质性、微构造形态以及注采井网等因素有关,是定量研究剩油分布的基础。

一、剩余油微观分布特征

国内外专家对剩余油微观分布的研究大多数采用人工模型和真实岩心,在室内进行水驱油实验,模拟油层水驱油及油气运移过程。曲志浩教授(1993)首次采用真实砂岩模型进行剩余油微观驱油机理等研究。通过选取胜坨油田三区沙二段油层,代表三个不同开发时期的取心岩样进行水驱油实验,分析了油水两相渗流的微观剩余油分布特征。

显微模型的水驱油实验相当于油田注水开发,在水驱油过程中,油水运动存在活塞式驱油和非活塞式驱油两种方式,且以活塞式驱油为主。

在亲水岩样中,注入水沿孔壁渗入,渗入后继续沿孔壁运移。在亲水孔隙介质条件下,渗入水以水膜形态铺满孔壁表面,小孔隙中很快被水充满,由这些充满水的小孔隙包围一个或一群大孔隙中的油很难再被驱出,于是形成一个含油的孤岛。在水驱油实验中,常常出现渗入水沿着一条阻力最小的大孔隙通道长驱直入,绕过孔隙结构相对变差的区域,使这些区域的油不易再驱出,出现微观指进现象。它的形成可能与油水粘度比、注入通道不规则及孔隙结构非均质性有关。因此,在亲水系统中,剩余油多呈珠状分布于大孔隙和孔隙中央或呈簇状分布于孔喉极不均匀地带,水则分布于小孔隙、孔壁等处,并且油与水的界线明显。

在亲油岩样中,注入水与孔壁之间存在油膜,油水分布现象则与亲水岩石相反,剩余油多分布于小孔隙、孔隙边缘等处,而水则分布于大孔隙和孔隙中央,油与岩石颗粒之间的界线比较模糊。

从水驱油效率和岩样的孔隙结构看到:具有较好分选的岩样其孔隙结构相对均匀,水驱油效果好,驱油效率高,剩余油多呈滴状、薄膜状;而对于孔隙结构非均质性强的岩样,水驱油效果差,微观指进严重,剩余油多呈簇状分布。不难看出:孔隙结构的非均质性直接影响剩余油的微观分布,进而影响水驱油效率。

大庆油田许焕昌等人采用真实岩心,用低黏度染色环氧树脂、染色稠化水等模拟油或水,用染色甘油模拟原始石油,进行油驱水及多种水驱油实验。每次实验结束时,将岩样固化制成铸体薄片进行观察和照相。根据实验资料将剩余油按其形态分为五种:

①微观小片死油区的簇状剩余油(图8—4);
②颗粒表面的环状、膜状剩余油(图8—5);
③孔隙死角处的孤立状剩余油(图8—6);
④并联喉道中较小喉道中的柱塞状剩余油(图8—7);
⑤颗粒表面溶蚀孔、缝中的不规则剩余油。

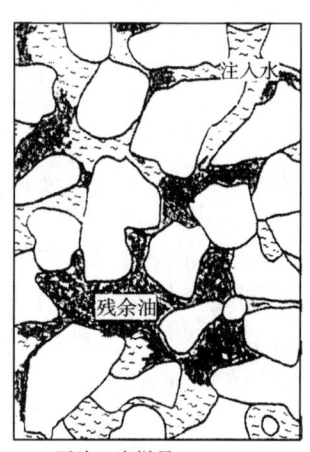

照片6 岩样号:246-1

图8—4 片状分布

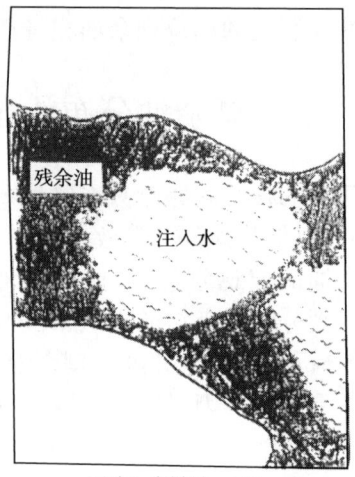

照片7 岩样号:142

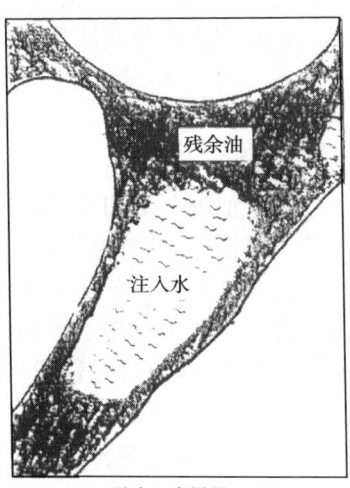

照片8 岩样号:142

图8—5 环状、膜状残余油

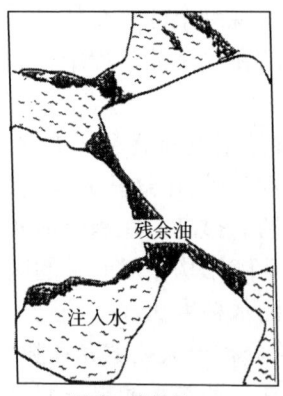

照片9 岩样号:110

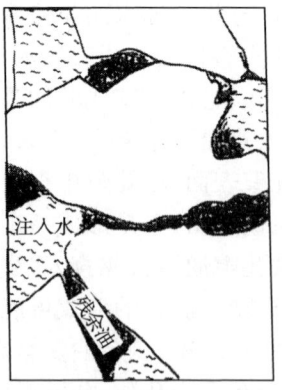

照片10 岩样号:190-1

图8—6 死角状残余油

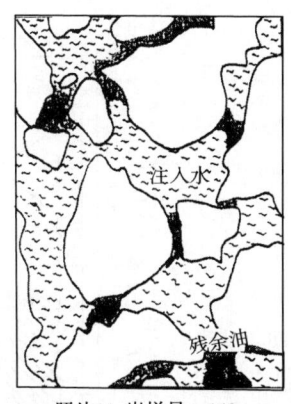

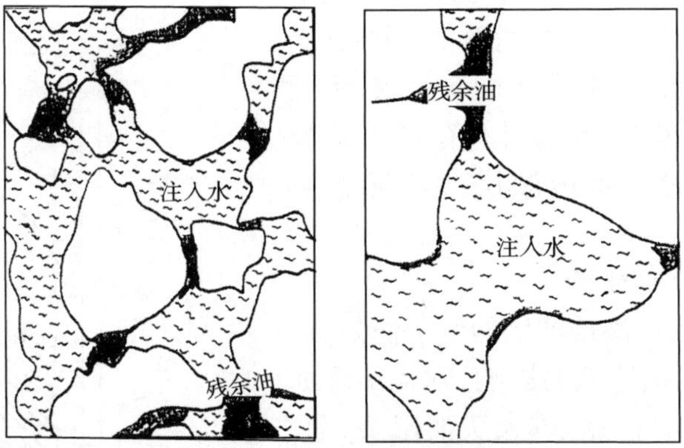

照片11 岩样号：142　　　照片12 岩样号：142

图 8—7　柱塞状残余油

二、剩余油剖面分布特征

(一) 油层剖面动用情况

在描述油层剖面动用情况时，主要使用油层剖面动用程度这一概念。它是指在射开有效厚度油层中受到注水有效驱替开采的油层厚度比例。

$$R_D = \frac{h_D}{H}$$

式中　R_D——油层剖面动用程度；

　　　h_D——油层动用厚度，m；

　　　H——油层射开总厚度，m。

根据注水井吸水剖面测试资料、采油井产液剖面测试资料，来判断油层剖面动用情况和动用程度，还可以用水淹层测井解释资料、检查井密闭取心分析资料等判断油层剖面动用情况和动用程度。

对我国注水开发的陆相砂岩油藏的储集层，油层层数多，非均质性严重，全井油层剖面的动用程度在40%~80%左右，油层条件极好的可以超过80%，甚至达到90%以上。而油层条件较差、剖面非均质性较严重的油藏，其剖面动用程度低于40%。多数油藏的油层在剖面上约有1/3左右的未动用厚度（表8—1）。如何提高油层剖面动用程度，成为油田开发的重要研究课题。

表8—1　大庆油田不同渗透率级差油层的剖面动用情况（38口井资料）

地区	渗透率级差	统计层数	统计厚度，m	出油			不出油		
				层数	厚度，m	比例，%	层数	厚度，m	比例，%
萨南	<5	195	295.2	155	250.3	86.5	40	38.9	13.5
	>5	103	60.7	26	23.6	38.8	77	37.3	61.2
杏南	<3	196	559.5	142	492.4	88.0	54	67.1	12.0
	>3	643	392.8	28	54.3	13.8	615	338.5	86.2

从大庆油田 130-32 井在笼统注水时的吸水剖面(图 8—8)分析看出:该井共射开 31 个层段,其中吸水好的有 11 个层,微弱吸水的 5 个层,不吸水的有 11 个层。这就反映出油层间存在着差异性,注水开发后层间的低渗透油层必然存在剩余油。

(二)剩余油剖面分布特征

1. 层间差异性导致低渗透油层的剩余油分布

陆相砂岩油田受沉积环境的影响,常常出现油层层数多、非均质性强的特点,以大庆油田萨、葡、高油层为例,最多可细分为 136 个小层,不论如何合理划分开发层系,仍然存在多层合采的情况。

在注水开发中,对多层合采的油层,高渗透层吸水多,水洗充分,驱油效率高,剩余油较少(图 8—9);而低渗透层吸水少,水洗差,驱油效率低,剩余油分布较多。当层间差异较大时,渗透率相差悬殊,渗透率很低的差油层,其吸水能力很差,甚至不吸水、不产液,留在油层中的剩余油就多。例如大庆油田开发初期层系划分较粗,采用 1~2 套开发井网时,主要是高渗透的河道砂油层发挥作用,油层厚度动用程度可以达到 30%~60%,有很大部分的低渗透油层

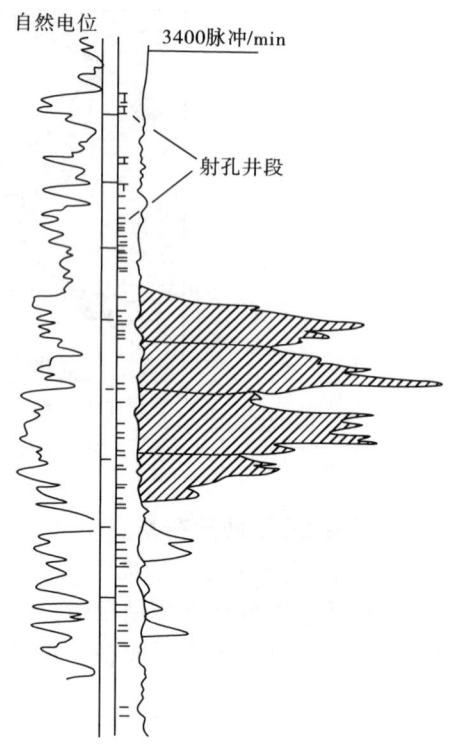

图 8—8 大庆油田 130-32 井笼统注水吸水剖面

未动用。通过细分层系调整为 3~4 套开发井网,使油层剖面动用程度得到明显提高。

2. 厚油层剖面水洗差,导致上部存在剩余油

油层厚度对注入水的剖面波及程度影响很大,由于油水密度的差异,以及油与水的重力分异作用,使得注入水在横向流动时将逐渐向油层下部汇集,导致下部油层水洗较好,而中、上部油层水洗较差甚至未水洗,其动用程度低,剩余油富集在中、上部。

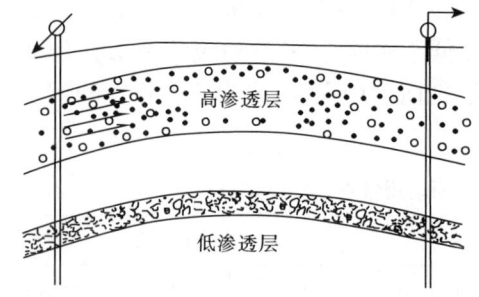

图 8—9 层间差异导致低渗透层中的剩余油   图 8—10 注采缺乏连通的剩余油

3. 注采缺乏连通的剩余油

在砂体窄小的油藏中,砂体有注水井控制但局部方向未钻遇采油井,或砂体有采油井控制在局部方向未钻遇注水井,形成注采不连通或缺乏注采连通情况,从而形成局部水洗不到的剩余油(图 8—10)。

4. 水锥和气锥形成的剩余油

水锥是指底水油藏开发时,底水上升过快造成油井过早水淹,井底油水界面上升抬高形成锥状,离油井稍远处,油水界面还处在较低的位置,从而留下大量未动用的剩余油(图8—11)。与此相似,气锥指气顶油藏开发时,由于纯油区地层压力下降,气顶气容易窜入油井导致油井大量产气,影响油井生产,使远离油井地区的原油无法采出而形成剩余油(图8—12)。

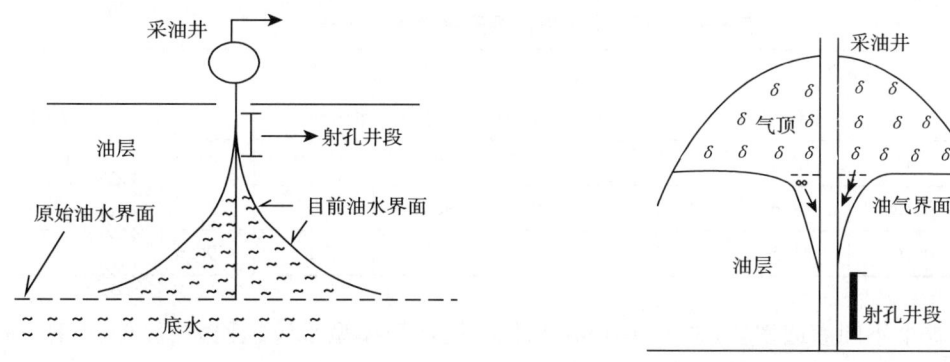

图8—11 底水油藏水锥示意图　　　　图8—12 气顶气向油层射孔井段锥进示意图

三、剩余油层内分布特征

剩余油层内分布主要受一个单油层内部纵向上非均质性所控制。一般而言,层内非均质包括三个方面:一是由沉积韵律性控制的非均质;二是沉积层理形成的非均质;三是岩石孔隙结构的非均质。由岩石孔隙结构形成的微观剩余油分布特征上面已有描述,这里重点研究储集层内部韵律特征引起水驱油规律的变化,从而引起剩余油的分布特点。

（一）不同韵律性油层的水驱特征

1. 正韵律油层

正韵律油层注入水沿底部突进快,上部水淹差,剩余油分布富集。

正韵律油层底部渗透率高,向上变低,储层非均质性强,出现渗透率纵向分布差异较大。注水开发初期,注入水在重力作用下,基本沿油层底部高渗透带窜流,导致底部进水快,水洗充分,水驱油效率高,但水驱波及体积增长慢,总的看水驱效果较差。例如大庆萨中检4-4井葡I_{2+3}层是正韵律油层,底部水驱油效率高达80%,而中上部未见注入水,剩余油富集在中、上部(参见图4—18)。

根据大庆油区40口密闭取心资料,葡I_2层共有47个见水层段,其中正韵律层8个,平均

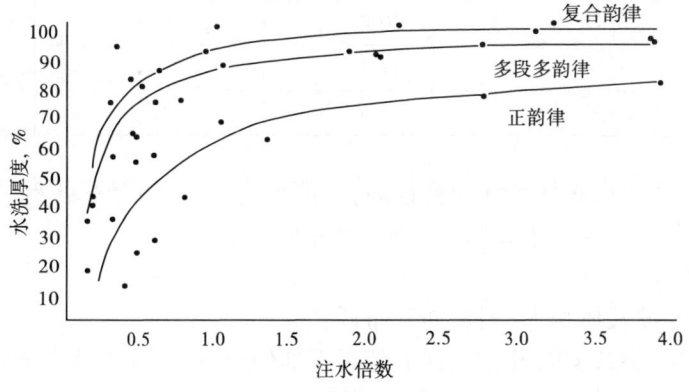

图8—13 不同类型油层水洗厚度与注水倍数关系

驱油效率57.3%,复合韵律层17个,驱油效率50.9%,多韵律层22个,驱油效率48%。但在相同注水倍数条件下,正韵律油层水洗厚度小(图8—13)。

当注水1.5倍数时,正韵律油层采出程度最低为43.8%,反韵律油层可达57.2%(表8—2)。说明正韵律油层开采效果差。

表8—2 不同类型厚油层开采效果对比表

项目 油层类型	无水期		注水0.6孔隙体积		注水1.0倍孔隙体积		注水1.5倍孔隙体积	
	注水倍数	采出程度,%	含水率,%	采出程度,%	含水率,%	采出程度,%	含水率,%	采出程度,%
正韵律	0.130	15.5	83.8	32.9	90.5	33.9	93.4	43.8
多段多韵律	0.156	18.6	82.6	36.9	90.0	43.1	94.1	47.7
反韵律	0.263	31.5	83.7	46.2	92.7	51.3	96.6	57.2

另外,对6个不同渗透率段(30~1670mD),按不同韵律模型水淹过程数值模拟计算,得出正韵律油层注水波及体积小,采出程度低的结果(表8—3)。

表8—3 不同韵律模型水淹过程数值模拟数据表

油层类型	注水0.6倍孔隙体积			注水1.5倍孔隙体积			注水2.4倍孔隙体积			
	含水率,%	波及体积,%	采出程度,%	含水率,%	波及体积,%	采出程度,%	含水率,%	波及体积,%	采出程度,%	注水效率系数,%
反韵律	83.21	100.0	27.08	95.48	100.0	34.88	97.71	100.0	37.74	15.72
复合韵律	95.05	64.2	21.4	95.93	75.1	26.83	97.43	79.4	29.73	12.38
正韵律	90.58	45.5	15.89	95.46	60.3	21.67	96.91	65.6	25.4	10.43

胜坨油田开采情况同样表明,正韵律沉积的河流相油层,注入水沿油层底部突进,下部水淹程度高,中上部有较多的剩余油。该油田所做数值模拟结果与上述水淹特点基本一致(表8—4)。随着含水上升到90%以上时,主要产油量转移到中部层段。

表8—4 正韵律油层不同含水阶段采出状况表

项目	含水90%		含水98%	
	驱油效率,%	剩余油饱和度,%	驱油效率,%	剩余油饱和度,%
上部	0.8	70.4	9.5	64.2
中部	8.5	71.5	52.1	38.5
下部	60.3	35.4	74.7	22.5

综上所述,正韵律油层底部水洗程度很高,上部水洗很差,甚至不见水,是剩余油富集的场所。需要对强水洗段采取卡堵水或调剖措施,改善水驱效果。

2. 反韵律油层

反韵律油层水驱波及体积大,剩余油分布低。

对于反韵律油层,渗透率的分布出现上部高下部低的变化,注入水首先沿着顶部高渗透层推进,由于受油水重力分异和毛细管作用,在岩石偏亲水条件下,使注入水沿着下部中、低渗透层下沉,水驱波及体积逐渐扩大,形成纵向上水线推进较为均匀,水洗厚度大,剩余油分布低。

从表 8—3 中数值模拟资料看出,当注水 0.6 倍孔隙体积、含水率 83.21%,反韵律层波及体积已达 100%,延续注水,到含水 97.71% 时,水驱基本结束,采出程度达到 37.74%,比正韵律油层高出 12.34%。同样,胜坨油田三角洲前缘相沉积的偏亲水反韵律油层,如沙二 8^3 油层具有上述渗流水淹特征(图 8—14)。

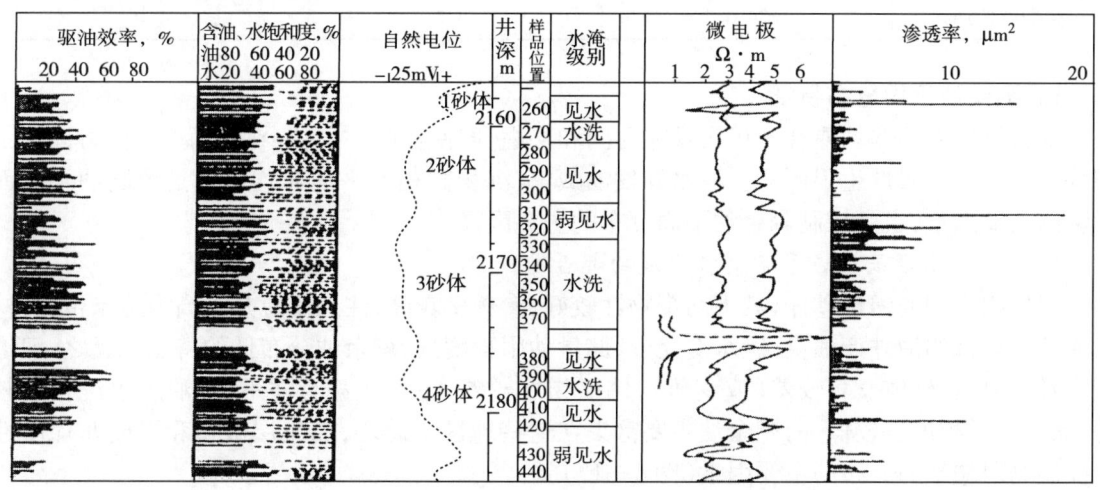

图 8—14　2-2-检 1502 井沙二 8^3 水淹剖面综合图

反韵律油层的油井具有产量高、递减慢、含水上升速度小的特点。一般进入高含水期后,剩余油分布低。

复含韵律沉积的油层,其不同层段有不同的水淹特征。其总的驱油效率和剩余油的分布介于正、反韵律油层之间。

(二)沉积层理对水驱油的影响

层理结构对水驱油状况有明显的影响。从天然岩心平面物理模型实验得出,层理结构不同,水驱方向不同,驱油特点和效果也明显不同。

1. 不同类型层理构造水驱油实验

实验结果表明,在直线斜层理模型中,水沿层理成条带状窜进,驱油效果差(图 4—21)。在交错层理和弧形斜层理中,水的推进比较均匀,驱油效果好(图 4—22、图 4—23、表 8—5)。

表 8—5　不同层理类型驱油效率比表

层理类型	渗透率,mD	无水驱油效率,%	最终驱油效率,%	注水倍数
直线斜层理	723	2.82	21.3	1.07
微细弧形斜层理及部分交错层理	540	21.6	42.2	1.56
交错层理	221	30.6	42.7	0.688

2. 不同水驱方向实验

不同方向注水驱油的效果差别很大。顺层理方向注水,水易沿层理面窜进,驱油效果最差;逆层理方向注水,驱油状况显著提高(图 4—24),驱油效率提高 1 倍多(表 8—6);垂直层理方向注水,驱油效果进一步得到改善,参见图 4—24、图 4—25。从上述实验结果看出,逆沉积方向或垂直沉积方向驱油效果最好。

表 8—6　不同注水方向驱油效果对比表

注水方向	无水驱油效率,%	最终驱油效率,%	注入孔隙体积倍数
顺层理方向	2.82	21.3	1.07
逆层理方向	19.4	48.5	2.5
垂直层理方向	34.6	53.2	1.0

四、剩余油平面分布特征

陆相储集层的非均质性不仅表现在层间和层内,即使在同一层位,在平面上不同方向和不同部位上的非均质性也很严重。注水开发油藏中,沉积微相和平面非均质性是控制油水平面运动的主要因素,也是控制剩余油平面分布的主要因素。

(一)注入水沿高渗透条带突进形成局部舌进

河流相沉积的河道砂体,其下切带物性较好,渗透率较高,注入水总是沿高渗透条带突进,造成这一地带的油井产油量高、水洗充分、储量动用程度高、剩余油分布低的特点。反之,河道侧缘及河道间,砂体发育较差(或变薄),储层物性较差,注入水甚至注不进,油层水洗程度较差,储量动用程度也较低,而剩余油主要富集在这些地区。总之,储集层微相和平面非均质性是控制剩余油平面分布的主要因素(图 8—15)。

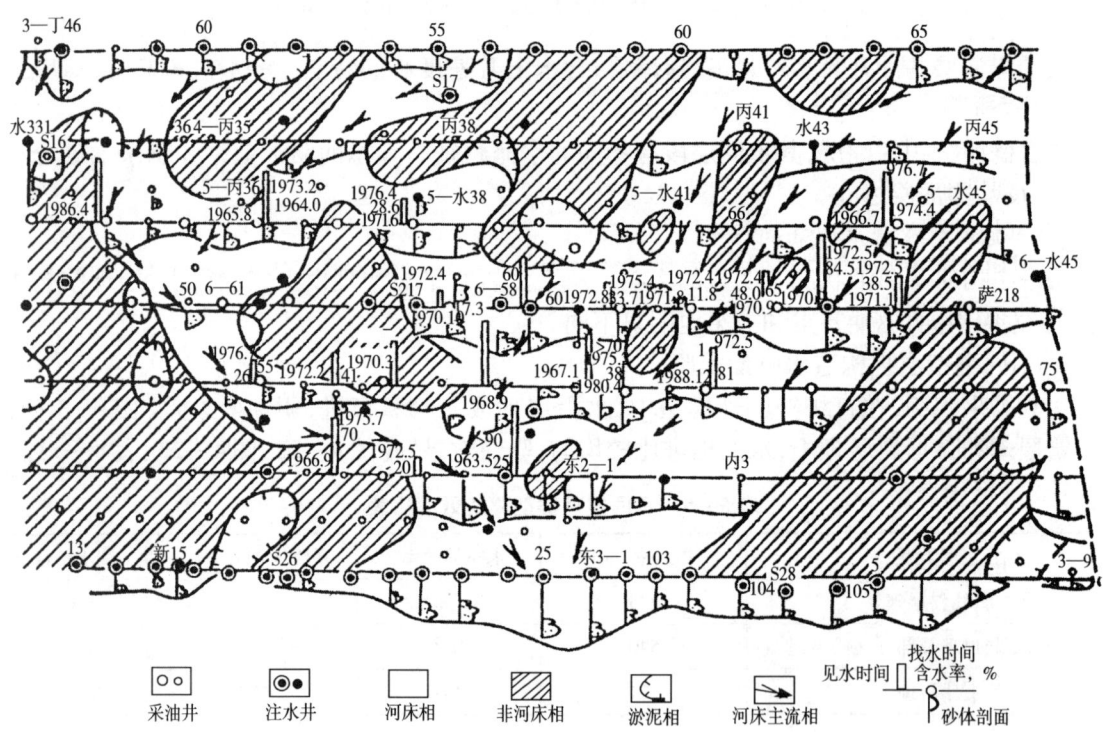

图 8—15　河道砂体平面油水运动特特征

(二)双重渗透率方向性加剧了平面油水运动特征

双重渗透率方向性是指砂体内高能条带状展布所引起的方向性渗透,以及由于层理倾向和颗粒排列等组构引起的渗透率各向异性,两者同方向的重合形成双重渗透率方向性,从而加剧了储集层的平面非均质性。这种现象在河道砂体中常出现,不同方向储集层和渗流特性明显不同,使平面差异更加突出,加剧了平面油水运动的变化。

（三）井间干扰现象

由于储集层的平面差异,在不同位置的生产井会出现井间干扰现象。表现在,同一注水井组,其中有一口油井见水,产液量上升,其他油井产液量则会下降;油井调整生产井压差,邻井生产会受到影响,当油井从自喷转抽或由抽油井转电泵举升时,表现得最为明显;油井见水后,见水方向水线推进速度加快,平面舌进加剧。

（四）断层遮挡和井网控制程度差,增加平面差异

受断层遮挡和井网控制程度差的影响,平面差异性更加突出,油藏开发到中后期高含水阶段,水淹体积很大,水淹程度不均匀,仍有剩余油比较富集的地区。

前三种是主要的,属于注采井网控制程度差的部位,从而说明油藏开发需要合理的井网密度和相应的调整措施。

第三节　剩余油分布模式

陆相碎屑岩油气藏中剩余油分布模式,受沉积相带、微构造、断层封闭、储集体宏观非均质性、储集体微观特性及开发非均匀性等因素的影响和控制,类型复杂多变。不同油气田、不同类型的油气藏,其剩余油分布规律也会有所区别。但是,大量的研究资料表明,剩余油分布也是有一些共性规律可循的,能够建立相应的具有指导意义的分布模式。

一、宏观剩余油分布模式

（一）剩余油平面分布模式

剩余油平面分布模式受储集体平面非均质及注采非均质综合影响和控制,归纳如下。

1. 沉积微相平面变化与剩余油分布模式

沉积相平面变化包括沉积微相的转变和沉积微相内部不同部位的储集体物性的变化。不同微相的物性差异及同一微相不同部位物性的差异,导致地下储集体中流体流动的非均一性,注入水总是先进入高渗透储集体,沿着高压力梯度方向突进,直到该方向压力梯度变小,才向边缘扩展,使低渗储集体水驱变差,出现剩余油饱和度较高。

①河流相中不同沉积微相储集体剩余油分布规律不同,一般认为,渗透率具有明显的方向性,注入水沿主河道厚砂体方向快速突进,水淹程度高,而河道边缘薄层砂体渗透率相对低,水洗程度差。因此,在平面上河道边缘砂体中剩余油相对富集。

②三角洲沉积砂体剩余油分布模式。三角洲前缘砂坝砂体,平面上,注入水首先沿砂体轴部突进,然后向两侧扩展,注入水波及程度较高,层内水淹厚度大。在砂坝两侧的侧翼及道间浅滩砂体岩性变差,泥质条带增多,所以剩余油相对富集。

前缘席状砂和远砂坝砂体,尽管砂体厚度变薄,平面砂体连片程度高,层内渗透率非均质性相对弱,注采井网易于控制,因此层内水淹程度高,平面上注入水推进缓慢且相对均匀。纵向上反韵律或复合韵律的砂体在水洗过程中,注入水沿中上部的高渗透段突进,受油水密度差的影响,在重力作用下,注入水向砂体下部缓慢推进,所以垂向上砂体水淹程度和水洗程度较大,但在底部仍有部分低渗带未能水洗或注入水波及程度低,成为剩余油相对富集区。

2. 微型构造区剩余油分布模式

微型构造与剩余油分布存在密切关系,微型构造高部位一般存在较多剩余油,易形成剩余油富集区。在油藏内部,当注水井周围方向上层内压力梯度、物性条件基本相同时,注入水在重力作用下,先向构造低部位(负向微型构造)采油井突进,在构造低部位先形成水淹区,达到水淹程度较高的地区,这时剩余油主要分布于构造高部位(正向微型构造)。同样,处于微断鼻和微背斜构造上的油井,均为向上驱油,剩余油相对富集。

3. 断层组合与剩余油分布模式

断块内断层性质、断层组合对剩余油分布有明显的影响。开启性断层往往使油水易沿断层流动至浅层储集体中,但封闭性断层则直接遮挡油水向上继续流动而滞留于局部相对高部位形成剩余油富集区。

孙梦茹等(2004)研究胜坨油田剩余油分布规律时,建立坨 30 断块由于封闭性断层遮挡造成 4 种剩余油分布模式(图 8—16)。A 模式在单一方向受效情况下,断层夹持的地区剩余油相对富集,B、D 模式表明断块内部两条断层夹持的地区,受封闭性断层的影响,实际上仍为单一方向受效,在断层高部位剩余油相对富集。C 模式表明在断层控制的构造低部位,因注采井网等因素,造成断层附近剩余油相对富集。

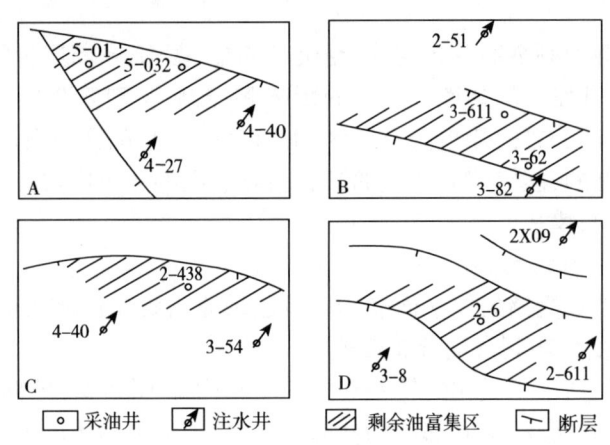

图 8—16 断层遮挡剩余油分布模式(据孙梦茹等,2004)

4. 注采井网不完善区剩余油分布模式

平面上剩余油分布在井间分流线附近和井网控制差的部位,注采关系不完善、生产井排两侧附近剩余油饱和度普遍较高。

孙梦茹等(2004)研究坨 30 断块由于注采不完善造成剩余油分布模式有 4 种(图 8—17)。①A 模式,在沙二段 2^1 小层 4-728 井与 4-61 井河道砂油层上无注水井和采油井,保持原始状况未动用油层,使油层处于憋高压状态,平均压力高出原始压力 30% 左右,剩余油饱和度大于 60%。②B 模式,沙二段 2^3 小层内只有 4-75 采油井无注水井,采油井附近压力偏低,4-728、3-65 井的油层基本未动用,使剩余油饱和度大于 66%。③C 模式,沙二段 8^3 小层油层厚度大(12m~20m),连片程度高,受封闭性断层及注采井网不完善的影响,造成部分油层动用充分,而另一部分油层却动用不好或基本未动用,造成剩余油富集区。④D 模式,沙二段 2^1 小层 2-3、3-51 注水井位于河道边缘砂体不发育处,注水效果差,而 2-33 井位于主河道部位,虽然这些井区的油层多数动用不好,却是剩余油富集区(剩余油饱和度大于 60%)。

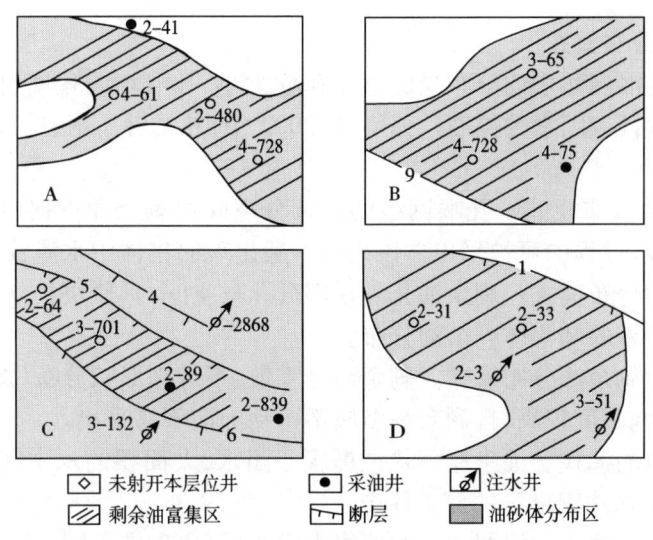

图 8—17 注采井网不完善造成的剩余油分布模式(示意图)

(二)剩余油垂向分布模式

剩余油垂向分布受储集体沉积韵律及隔夹层分布综合控制。

1. 层内剩余油分布模式

层内剩余油分布受层内非均质性的控制。依据我国东部陆相碎屑岩储集体层内非均质与剩余油分布关系的研究,正韵律储集体的中上韵律剩余油相对富集,反韵律的中下部仍可找到剩余油。

河流相沉积的储集体以正韵率为主,其中简单的正韵律层内非均质模式下部水淹程度高,中上部为剩余油相对富集部位,富集层段约为总厚度的 1/4~1/2;复合正韵律层内非均质模式剩余油呈多段富集;而相对均质的韵律模式注入水均匀推进,水淹程度高。对主体河道砂层的中、上部仍存在一定的剩余油,但底部已严重水淹,层内再细分不易实现,只能通过提高驱油效率的技术将可动剩余油采出。关于厚度大于 10m 且有一定夹层的厚油层,通过细分流动单元,搞清砂体结构,有可能找到剩余油相对富集段。

三角洲前缘砂坝砂体,垂向上砂体多呈反韵律和复合反韵律,注入水沿中上部的高渗透段突进,在重力作用下,注入水向砂体下部缓慢推进,所以垂向上砂坝砂体水淹程度和水洗厚度较大,但在低部位低渗区未能水洗或注入水波及程度低,可以成为剩余油相对富集区。

2. 层间剩余油分布模式

开发层系内不同油层的物性差异,在多层合注合采的情况下,导致注采过程中水驱油过程的差异。高渗透层的注水启动压力低,注入水易沿着高渗透层推进,动用程度高;而较低渗透层则启动压力高,动用程度低。在相同或相似注采条件下,层间纵向沉积相变控制油层层间剩余油分布。

在垂向上主力小层和非主力小层间存在明显的层间非均质性,决定层间剩余油分布模式。如孤岛油田中一区馆陶组 3^3、3^5、4^2、4^4 主力小层为曲流河边滩微相沉积,油层有效厚度大,原始含油饱和度高,吸水量大,产液量大,采出程度较高,剩余油饱和度较低,而 3^1、3^2、3^4、4^1、4^3 等非主力小层储集体物性差,动用程度相对低,造成非主力层剩余油饱和度相对较高。但非主力油层厚度较薄,可采剩余油较小,最终造成可采剩余储量仍然主要分布在主力小层。

二、微观剩余油分布模式

剩余油在微观孔喉网络中的分布受储集体孔喉大小、孔喉均匀程度、孔喉形态、孔喉连通程度以及储集体润湿性等因素的控制。孙焕泉(2002年)总结胜二区沙二段 8^3 小层微观剩余油分布模式。

①网络状剩余油分布模式。孔喉网络的大部分空间被剩余油占据(图8—18A),这类剩余油为可动油,在注水过程中可被采出。该模式一般出现储集体中水淹较差的部位。

②斑块状剩余油分布模式。剩余油充满在部分孔喉空间,呈斑块状分布(图8—18B)。一般为水洗程度中等偏差的储集体剩余油分布。

③孤粒和孤滴状剩余油分布模式。剩余油呈零散、不规则形状分布(图8—18C)。这类驱油效率较低,剩余油饱和度较高,且剩余油多属不可动油而不易采出。

④油包水或水包油模式。油呈厚环状包裹着一团水,大面积的水中间包裹着星点状的油(图8—18D),出现在水洗程度强的储集体中。

⑤油水混相模式。油水相混同在孔喉网络中渗流,可出现在不同水洗程度的储集体。

在剩余油分布在各种形态中,斑块状、网状分布的剩余油,可通过加大注水量、提高排驱压力采出。在油水混相中,剩余油可在开采过程中随油水一起采出,其他类型的剩余油采用常规开采措施难以驱出。

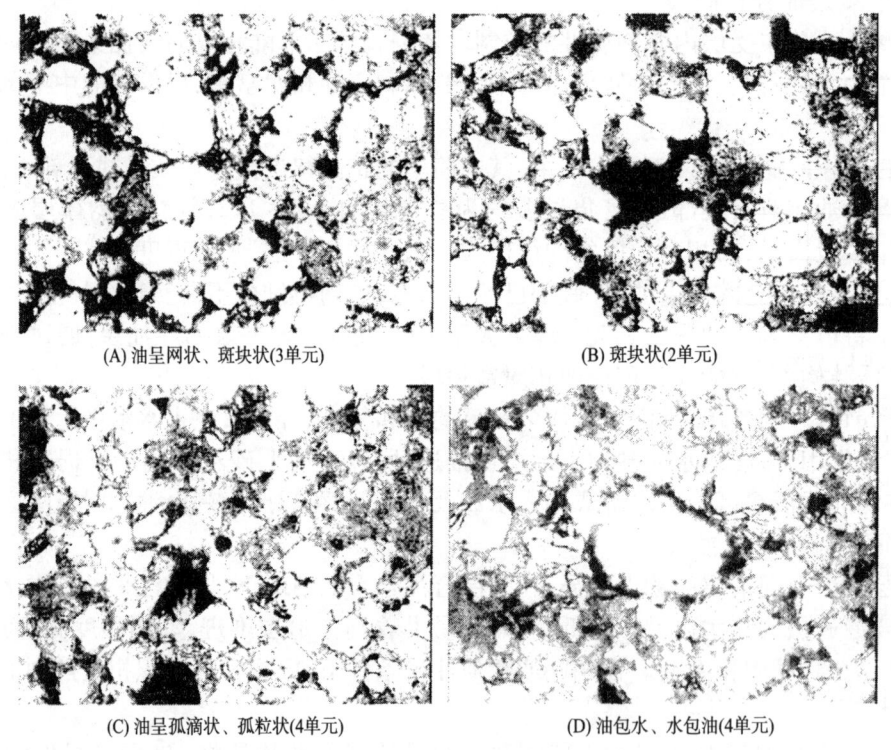

(A) 油呈网状、斑块状(3单元)　　(B) 斑块状(2单元)

(C) 油呈孤滴状、孤粒状(4单元)　　(D) 油包水、水包油(4单元)

图8—18　特高含水阶段 8^3 层剩余油在孔喉网络中分布状态(据孙焕泉,2002)

第四节　剩余油研究方法

目前已形成一系列较为成熟的剩余油研究与预测的方法技术,但每种方法技术均存在局限性,应该根据油藏的具体情况,综合应用各种方法确定剩余油的定性、定量分布。

一、地质综合分析预测剩余油分布

地质综合分析是研究和预测剩余油的有效手段之一,该方法在综合分析微构造、沉积微相、储集体非均质性等地质因素的基础上,结合生产动态资料对剩余油进行综合研究和分析,预测剩余油分布。

(一)微构造分析

由于微型构造的存在,使得油气藏被分割成多个微型圈闭,从而影响油气藏中流体运动的方向和速度,控制同气藏中剩余油的形成和分布。

李兴国(2000)认为位于正向微型构造上的油井,各个方向或多个方向均为向上驱油,剩余油从各个方向向此区流动,地质条件有利。而负向微型构造,各个方面均为向下驱油及注入水向此区流动,地质条件不利。

孙梦茹(2004)等人研究认为对处于同一开发时期的井来说,同一小层中位于微断鼻构造高部位的井的含水率相对于位于构造侧翼部位的井的含水率要高,而含油饱和度数值却相对低(表8—7)。

表8—7　胜坨油田三区 2-442 井区微型构造与储集体参数统计表

井号	层位	海拔高度,m	砂层厚度,m	孔隙度,%	渗透率,mD	泥质含量,%	含水率,%	含油饱和度,%
2-442	1^1	-1808.6	2.7	25.4	301	20.6	91	37.4
	2^2	-1833.4	3.5	26.1	1032	14.1	87	47.1
2-412	1^1	-1813.5	4.0	24.4	370	13.7	94	23.7
	2^2	-1839.7	6.0	24.7	415	10.6	88	41.9

(二)非均质综合分析预测剩余油

非均质分析包括储集体非均质和注采非均质两方面。储集体非均质是指由于受储集体分布及连通性等因素的影响,油气藏内部储集体性质产生不均匀变化,导致在油气藏内部部分地区水驱效率低,形成剩余油相对富集。注采非均质是指由于注采井网不完善或注采工作制度不合理,导致油气藏内部局部地区不能被有效驱替,形成剩余油相对富集区。

隔夹层的存在对剩余油分布产生很大影响,隔夹层面积越大,隔夹层产状与储集体产状的夹角越明显,形成的剩余油越多。

(三)沉积微相在平面上的变化影响剩余油的分布

沉积相带的变化是由沉积条件决定的。不同沉积条件和水动力能量会形成不同的沉积岩石组合或岩石相,不同沉积相带的岩石组合又有很大的差异。对同一油层中,沉积微相在平面上的差异对水驱油效率及剩余油的形成与分布有较大的控制作用。因此,深入研究储集体沉积微相的变化规律,可以指导剩余油研究,预测剩余油分布。

(四)断层封闭性影响剩余油分布

对我国东部断陷盆地研究表明,封闭性断层附近是剩余油较富集区,而开启性断层附近剩余油相对贫乏。由于断层封闭性好(或砂岩尖灭线附近)使采油井注水受效差(油井易形成单一方向受效),有利于剩余油富集。

二、生产测井分析法

主要采用注水井吸水剖面测试资料和采油井出液剖面测试资料,判断油层剖面动用状况和剩余油的分布。在射开油层厚度的层段中:主要的吸水层段和出油层段应当是储量动用好、剩余油分布最少的层段;经过多次测试不吸水、不出液的层段则是储量动用最差、剩余油分布富集的层段;其余层段介于上述两者之间。

(一)注水井吸水剖面测井

吸水剖面是指注入井在一定的注入压力和注水量的条件下,各射开层段吸水量在剖面上的分布情况。吸水剖面反映油层剖面的吸水能力变化和吸水厚度的分布。

吸水剖面测试采用放射性同位素进行示踪测井。在未加入示踪剂之前先测一条同位素基线,然后在注入水中加同位素示踪剂,将前后两条同位素曲线进行对比,所测曲线上增加同位素异常值井段,能够反映出对应层段的吸水能力大小和数量(图8—19)。

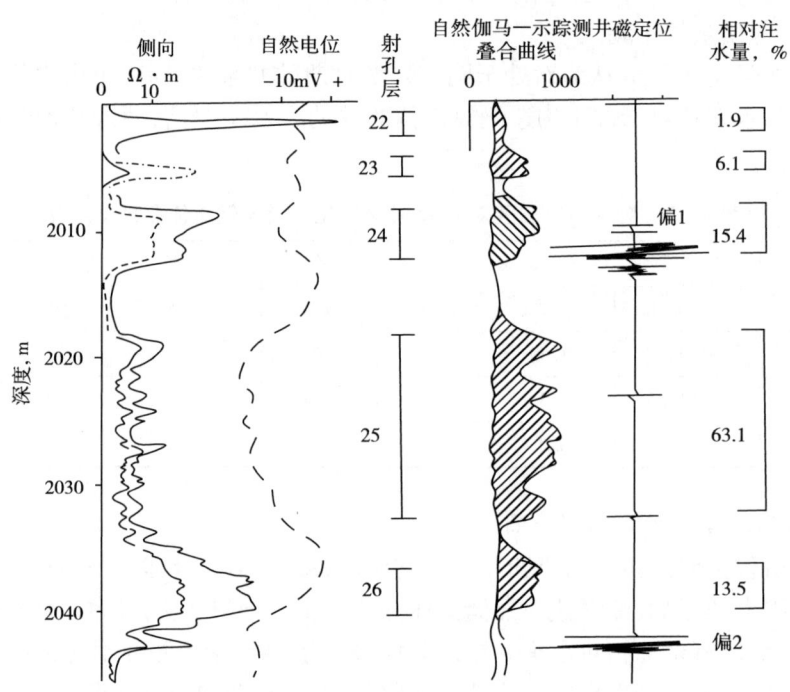

图8—19 放射性同位素示踪剂注水剖面测井图

在注水开发油田中,注水井的吸水剖面决定采油井的出液。因此,可以根据注水井的吸水剖面资料,了解油层剖面吸水情况,监测油层水驱动态,分析油层剖面动用情况和剩余油的分布。一般将注水井的吸水剖面资料与采油井同期可测得出液剖面资料进行对比分析,可以更好地判断油层剖面水洗动用情况和剩余油的剖面分布特征。

(二)油井产液剖面测井

在采油井正常生产条件下,测量各生产层段沿井深纵向分布的产液量、含水率、流体密度等参数,用来判定油层剖面产出液体性质和数量的测井,称为产液剖面测井(图8—20)。

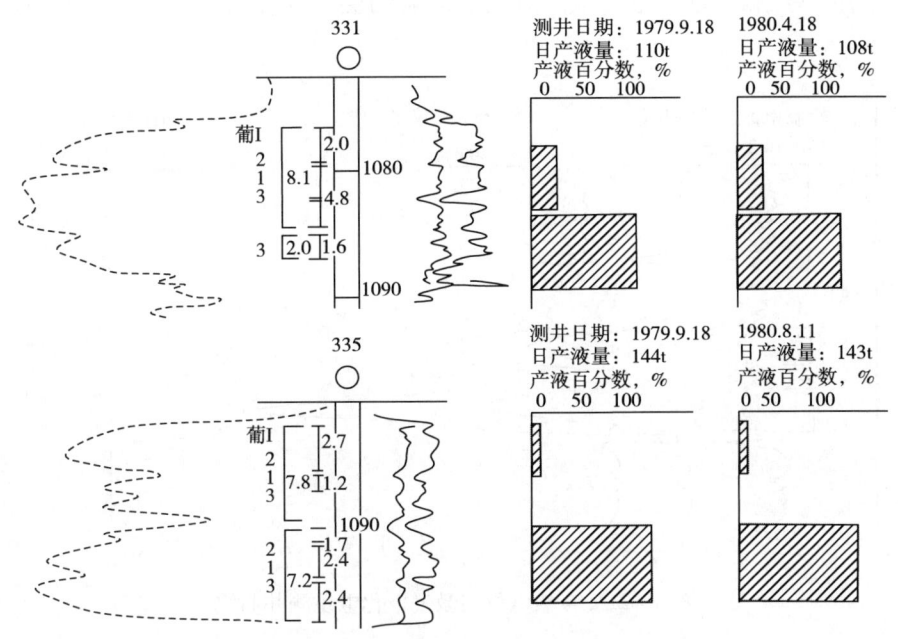

图8—20 采油井产液剖面测试成果

产出物可能是油、气、水单相流体,也可能是油水、油气、气水两相流,或是油气水三相流。在测量分层产液量的同时,还需要考虑含水率或含气率以及温度、压力和流体密度等参数。对于油水两相流体的生产井,测出液体体积流量和含水率两个参数,即可确定产液剖面的产油量和产水量;对油气水三相流,可以利用密度曲线大体确定产液性质,是气、油或油水混合液。对单井或井组进行定期监测,对比分析所测资料,能够了解和掌握油层剖面各层段的储量动用情况和水洗程度,以及剩余油剖面的分布。

三、水淹层测井

水淹层测井技术是在油藏注水开发或天然水驱过程中认识剩余油分布的重要手段,也是油田动态监测的重要内容。我国陆上油田基本上采用注水开发,而且大量地进行井网调整,形成了一套适用于陆上油藏开发的水淹层测井方法和解释技术。

(一) 水驱过程中岩石物理性质基础实验研究

为了保证水淹层测井解释的准确性,必须对油藏水驱过程中岩石物理性质的变化进行研究。

1. 电学性质的变化

水驱过程中,地层混合液电阻率随注入水电阻率和水洗程度而变;自然电位幅度在泥岩段发生基线偏移,偏移的部位与方向取决于水淹部位和注入水矿化度大小,偏移的幅度取决于原始地层水与混合液矿化度的差别;注入不同矿化度的水时,地层电阻率随之变化;岩石的介电常数随含水饱和度增加而增高。

2. 声学性质的变化

受长期注水的影响,使油层孔隙和喉道半径出现一定程度的增加,有时会使岩石破碎产生裂缝,使声波时差增大(约 $30 \sim 150 \mu s/m$);当含水饱和度增大时,岩石的体积压缩系数降低。

(二) 水淹层测井方法

1. 裸眼井测井方法

①自然电位基线偏移法。在注淡水开发的砂岩油层,水淹部位自然电位曲线基线偏移,见图8—21。

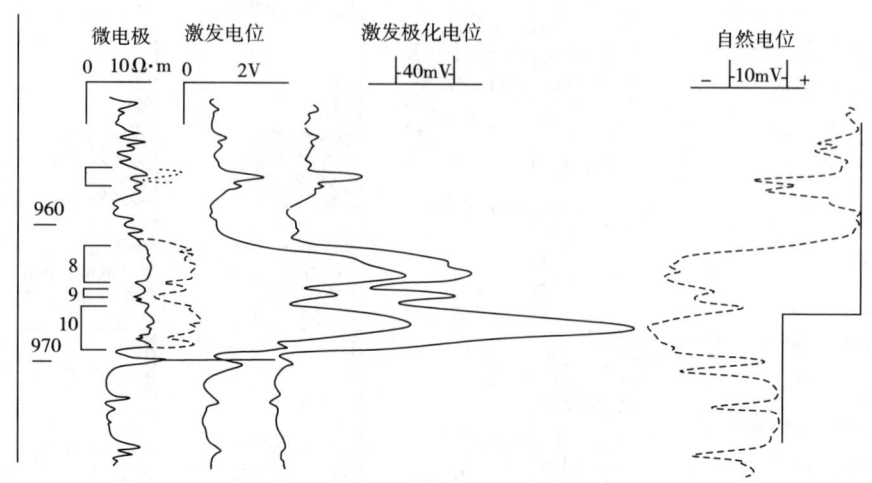

图 8—21 自然电位与激发极化电位测井曲线

②激发极化电位测井。给岩石以外加电场(激发过程)再取消外加电场时,将产生极化电位(又称人工电位),在某些情况下用极化电位也能判断水淹层。

③电阻率测井、感应测井、侧向测井、长电极距梯度及微电极测井,都是判断水淹层的基本方法。

④介电测井。测量电磁波在地层中的传导,确定介电常数,判断水淹层和计算剩余油饱和度。

此外,声波时差、中子伽马、自然伽马等测井方法,在一些特定情况下也可以用来判断水淹层。

2. 套管井测井方法

①C/O能谱测井。利用油(烃)和水的指示元素 C 和 O 元素产生次生伽马射线能谱的比值,来判断水淹层和计算剩余油饱和度。C/O能谱测井适用于孔隙度高于20%的地层。

②中子寿命测井。测量地层中热中子从产生到被俘获的时间,并称热中子寿命测井,它适合膏盐地层、注高矿化度水或"污水"回注的产层。

(三)水淹层测井系列

建立水淹层测井系列是搞好水驱油田开发测井解释和分析的前提。建立水淹层测井系列的原则:①测准井筒径向地层电阻率;②适应地层水矿化度的变化,求准油层、水淹层中混合液电阻率;③求准物性参数;④适应地层岩性的变化;⑤具备有效划分薄层和厚层内细分层段的能力;⑥适应井径、泥浆性能的变化。

水淹层测井系列,依据钻井完井进程和测井任务的不同,水淹层测井系列分为裸眼井水淹层测井系列和套管井水淹层测井系列两大类。

1. 裸眼井水淹测井系列

包括:自然电位基线偏移测井(适用于注淡水开发的油层)、激发极化电位测井、电阻率测井(感应测井、侧向测井、长电极距梯度测井及微电极测井)和介电测井等基本方法,此外声波测井、中子伽马、自然伽马等测井方法在特定情况下可以作为水淹层测井系列。如大庆油田主力层水淹层测井实例:0.25m 梯度、0.45m 梯度、2.5m 梯度电极系、自然电位、高分辨率侧向、高分辨率声波、微球形聚焦、补偿密度、井斜、井径测井等。

2. 套管井水淹层测井系列

包括 C/O 能谱测井、中子寿命测井等测井方法。近年来,C/O 能谱测井技术发展很快,年测井达 400~500 口井。大庆、胜利、吉林等油田不断提高了剩余油计算精度。目前正在试验研究过套管电阻率测井技术,其关键技术即将突破,由于其测井工艺简单、成本较低,可用于时间推移测井,监测油层剩余油饱和度的变化过程,它是一项推广前景广阔的水淹层测井新方法。

(四)水淹层测井解释

1. 定性解释

砂岩油藏水淹层位的确定方法有:自然电位的基线偏移法、C/O 能谱测井的 C/O~Si/Ca 曲线差值法、激发电位法以及冲洗带电阻率、径向电阻率、测定可流动流体等方法,都能在一定程度上较为准确判断水淹层位,用上述方法进行综合解释则更为准确。

2. 定量解释

定量解释是通过测井资料计算出含水饱和度,并确定目的层的水淹级别,它划分为:强水淹(含水率大于80%)、中水淹(含水率为40%~80%)、弱水淹(含水率为10%~40%)、油层(含水率小于10%)。其方法分为油层水淹模型法和数理统计法。

(1)油层水淹模型方法

把适用于静态条件的阿尔奇公式进行扩展,概括为以下三种方法。

①标准模型法。校正了地层混合液矿化度、泥质、钙质、粒度(中值)等变化,以及测井本身非一致性所带来的影响,标定到统一条件下,突出了含油性对电阻率的作用,提高了使用阿尔奇公式求含水饱和度的精度。

②淡化系数法。该法用淡化系数校正了由于注水使地层混合液矿化度下降而导致的地层电阻率变化所带来的影响,从而提高了使用阿尔奇公式求含水饱和度的精度。

③数理模型法。在岩石试验的基础上,从数学物理概念出发,以阿尔奇方程作为特例,在注水矿化度不变的情况下,建立地层电阻率和含水饱和度等参数的关系方程。该模型适合注水后任何时间含水饱和度的求解。

(2)油层水淹数理统计方法

主要应用判别分析方法、模糊数学、人工智能、灰色理论和人工神经网络等方法解释水淹层含水率及水淹程度级别的划分。

四、检查井密闭取心法

老油田注水开发后选取有代表性的部位,在目的层段进行密闭取心钻井,这是取得油层剩余饱和度最直接的方法。密闭取心分析得到的含油饱和度数据,能够真实地反映油层剩余油饱和度资料,可以判断油层剖面剩余油的分布状况,结合密闭取心井的位置,还可以推断剩余油的平面分布,并通过分段试油给予验证。

五、油藏数值摸拟法

油藏数值摸拟是定量研究剩余油分布的重要方法,该方法以地质模型为基础,利用油藏静、动态资料,运用流体渗流理论,通过求解差分方程,得到储集体中网格节点的压力、剩余油饱和度等参数的数值,进行研究和预测各开发阶段剩余油的空间分布。

该方法是在精确建立油藏模型的前提下,通过历史拟合研究流体演化规律,进一步模拟油藏开发指标,求得剩余油饱和度、剩余储量、剩余可动油饱和度等参数(图8—22)。

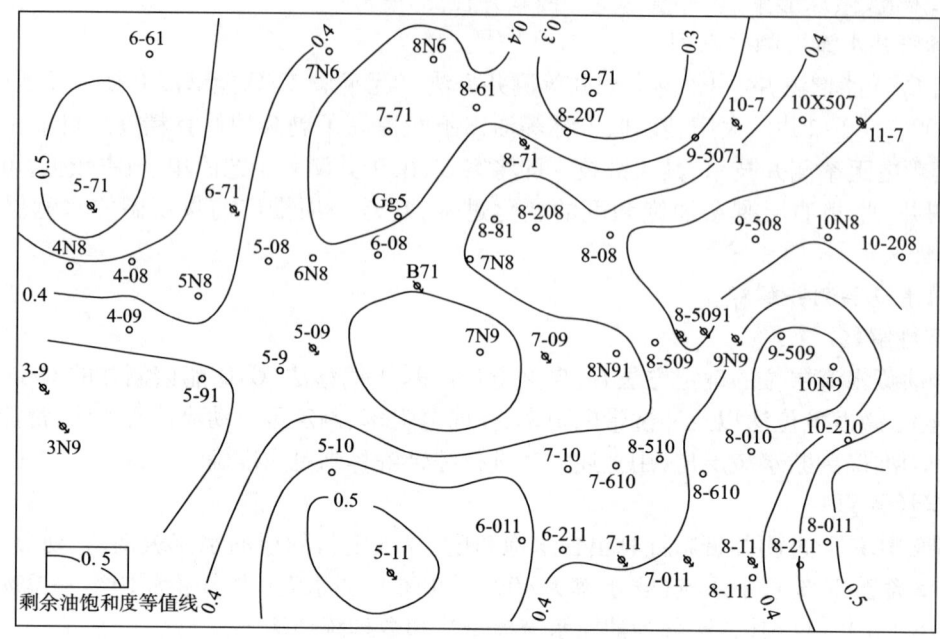

图8—22 孤岛油田南区油藏数值模拟剩余油饱和度分布图

六、油藏工程综合分析法

采用油藏工程分析法是从统计规律或工程测试对剩余油的分布特征进行研究。依据油田生产动态资料,通过分析油井见水、见效及产量、压力、含水率、油气比的平面、层间的分布变化,再结合油藏静态地质特征和生产测井资料,综合分析判断地下油水运动状况和变化规律,了解储量动用状况和研究剩余油分布。这种油藏工程综合分析方法,能够利用丰富的生产数据,具有长时间连续追踪分析、费用低的优点,是现场普遍应用的重要方法。

以上各种剩余油研究方法各有特点,又有其局限性,任何一种方法得出的剩余油数值及分布认识,其可靠程度都会有偏差,需要用其他方法进行检验、修正。上述各种方法的综合性运用,有助于提高预测剩余油分布的精确度。

参考文献

1. 陈程,贾爱林等.厚油层内部相结构模式及其剩余油分布特征.石油学报,2000,21(5):99-102
2. 陈程,孙义梅等.扇三角洲前缘地质知识库的建立及应用.石油学报,2006,27(2):53-57
3. 戴启德等.油田开发地质学.东营:石油大学出版社,1999
4. 邓宏文等.高分辨率层序地层学——原理及应用.北京:地质出版社,2002
5. 郭建林,贾爱林等.滦平上侏罗统—下白垩统扇三角洲露头层序地层学研究.中国地质,2007,34(4):628-635
6. 郭建林,陈程等.应用随机模拟方法预测苏里格6井区有效砂体分布.石油天然气学报,2006,28(5):54-57
7. 郭平等.剩余油分布研究方法.北京:石油工业出版社,2004
8. 韩大匡.深度开发高含水油田提高采收率问题的探讨.石油勘探与开发,1995,22(5):47-55
9. 何文祥,吴胜和,唐义疆等.地下点坝砂体内部构型分析——以孤岛油田为例.矿物岩石,2005,25(2):81-86
10. 何文祥,吴胜和,唐义疆等.河口坝砂体构型精细解剖.石油勘探与开发,2005,32(5):42-46
11. 胡向阳,熊琦华等.储层建模方法研究进展.石油大学学报(自然科学版),2001,25(1):107-112
12. 胡雪涛,李允.随机网络模拟研究微观剩余油分布.石油学报,2000,21(4):46-51
13. 贾爱林,郭建林等.精细油藏描述技术与发展方向.石油勘探与开发,2007,34(6):691-695
14. 贾爱林,何东博等.扇三角洲露头层序演化特征及其对砂岩储集层的控制作用.石油勘探与开发,2004,31(B11):103-105
15. 贾爱林,何东博等.应用露头知识库进行油田井间储层预测.石油学报,2003,24(6):51-53,58
16. 贾爱林,黄石岩等.扇三角洲储层露头精细研究方法.石油学报,2000,21(4):105-108
17. 贾爱林,黄岩石等.扇三角洲露头区沉积模拟研究.石油学报,2000,21(6):107-110
18. 贾爱林,唐俊伟等.苏里格气田强非均质致密砂岩储层的地质建模.中国石油勘探,2007,12(1):12-16
19. 贾爱林.储层地质模型建立步骤.地学前缘,1995,2(4):221-225
20. 贾爱林等.油田开发早期储层地质模型建立技术与方法.2000年中国国际石油天然气会议论文集上册,2000
21. 贾爱林等.油藏评价阶段建立地质模型的技术与方法.北京:石油工业出版社,2002
22. 姜汉桥等.油藏工程原理与方法.东营:石油大学出版社,2001
23. 姜在兴.沉积学.北京:石油工业出版社,2003

24. 李伯虎等. 大庆油田精细地质研究与应用技术. 北京:石油工业出版社,2004
25. 李兴国. 对微型构造的点滴新认识. 石油勘探与开发,1995,22(1):64-67
26. 李兴国. 对油层微型构造的补充说明. 石油勘探与开发,1993,20(1):82-90
27. 李兴国. 油层微型构造对油井生产的控制作用——以胜坨、孤岛油田为例. 石油勘探与开发,1987,14(2):53-59
28. 李兴国. 油层微型构造新探. 石油勘探与开发,1996,23(3):80-86
29. 林承焰. 剩余油形成与分布. 东营:石油大学出版社,2000
30. 刘慧卿. 油藏数值模拟方法专题. 东营:石油大学出版社,2001
31. 穆龙新. 油藏描述的阶段性及特点. 石油学报,2000,21(5):103-108
32. 穆龙新. 油藏描述技术的一些发展动向. 石油勘探与开发,1999,26(6):42-46
33. 穆龙新等. 储层精细研究方法. 北京:石油工业出版社,2000
34. 穆龙新等. 扇三角洲沉积储层模式及预测方法研究. 北京:石油工业出版社,2003
35. 秦积舜,李爱芬. 油层物理学. 东营:石油大学出版社,1998
36. 裘怿楠,薛叔浩等. 油气储层评价技术. 北京:石油工业出版社,1997
37. 裘怿楠,陈子琪. 油藏描述. 北京:石油工业出版社,1996
38. 裘怿楠,贾爱林等. 储层地质模型10年. 石油学报,2000,21(4):101-104
39. 裘怿楠. 裘怿楠石油开发地质文集. 北京:石油工业出版社,1997
40. 冉启佑. 剩余油研究现状与发展趋势. 油气地质与采收率,2003,10(5):49-51
41. 沈平平等. 现代油藏描述新方法. 北京:石油工业出版社,2003
42. 孙焕泉,孙国,程会明等. 胜坨油田特高含水期剩余油分布仿真模型. 石油勘探与开发,2002,29(3):66-67
43. 孙焕泉. 油藏动态模型和剩余油分布模式. 北京:石油工业出版社,2002
44. 孙梦茹等. 胜坨油田精细地质研究. 北京:中国石化出版社,2004
45. 王乃举等. 中国油藏开发模式总论. 北京:石油工业出版社,1999
46. 王韶华,张柏桥,舒志国等. 利用露头信息预测吐孜洛克气田储集砂体. 石油勘探与开发,2002,29(5):50-52
47. 王志章,石占中. 现代油藏描述技术. 北京:石油工业出版社,1999
48. 吴胜和,刘英,范峥等. 应用地质和地震信息进行三维沉积微相随机建模. 古地理学报,2003,5(4):439-448
49. 吴胜和,雄琦华等. 油气储层地质学. 北京:石油工业出版社,1998
50. 吴胜和等. 储层建模. 北京:石油工业出版社,1999
51. 吴元燕等. 油气储层地质. 北京:石油工业出版社,1996
52. 熊琦华,王志章,纪发华. 现代油藏描述技术及其应用. 石油学报,1994,15(增刊):1-9
53. 熊琦华,王志章,张一伟. 油藏描述研究的新进展. 石油大学学报(自然科学版),1995,19(3):96-101
54. 徐守余. 油藏描述方法原理. 北京:石油工业出版社,2005
55. 尹太举,张昌民,樊中海. 双河油田井下地质知识库的建立. 石油勘探与开发,1997,24(6):95-98
56. 印兴耀,刘永社. 储层建模中地质统计学整合地震数据的方法及研究进展. 石油地球物理勘探,2002,37(4):423-430

57. 俞启泰. 注水油藏大尺度未波及剩余油的三大富集区. 石油学报,2000,21(2):45-50
58. 袁士义. 油气藏工程技术进展. 北京:石油工业出版社,2006
59. 张一伟,熊琦华等. 陆相油藏描述. 北京:石油工业出版社,1997
60. 赵澄林等. 沉积岩石学(第三版). 北京:石油工业出版社,2001
61. Andre Picarelli,Jorge Arguello,Israel Nieves,et al. High-resolution Sequence Stratigraphy and Reservoir Characterization Applied to Mature Fields: Example from Eastern Venezuela Basin. SPE 69602,2001,1-12
62. Beggs S H,Chang D M,Haldorsen H H. A Simple Statistical Method for calculating the Effective Vertical Permeability of a Reservoir Containing Discontinuous Shales. SPE,14271
63. Brian Rothkopf,Steve Fredrickson,Jeff Hermann. Case Study: Merging Modern Reservoir Characterization with Traditional Reservoir Engineering. SPE 84414,2003,1-6
64. Corbeanu M R,Soegaard K,Szerbiak R B et al. Detailed internal architecture of a fluvial channel sandstone determined from outcrop,cores,and 3-D ground-penetrating radar: Example from the middle Cretaceous Ferron Sandstone,east-central Utah. AAPG Bulletin,2001,85(9): 1565-1582
65. D V Chitale,Charlotte Sullivan. Standard workflows to integrate borehole images with other open-hole logs for reservoir characterization. SPE 90705,2004,1-9
66. Deutsch C V,Journel A G. GSLIB:Geostatistical software Library and user's Manual,Oxford University Press. New York(1992)
67. Flint S S,Bryant D. The geological modeling of hydrocarbon reservoirs and outcrop analogs. International Association of Sedimentologists Special Publication,1993,15
68. J G Hamman,R E Buettner,D H Caldwell,et al. A Case Study of a Fine Scale Integrated Geological, Geophysical, Petrophysical, and Reservoir Simulation Reservoir Characterization With Uncertainty Estimation. SPE 84274,2003,1-7
69. J H Justice,J C Woerpel,G P Watts,et al. Interwell Seismic for Reservoir Characterization and Monitoring. SPE 62588,2000,1-5
70. J H Justice,J C Woerpel,G P Watts,et al. Geostatistical Reservoir Characterization Using Interwell Seismic Data. SPE 62973,2000,1-8
71. J H Justice,J C Woerpel,G P Watts,et al. Interwell Seismic Data for Reservoir Characterization. SPE 59695,2000,1-6
72. Jackson S R et al. Application of outcrop data for Characterization reservoir and deriving grid-block scale values for numerical Simulation. Third International Reservoir Characterization Technical Conference. Tulsa,Oklahoma,1991,15
73. L J Márquez,M González,S Gamble,et al. Improved Reservoir Characterization of a Mature Field Through an Integrated Multi-Disciplinary Approach. LL-04 Reservoir,Tia Juana Field,Venezuela. SPE 71355,2001,1-10
74. M Mezghani,A Fomel,V Langlais,et al. History matching and quantitative use of 4D seismic data for an improved reservoir characterization. SPE 90420,2004,1-10
75. M Y Al-Henshiri,K Arisaka,H Al-Hassani,et al. Integration of dynamic & geostatic data improves reservoir characterization. SPE 93475,2005,1-8

76. Miall A D. Architectural element analysis: a new method of facies analysis applied to fluvial deposits. Earth Science Review,1985,22(2):261-308
77. Miall A D. Lithoracies typs and Vertical Profile models in braided river deposits:A Summary in Miall A D,eds. Fluvial Sedimen – tology,Canadian Society of Petroleum Geologists Memoir 5, 1978:597-604
78. Miall A D. Basin analysis of fluvial sediments,Moden an Ancient Fluvial Systerms Edited By J D Collinson and J Lewin,1983:279-286
79. R Soto B ,M C Bernal,B Silva,et al. How to improve reservoir characterization using intelligent systems – a case study of: Toldado field in Colombia. SPE 62938,2000:1-14
80. RAVENNE et al. Heterogeneity and geometry of sedimentary bodies in a fluvial deltaic reservoir. SPEFE,1989,4(2):239-246
81. Scott R Reeves,Shahab D Mohaghegh,John W Fairborn,et al. Feasibility Assessment of a New Approach for Integrating Multiscale Data for High – Resolution Reservoir Characterization. SPE 77759,2002:1-12
82. Tingting Yao. Integrating seismic attribute maps and well logs for porosity modeling in a west Texas carbonate reservoir: addressing the scale and precision problem. Journal of Petroleum Science and Engineering,2000: 65-79
83. Tingting Yao. Integration of seismic attribute map into 3D facies modeling. Journal of Petroleum Science and Engineering,2000: 69-84
84. Vincent Kretz,Mickaële Le Ravalec – Dupin,Roggero,et al. An integrated reservoir characterization study matching production data and 4D seismic. SPE 77516,2002: 1-9
85. Weber K J. Influence of common sedimentary structures on fluid flow in reservoir models. JPT, 1982:34(3)